国家级实验教学示范中心联席会
计算机学科组规划教材

U0385642

C/C++简明双链教程

李昕　吴春雷　郭磊　主编

清華大学出版社
北京

内 容 简 介

本书按照程序设计的基本要求，采用简明易用原则组织内容。全书案例实现以 C++ 语法为主，面向在线评测（Online Judge，OJ）系统，提高学生解决实际问题的能力，既注重知识点的凝练，又强调其应用场景，结合了大量的例题。本书与清览、PTA、力扣等平台紧密衔接，构建了全方位、全时段的学习环境。在知识点之间、知识点和习题之间构建双链知识网络，构建新形态教材，形成理论与实践的紧密互补。

全书共分 8 章：第 1 章指明了教程的特色和 C++ 的学习准备；第 2 章重点阐述数据类型、操作符和输入输出等语法基础；第 3 章包括分支结构和函数初步设计等内容；第 4 章重点介绍循环结构及其应用；第 5 章介绍数组以及其应用，以及 C++ 和 C 形式的字符串；第 6 章通过指针重点了解空间地址分配的概念；第 7 章简单介绍了面向对象的概念；第 8 章介绍了模板和容器的应用。

本书适合作为高等院校计算机、软件工程、人工智能等专业本科生编程课程的入门教材，同时可作为面向 OJ 平台的各类竞赛的参考书。

图书在版编目 (CIP) 数据

C/C++ 简明双链教程 / 李昕 , 吴春雷 , 郭磊主编 . 北京 : 清华大学出版社 , 2024. 8. -- (国家级实验教学示范中心联席会计算机学科组规划教材). -- ISBN 978-7-302-66992-0

Ⅰ. TP312

中国国家版本馆 CIP 数据核字第 20243H9N29 号

责任编辑： 贾　斌
封面设计： 刘　键
版式设计： 方加青
责任校对： 刘惠林
责任印制： 丛怀宇

出版发行： 清华大学出版社
网　　址：https://www.tup.com.cn，https://www.wqxuetang.com
地　　址：北京清华大学学研大厦 A 座　　邮　　编：100084
社 总 机：010-83470000　　邮　　购：010-62786544
投稿与读者服务：010-62776969，c-service@tup.tsinghua.edu.cn
质 量 反 馈：010-62772015，zhiliang@tup.tsinghua.edu.cn
课 件 下 载：https://www.tup.com.cn，010-83470236

印 装 者： 三河市铭诚印务有限公司
经　　销： 全国新华书店
开　　本： 185mm×260mm　　**印　　张：** 18　　**字　　数：** 438 千字
版　　次： 2024 年 9 月第 1 版　　**印　　次：** 2024 年 9 月第 1 次印刷
印　　数： 1 ～ 1500
定　　价： 69.00 元

产品编号：101345-01

前　言

编者讲授了 C 语言 20 年，一直为 C 语言的灵活和强大所感慨。虽然 Java、Python 等新的语言层出不穷，广受关注，但从基本编程思想的角度考虑，计算机专业的学生，还是要首先学习 C/C++。从 2019 年开始，根据专业培养需要，整个学院的第一门编程语言修改为 C/C++。与 C 语言相比，C++ 不仅提供了流、引用等新增语法，还提供了面向对象、泛型编程等。从算法角度，STL 的出现极大提升了 C++ 的应用范围。新知识太多，对于大一的初学者不是一件好事。从新手的角度，应该更多地掌握编程的基本语法和基本理念。因此，本教材并不贪大求全，对内容做了精简。第 1 章描述了一些学习的知识准备；第 2 章至第 6 章，主要从面向过程的角度，讲授基本语法和基本算法。函数是一种编程理念，没有独立成为一章，并且从第 3 章就早早引入，希望初学者能够在潜移默化中接受这样一种思想。第 7 章的面向对象不是本教材的重点，是为了让读者能更好地了解 STL 中的各种语法形式，并为后续专业课的学习奠定基础。第 8 章以模板和容器为主，并没有逐个讲解每个 API 的用法，而是以案例为引导，让学习者能够用容器解决一些典型的算法问题。

如何学习本教程？

我们一直认为，编程的学习应该以学习者为主体，以编程实践为主要学习方式，因此根据教程内容，提供了大量的习题，用于巩固和加深对理论内容的理解。教师在这个过程中，应该主要起到引导并解决关键问题的作用。但在具体教学实践过程中我们发现，刚刚入学的大一新生受中学阶段学习方式影响比较严重，缺乏主动学习精神。很多同学反映上课都能听得懂，但是做题时还是无从下手。这主要是因为不能把知识“打通”，建立彼此的联系。因此，本教程对每节都进行了总结和提炼，通过双链建立知识点之间的依存关系，打通知识壁垒，建立知识网络。此外，对绝大部分的知识点，都指明关联的习题；对每道习题，都明确标注出相关的知识点，学习者在做题的过程中，可以反向学习相关的知识点，并参考相关的代码示例，在完成习题的过程中，不断加深理解，树立信心。

在每章的最后，都添加了题单。题单中不仅提供了相应习题的链接，也提供了对应的知识点链接。第 2 章至第 7 章的习题也同时部署在洛谷上，而第 8 章主要根据题目特点，采用了力扣上相关的习题进行支撑。将习题部署在洛谷、力扣等公开知名的网站上，就是为了使更多的人受益。为了更好地进行教学管理，所有习题在 https://pintia.cn/ 网站上建立了副本，教师能够更好地掌握学生的完成情况，并可以获得所有习题的源代码。

所有知识点按照 T“XYZ”的方式进行编号，其中 T 为前缀，X 表示章节号，Y 表示小节号，而 Z 表示序号。因为个别章中的小节比较多，个别小节中的知识点较多，为了满足每个编号只有一位的排版需求，采用十六进制进行编号。所有习题按照 LX“ABC”进行编号，其中 LX 为前缀，A 为章节号，BC 为两位序号。根据知识点和习题的编号，可以快速找到所属的章节位置。

对于教程中的例题，不要孤立看待，应该理解其解题思路和语法、算法的使用，将其作为模板，能够用于解决相似的问题，构建解决复杂问题的“积木块”。随堂练习是为了给教师提供与学生交互的机会，这些随堂练习与讲解的内容紧密相关，内容相对简单，以促进理解。

部分小节内容比较深，与编译原理、操作系统、组成原理等计算机软硬件知识关联比较紧密。本教程在对应小节上用 * 进行标注，在学习时根据个人具体情况进行抉择。理解这些内容对计算机专业课的学习会有所帮助，但初学者如果暂时吸收不了，可以先行跳过。

致谢

在本教程的撰写过程中，李文龙、孙百乐、刘镇毅、廖集秀、杨述敏、刘雯、邱元博和韩睿毅分别进行了第 1 章至第 8 章的编辑、整理和校对工作。魏子帅、李青阳、王乐宇、韩冰、徐程林同学为习题和测试用例的编写做了大量辛勤的工作。王富胜、赵晓飞、刘凯、郭华、类兴华同学也为本教程的出版付出了汗水。感谢“清览题库”对本教程的电子资源进行支撑，本教程所有的电子资料都会在该网站上发布。还有很多朋友提出了宝贵的意见，学生们在试用后的诸多反馈也成为我们前进的动力。在此一并表示感谢！

目　录

第 1 章　学习准备

1.1 教程特色

1.1.1 双链知识网络

C/C++ 发展至今，存在大量的语法和知识点，容易让学习者茫然无措，不知从何下手。本教程仔细梳理了初学者应该掌握的知识点，按照从易到难的顺序进行组织，并在每个小节进行总结。构建了知识点之间的双链依存关系，形成知识网络。并按照知识点的顺序构建了习题，进一步构建了知识点和习题之间的双链关系。信息粒度是双链知识网络的最核心优势。将大块的知识细化为一个个相对独立的知识点，并把各个知识点从原有的语境中解放（抽象）出来，进而形成能够在长时间的考验下保留下来的知识。这样，当遇到新问题的时候，能迅速链接已有知识结构，解决新问题。

1.1.2 面向 OJ 系统

计算机是一门应用科学，实践是学习编程不变的真理。目前互联网上有大量开放的在线评测（online judge，OJ）系统，例如洛谷、力扣和 PTA 等。OJ 系统能够对学习者编写的代码进行实时反馈，面向实际应用，解决实际问题，是现代编程学习的必备环节。

OJ 系统的存在具有时代必然性。从实战角度出发，需要很多特别的技巧。本教程在讲解过程中，特别注意对这些实战技巧的引导。习题布置在洛谷、力扣等开放性 OJ 平台上，就是为了让更多的学习者能够受益。同时在 PTA 系统上布置了习题的副本，利于教师对教学进度的掌控。事实上，只有通过在 OJ 系统上的不断练习，才能掌握真正的编程能力，对学生未来继续深造和工作都具有巨大的好处。

1.1.3 简明原则

大学中目前普遍存在的现象就是课时不足。如何在有限的课时里让学生掌握最主要的部分是一个挑战。因此在编著本教程时，不求面面俱到，只要学生能对实战编程的要点掌握即可。例如，switch，goto 等不建议使用的语法，在本教程中不会出现。知识学习有用即可，“内容丰富”绝大部分时候会给学生带来负面影响，阻碍学习的积极性。简明也体现在代码的书写优化上。每增加一行代码，甚至多增加一个字符，都会增加出错的概率。本教程在给出例题解决方案时，力求简洁，用最有效的方式完成。长期进行这种训练，能够提升学习者的计算思维。

1.1.4 易用原则

作为第一门编程课，很多同学迟迟不能入门，这是对计算机专业认知的一个重要阻碍。因此本教程在构造时，从问题下手，对于解决同一问题的多种方法，讲解最简单的方式，让学生快速入门，建立成就感，形成正反馈。易用原则对学习是一个重要的原则。

例如，在输入方式上，可以用 C 语言的 scanf，也可以用 C++ 的 cin，但是很明显 cin 在书写和理解上都要更加简单方便，因此教程中对 scanf 的讲解非常粗略。但对非空白符分隔的数值输入问题，scanf 具有明显的使用优势，学习者只要掌握 scanf 处理这种特殊情况的方法即可。再比如 C 语言字符串中的结束符 '\0'，对学习者造成了大量的困扰，但 C++ 中的 string 在解决字符串问题时具有明显的简洁性，因此本教程中的字符串问题主要采用 string 方式进行解决，对 C 语言的字符串方式没有太多笔墨。

1.2 计算机基本原理

现代电子计算机仍然没有超出由匈牙利科学家冯·诺依曼（von Neumann）于 1945 年提出的冯·诺依曼体系结构的范畴。在该结构中，计算机被认为由五大部件组成，如图 1.1 所示。

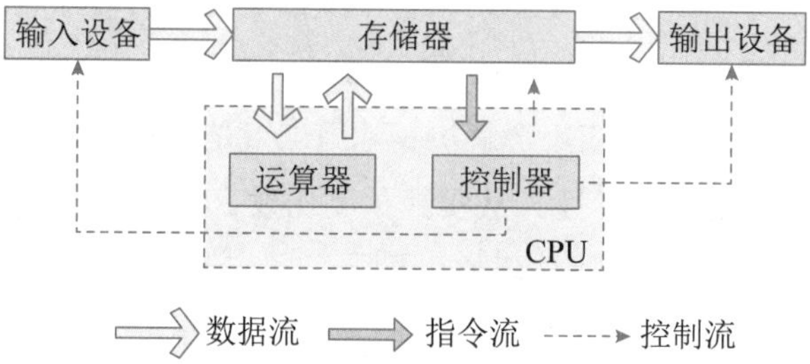

图 1.1 冯·诺依曼体系结构

存储器又分为内部存储器和外部存储器两部分。其中，内部存储器简称内存，通常是易失的，容量相对较小，但存取速度显著快于外部存储器。所谓易失，是指计算机断电后，内存中的数据会自动丢失。外部存储器通常指硬盘、固态硬盘、U 盘等存储设备，相对于内存，其数据可以在断电后永久保存，容量通常也更大，但数据存取速度通常显著慢于内存。计算机处理的数据和指令（程序）一律用二进制表示，任何程序在运行时都要加载到内存中，因此了解程序中相应部分在内存中的存储结构，才能更好地保证程序执行的正确性和效率。

一个二进制“位”音译为比特（bit，b），它是存储器的最小单位。但是 bit 太小了，通常以字节（Byte，B）作为内存管理的基本单位，一个字节为 8b。$1KB=1024B=2^{10}B$，$1MB=1024KB=2^{20}B$，$1GB=1024MB=2^{30}B$。例如，后面会提到一个 int 类型的整数占用 4B 的空间，表示这个整数的二进制数值占用 32 位，能表达的最大十进制数是 $2^{32}-1$，大于这个数值的数就不能被正确存储了。

很多编程初学者认为入门困难的根本原因在于不了解计算机基本原理，始终以长期培养的数学思维看待程序，不能深刻理解程序的执行过程。事实上，学习编程并不需要多么深入的计算机原理知识，只需要了解基本原理即可。接下来的内容尽量以浅显易懂的方式介绍与编程入门相关的知识，请初学者务必认真学习体会。

1.2.1 运算器基本原理

运算器用来执行加减乘除等算术运算、与或非等逻辑运算，以及移位、取反等二进制操作。需要注意的是，运算器必须严格按照指定顺序运算，并且在某一时刻只能执行一次运算。例如计算“1+2+3”，运算器是按照加法的结合性从左到右一步一步计算的，先计算 1+2 得到结果，再将结果与 3 相加，从而得到整个表达式的最终结果。习惯了数学公式推导的编程初学者往往存在几个误区：

- 认为列出数学公式和自变量的值，计算机就会自动计算结果，不需要详细步骤。

  例如一元二次方程的求根公式 $\frac{-b\pm\sqrt{b^2-4ac}}{2a}$，是不是将公式翻译成计算机程序，再告诉计算机 a、b、c 的值是什么，计算机就能给出结果？实际上，首先要保证运算顺序，先对 a、b、c 赋值，有了具体数值才能按照接下来的公式计算；其次要知道，尽管可以将公式整体“翻译”给计算机来运算，但在本质上还是按照运算优先级一步一步计算的。
- 认为数据类型不重要，计算机会自动代入公式计算。

  计算机的确会根据数据类型自动计算，但是忽视数据类型极易导致结果错误。例如 3/2 和 3.0/2 的结果是截然不同的。因为整数、小数、正数、负数在计算机中的二进制表示规则不同，占用的内存空间不同，运算规则也不尽相同，因此要让运算器准确计算，必须要严格指定每个数据的类型。

- 不能理解变量的本质。

  数学中的变量是指没有固定的值，可以改变的数，用一个符号表示。而且，很多公式表达时不需要强调变量的类型，例如 $y = \pi x^2$，x 是整数也行，是小数也行，不需要额外关注。程序中的变量对应计算机内存中的某块空间，用来“存储”可以变化的数值，而且必须指定类型。如前所述，不同类型的数据，例如整数和小数，它们的二进制表示规则不同，占用的内存空间不同，因此将某个数据强行存入类型不同的变量中就很可能出错。

- 不知道何时使用变量。

  在一些数学问题中，不同的数据代表不同的含义，往往需要用不同的变量来表示。例如某个程序用来计算正方形和圆形的面积，那么就需要用一个变量表示边长，一个变量表示半径。还有一些运算需要用到变量来临时保存中间结果，例如程序需要从键盘输入若干整数，先保存下来再进一步参与其他运算，这时候就需要一一对应，为依次输入的整数定义变量。再举一个现实生活中的例子，一杯咖啡，一杯可乐，现在需要交换两个杯子中的饮料，那么就临时需要一个空杯子保存咖啡或可乐，这个空杯子的功能就类似于变量。

理解上面几点对于分析程序的执行过程，保证计算结果的正确性至关重要。理解基本原理后，就需要通过大量编程练习，融入意识，形成“编程本能”，为后续学习打下坚实基础。

再次强调，初学者务必牢记：

- 无论多么复杂的运算表达式，对于运算器来说都是严格按照运算顺序，一步一步计算的。
- 数据类型极为重要，每一个出现在程序中的数据都要有明确的类型。
- 要理解 C/C++ 中变量是一块用来保存可变数据的内存空间，而且必须要严格指定数据类型。

补充说明：运算符结合性是指运算符的运算顺序是从左到右还是从右到左进行计算，例如上例中的加法是从左到右运算。而有些运算符是从右到左运算，例如取负运算符和编程中极为重要的赋值运算符。

- 取负运算符“-”：计算“--3”的过程是“-(-3)”，即先计算右边第一个负号。
- 赋值运算符“=”：计算“a=b=3”的过程是“a=(b=3)”，即先将常量数值 3 赋给变量 b，再将变量 b 的值赋给变量 a，计算结束后变量 a 和 b 中保存的数值都是 3。

1.2.2 程序执行和内存管理基本原理

程序是为了让计算机解决某个问题而编写的一系列有序指令的集合，在控制器的指挥下，由运算器按顺序依次计算。在理解程序执行过程之前，可以先举例体会一下人和计算机做事方式的区别。某天下班前，老板交代秘书在第二天到达公司前完成三项任务：①去书店买一本书；②去银行汇一笔款；③去奶茶店买一杯茶。如果你是秘书，你会如何做？按照人的思维，一般是根据自己的上班路线合理安排任务顺序，以最少的时间和最优的路径去完成，②①③也好，③②①也罢，只要保证到公司前三件任务都完成即可，不会严格按照①②③的固定顺序。而计算机会如何做？它只会严格按照①②③的固定顺序去做，哪怕效率低下。计算机执行程序也是如此，按照程序预设的指令固定地、刻板地、生硬地一步一步去执行，不会有丝毫偏差。可以说，人的思维具有自主性、创造性和灵活性，而计算机只会按预设指令行事，严格有序、稳定不变地执行程序。这是计算思维的特征之一，学习编程应当习惯这种思维方式。

有关变量和内存模型的知识在后续章节中会详细说明，在这里预先介绍与程序执行过程密切相关的基本原理。

1. 如何理解内存和内存空间？

无论是指令还是参与运算的数据都需要预先保存在内存中，内存从物理形态上看只是一块集成电路板，显然无法肉眼“看到”里面保存了什么，难以直接与程序联系起来。因此，内存往往被想象成一片由固定大小单元格组成的一维或二维逻辑空间，类似于日常办公用的 Excel 表格，如图 1.2 所示。内存空间中的每个单元格大小都是 1B，那么这些单元格大小和形态都一样，又如何区分呢？类似于身份证号或宿舍号，操作系统为每个单元格都分配了唯一编号，称之为“内存地址”，这个编号通常用十六进制整数表示，例如 64 位操作系统的某个内存地址编号为“0xEFD387B1”。程序运行时需要用到的数据就保存在这些单元格中，又因为内存地址唯一，所以不用担心出现“错位”的情况。

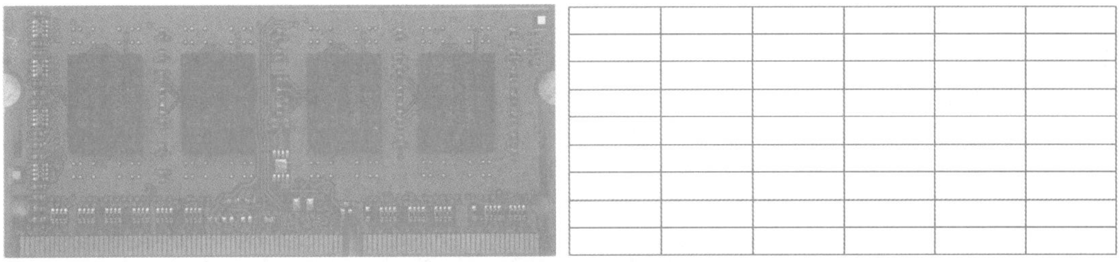

图 1.2　内存储器的物理形态和内存空间逻辑模型

2. 如何理解变量与内存空间的关系？

当定义了一个变量，实际上就相当于操作系统从内存空间中找了几个（大部分时候一个格子放不下变量的数据）格子来存放变量的数据，但是真正的内存地址是不是太难记忆了？因此，为了方便程序员编程，用自己起的变量名来代替内存地址。也就是说，变量名是为了方便程序员使用而自己起的名字，实际上它对应着内存空间中的某个唯一地址。至于变量名如何转换为内存地址，那是编译器的工作，初学者无须深究细节。

3. 程序运行时内存是如何分配的？

接下来以一段简单程序来分析内存分配的基本原理。

示例代码

```
int main()
{
    int a=10,b; // 定义整型变量 a 和 b，其中 a 的值初始化为 10
    char c='@';// 定义字符型变量 c，并初始化为字符 '@'
    return 0;
}
```

这段代码的功能是：定义一个整型变量 a，并且将 a 的值初始化为 10，即将 10 赋给变量 a，这样变量 a 对应的内存空间中就保存了 10 这个整数值（10 这个整数被称为常量，是固定不变的值）；定义一个整型变量 b，里面暂时没有保存任何数值；定义一个字符型变量 c，并且 c 中保存了一个字符 '@'（'@' 这个字符也是常量，是字符类型的，C 语言规定字符类型常量必须以单引号括起）。这段代码的执行过程分成 6 个步骤来演示，内存模型及执行过程如图 1.3 所示。需要指出的是，这 6 个步骤的描述并不严谨，是为了方便理解特意简化了过程，迎合了常规认知。读者在进一步深入学习原理后，可以反过来分析一下存在的问题。

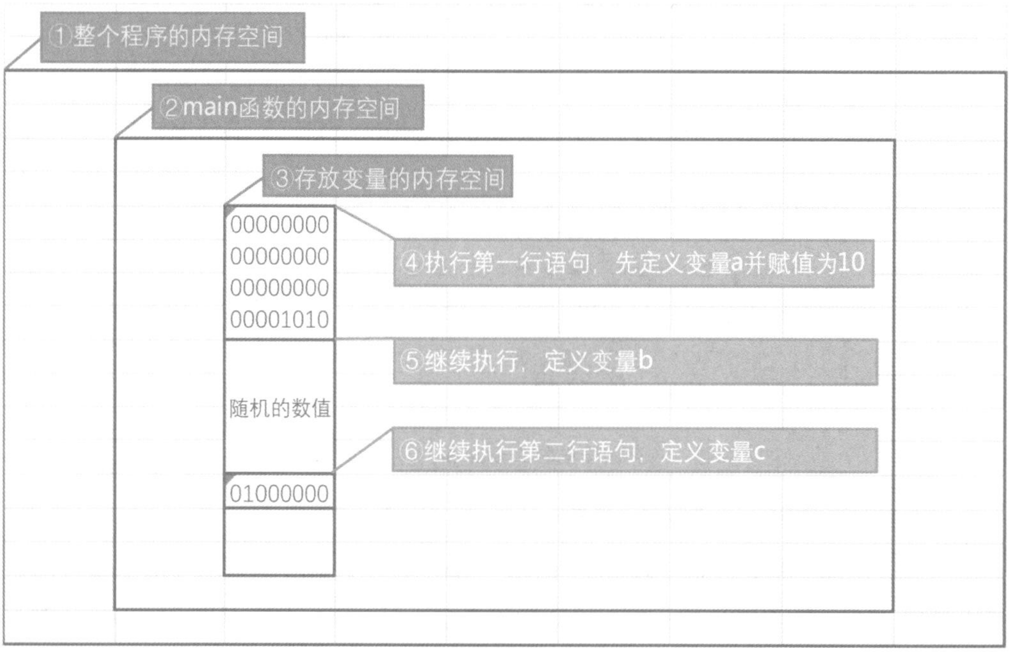

图 1.3　示例代码的内存模型及执行过程

步骤 1：为整个程序分配内存空间。当程序开始运行时，操作系统会自动分配一块内存空间供程序使用，假设外边框①内是程序的全部运行空间。如前所述，这块内存空间由大小均为 1B 的一系列单元格组成，每个单元格都有唯一分配的内存地址。

步骤 2：为 main 函数分配内存空间。一个程序可以包含多个函数，每个函数运行时，操作系统都会为它们分配独立的、不同的内存空间。示例程序只有一个 main 函数，当 main 函数运行时，假设分配了边框②圈起的内存空间。函数的运行空间其实按功能进一步划分了几类空间，其中一类空间专门用来存储变量的值。

步骤 3：为每个变量分配内存空间。在函数运行的内存空间中，每个变量都会对应一块内存区域，区域大小，即占用几个单元格，跟变量类型有关。假设示例程序中的变量依次分配在边框③圈起的内存空间中，该空间由多行组成，每行 1 个单元格，内存地址编号从上到下依次连续递增。请思考：如果第一个单元格，即最上方单元格的内存地址为“0xFDFD8BC1”，那么第 2，3，…，n 个单元格的地址是？地址不断自增 1，至于内存地址如何用十六进制表示，可以在后续学习中掌握。

步骤 4：为整型变量 a 分配内存空间并初始化。内存分配结束后，接下来依次执行每行代码，首先是第一行可执行语句，即代码第 3 行，先定义变量 a，并赋值为 10。因为 int 类型需要占用 4 字节，因此操作系统会寻找连续 4 字节的空间，然后将常量 10 保存其中。因为计算机中所有信息都是以二进制来表示的，所以实际上保存的值是“00000000 00000000 00000000 00001010”，即十进制常量 10 的二进制表示。

补充说明：可执行语句是通知计算机完成一定操作的语句。有一些代码行只是语法规定或者起到标注作用，例如函数首行、{}、注释等，它们不属于可执行语句，因为并没有包含命令计算机执行某个操作的指令。

步骤 5：为整型变量 b 分配内存空间。继续执行，定义变量 b，操作系统会再找 4 字节的空间，假设地址紧随变量 a，结果如图 1.3 所示。因为仅仅为 b 分配了空间而没有初始化，因此该空间保存的值是“随机的数值”，不可预测。建议读者在学会输出变量值的语法以后，定义多个类型的多个变量，分析输出的结果是什么。

步骤 6：为字符型变量 c 分配内存空间并初始化。继续执行下一行可执行代码，即代码第 4 行，定义变量 c，并赋值为字符 '@'。char 类型需要占用 1 字节，因此只需要一个单元格。那么字符 '@' 如何表示成二进制呢？在后续的学习中会了解到，每个字符都有对应的整数编码，称为“ASCII 码”，保存一个字符类型的值即是保存它的整数 ASCII 码，因此在 C 语言中字符与整数可以灵活转换。通过第 2 章中的 ASCII 表可以查出字符 '@' 的十进制编码为 64，转为二进制是“01000000”，假设 c 的内存地址紧随变量 b，那么执行后的结果如图 1.3 所示。

通过上述分析，应该能够初步认识到程序与内存的关系，理解变量是什么。熟练掌握这些知识后，能够在看到代码时自动在脑海中建立内存模型，模拟执行过程，这对后续学习有极大的帮助，尤其是学习函数、指针等所谓“难点”时。总结要点如下：

- 每个程序运行时都有独立的内存空间；一个程序可以包含多个函数，每个函数运行时也都有独立的内存空间；每个函数中的每个变量也都有独立的内存空间。

- 不同类型的变量占用空间大小不同，例如 int 占用 4B，char 占用 1B。
- 变量实际上对应着某个内存地址，而变量名就是为方便记忆而自己起的名字。
- 变量用来存储可变的数据，但要保证数据类型一致。
- 变量可以预先存好数据，例如上例中的变量 a 和 c，这称为“定义时初始化”。
- 变量也可以先“空着”（即未初始化变量），例如上例中的变量 b，可以等以后用到时再向内存数据，但是切记，未初始化的变量里面存放着“随机的数值”，程序员并不知道是什么。

1.3 C++ 程序设计

1.3.1 C++ 程序基本结构

代码 1.1 最简单的 C++ 样例

```
#include<iostream>          // 输入输出流标准库文件，支持 cout，cin 的使用
using namespace std;        // 标准命名空间
int main()                  //C++ 的主函数，每个程序都有且仅有一个 main 函数
{                           // 一对大括号构成一个代码块
    cout<<"Hello World!"<<endl; // 输 出 字 符 串 Hello World!， 其
                            // 中 endl 表示换行符
    return 0;               // 主函数的返回值，0 表示程序正常结束
}
```

Hello World!

说明：

- C/C++ 中任何一条语句都必须以分号；结束。
- // 表示行注释，当前行 // 后的部分为注释。
- 不同的函数需要使用不同的头文件，当不清楚函数对应的头文件时，可采用 #include<bits/stdc++.h>，称为万能头文件。它包含了 C++ 的所有标准库，在所有的 OJ 系统中都被支持，可以有效解决头文件的困扰。但只建议在课程学习时使用，在完成复杂工程项目时，并不推荐。

1.3.2 C++ 程序的编译与运行

C++ 语言代码由固定的词汇按照固定的格式组织起来，简单直观，程序员容易识别和理解，但是计算机根本不认识这些代码。这就需要一个工具，将 C++ 代码转换成计算机

能够识别的二进制指令，也就是将代码加工成 .exe 程序的格式。这个工具是一个特殊的软件，叫作编译器（Compiler）。

编译器能够识别代码中的词汇、句子以及各种特定的格式，并将它们转换成计算机能够识别的二进制形式，这个过程称为编译。编译也可以理解为“翻译”，类似于将中文翻译成英文，它是一个复杂的过程，大致包括词法分析、语法分析、语义分析、性能优化、生成可执行文件 5 个步骤，其间涉及复杂的算法和硬件架构。

本教程采用在 Windows 平台下的 MinGW 环境中的 g++ 编译器。一定要选择 C++11 及以上的版本选项。截至目前，C++14 被广泛关注。在系统能够支持的情况下，可以选择更高的版本。实际上，对于初学者而言，几个版本的差异并不明显，如图 1.4 所示，下例中选用 C++17。在 CodeBlocks 的 settings 菜单下选择 Compiler，在打开的窗口中选择 C++17。

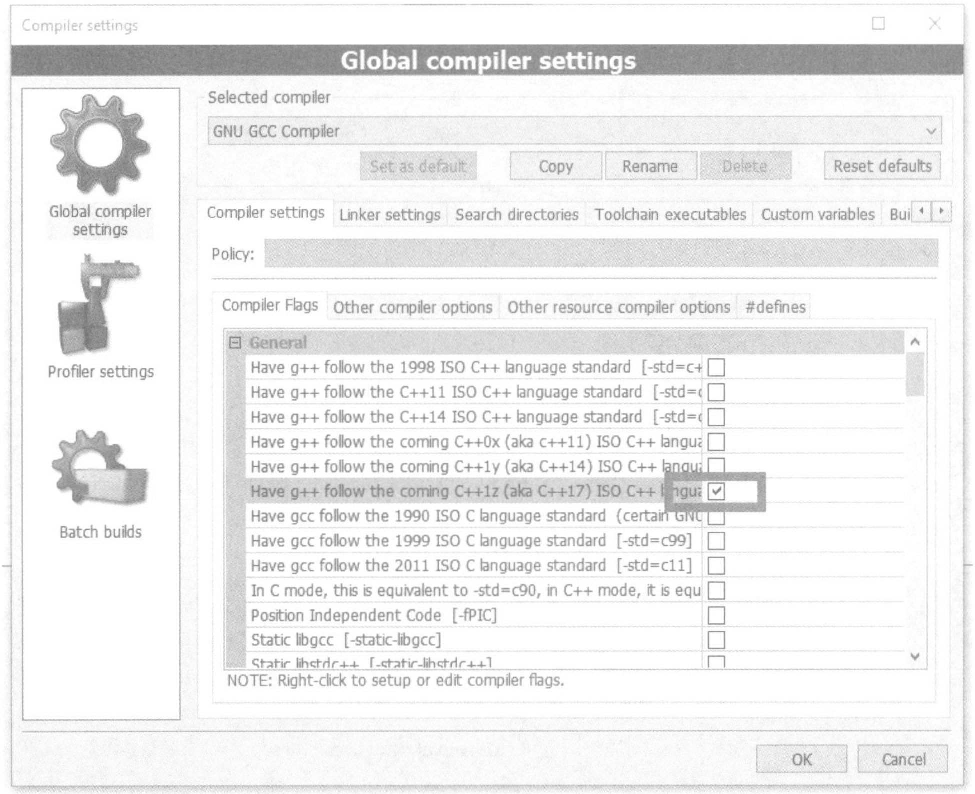

图 1.4　编译器设置

1.4　IDE 的使用

程序设计主要学习语法和算法知识，IDE 的选择并不重要。CodeBlocks 和 VSCode 都是当前比较流行的 IDE 工具，前者在安装和使用上比较简单，VSCode 相对配置比较烦琐，但是对学习掌握一些底层编译有一定帮助。根据易用原则，甚至可以直接使用 PTA 在线编辑器进行编写，上面有测试模块，可以通过输出语句进行检查，能够满足基本的编程需要。本教程使用 CodeBlocks 为例进行讲解和配置。一定要选择带 MinGW 的 setup 版本进行下载。

★ 提示：CodeBlocks 20.03 版本下载地址如下。

https://udomain.dl.sourceforge.net/project/codeblocks/Binaries/20.03/Windows/codeblocks-20.03mingw-setup.exe

1.4.1 CodeBlocks 新建项目

（1）选择 File → New → Project 菜单，弹出窗口如图 1.5 所示，选择 Console application，然后单击“Go”按钮。

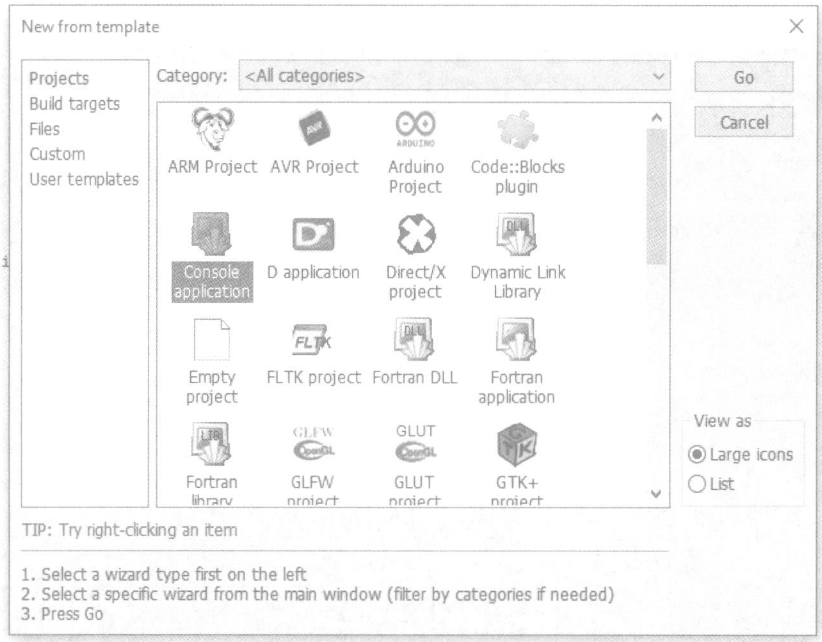

图 1.5　选择 Console application

（2）在接下来的几个窗口中都直接单击 Next 按钮，直到出现图 1.6 中的窗口。在 Project title 中输入项目名称，在“Folder to create project in:”中选择程序的保存路径。切记要输入一个有效文件路径，否则代码无法正常编译。然后单击 Next 按钮。

（3）如图 1.7 所示，在最后的窗口单击 Finish 按钮，生成第一个项目。

（4）在图 1.8 的窗口中，选择 Projects 标签页，展开下面的树状列表，双击显示 main.cpp 文件，然后输入程序。

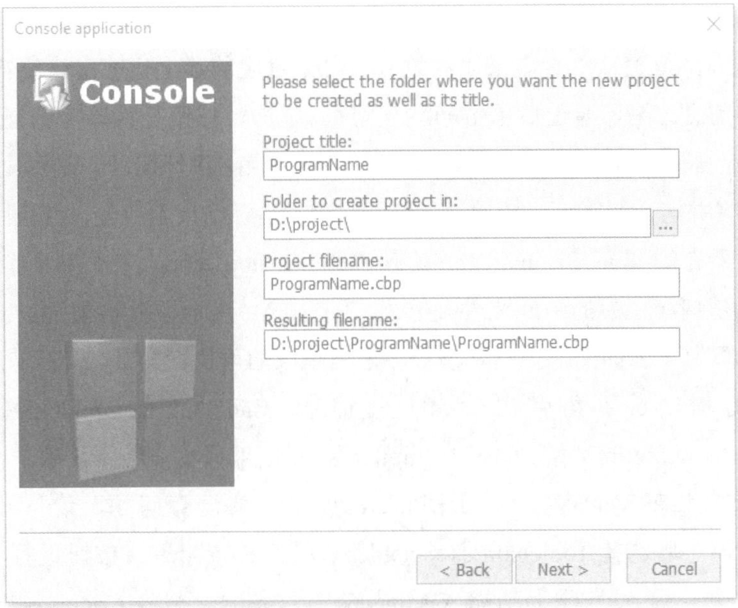

图 1.6　项目的名称和保存路径

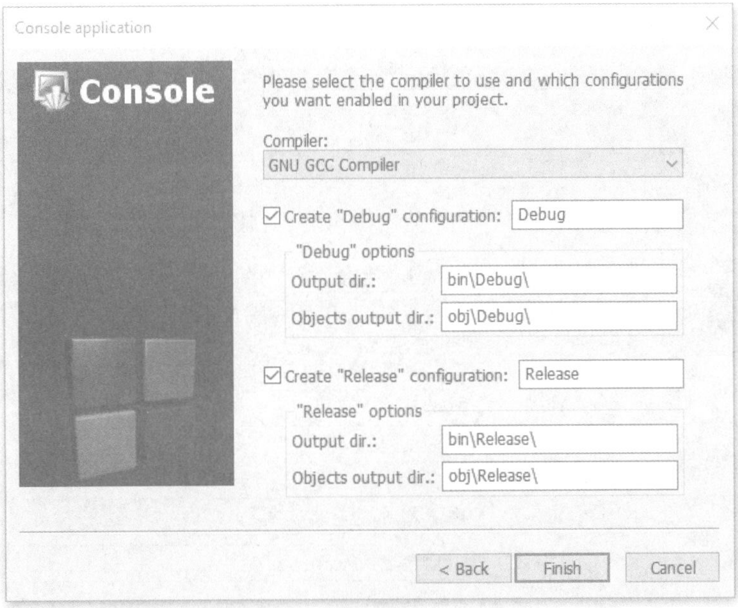

图 1.7　选择编译器和配置

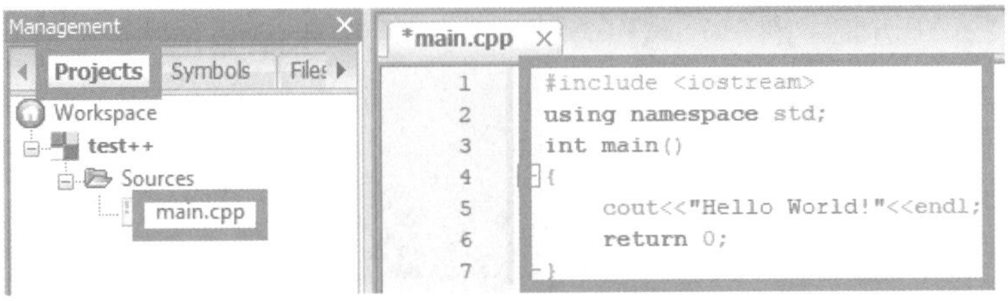

图 1.8　CodeBlocks 编程界面

（5）单击工具条上的 进行编译，如果编译错误，则说明存在语法错误，可以从编程界面下方的 Build log 窗口中查看错误的位置（Line 对应的数字代表出错位置的行号），以及错误的描述信息。编译通过后单击 运行程序。单击 按钮是编译并运行程序。特别说明， 只是运行编译好的文件，每次修改程序后，要先用 进行编译，然后才能运行，或者直接单击 编译并运行程序。很多初学者修改程序后运行结果不改变，就是因为这个问题。

打开工程所在的文件夹，main.cpp 就是源文件。obj/Debug 文件夹下有一个后缀为 .o 的文件，这就是编译之后的中间文件，它是二进制的，用于计算机识别。bin/Debug 文件夹下有一个后缀为 .exe 的文件，这是该程序最后生成的可执行文件。

如果运行时，右下角弹出信息框，提示“Can’t find compiler executable in your configured search path’s for GNU GCC Compiler”，说明编译器安装不正确。在 Windows 系统里，一定要安装带 MinGW 的 CodeBlocks，如果安装没有问题，请打开 settings 菜单选择 Compiler，然后选择 Toolchain executables，单击 Auto-detect 按钮进行自动检测。如果自动检测失败，那么需要手动输入 MinGW 的目录，一般在 CodeBlocks 安装路径的 MinGW 目录下，如图 1.9 所示。

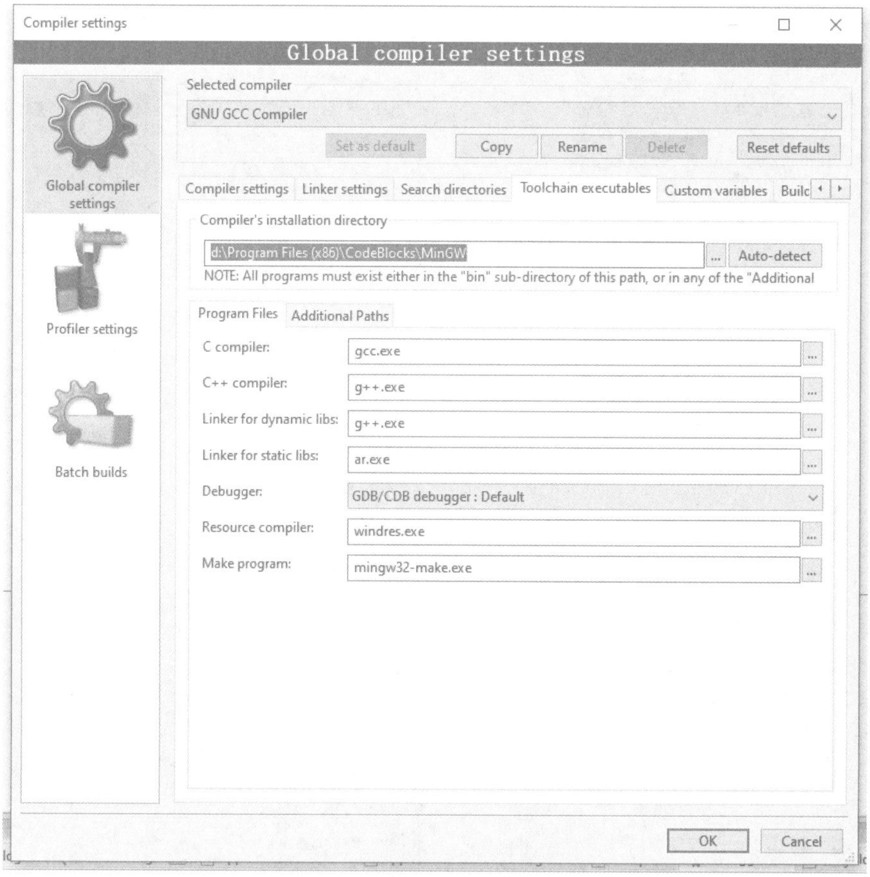

图 1.9　检测编译器的安装目录

1.4.2 CodeBlocks 调试基础

如果一个程序的执行结果错误，且仅凭“看”代码检查不出错误，这就需要调试程序，将代码一步一步的执行，通过观察变量值的变化分析错误。这类似于做计算题而最终结果错了，那么就需要从头检查每一次计算，看看在哪一步出错了。

首先要确保程序没有编译错误，然后才能使用调试工具。程序调试的基本过程分成 4 个步骤：设置断点、启动调试、打开 Watches 窗口、执行调试。

步骤 1：设置断点。单击某行代码行号后面紧邻的空白处，或者右击某行代码的行号并选择 Add breakpoint。设置成功会出现红色圆点，表示程序运行到这里会暂停，等待程序员手动控制执行过程。断点一般设置在可执行语句上，如果初学者还区分不出哪些是可执行语句，建议放置在 main 函数内的第一行。熟悉编程后，可以将断点设置在疑似出错的代码行上，而且断点可以设置多个，在每个断点处，计算机都会暂停执行。

步骤 2：启动调试。工具栏中有一个红色三角箭头按钮 ▶，单击后进入调试状态。除了单击按钮，还可以从菜单栏启动调试，菜单栏→ Debug → Start/Continue，快捷键是 F8。成功进入调试状态后，代码行号后会出现一个黄色三角箭头 ▷，表示程序目前暂停在该行，而该行前的代码已经执行完毕。

注意：如果调试过程中遇到了 cin、scanf 等需要从键盘输入数据的代码，那么需要从控制台输入所需数据后才能够继续执行。控制台窗口是一个默认黑色的窗口，如果有光标闪烁表示在等待用户输入，这是操作系统很重要的一个服务程序，本书不展开解释。

步骤 3：打开 Watches 窗口。Watches 窗口列出了当前函数中的变量名及变量值，变量值会随着代码的执行而变化，程序员就是通过观察变化过程来查找错误。打开该窗口有两个途径：一是点击按钮 ，然后勾选 Watches 选项；二是通过菜单栏打开，菜单栏→ Debug → Debugging windows → Watches。

前 3 个步骤的执行效果如图 1.10 所示。

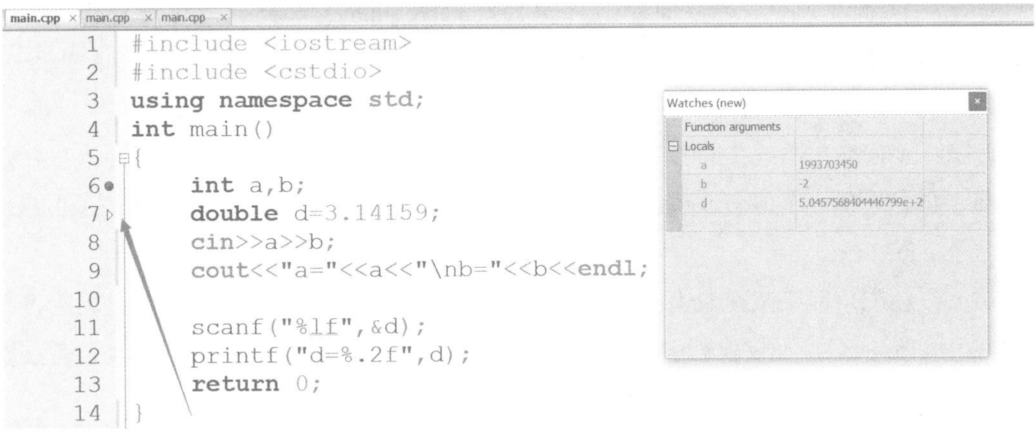

图 1.10 设置断点、启动调试、开启观察窗口后的调试界面

步骤 4：执行调试。前 3 个步骤完成后进入调试状态，程序员可以根据需要选择执行模式，命令计算机接下来如何执行代码。执行模式主要包括运行到鼠标所在处、运行下一行、跳入函数、跳出函数、按指令执行等，其中对于初学者来说最常用的是单行执行，即让程序一次执行一行。执行模式也可以通过工具栏快捷图标和菜单栏两种方式调用，图 1.11 列出了各菜单项和快捷按钮的界面及功能。

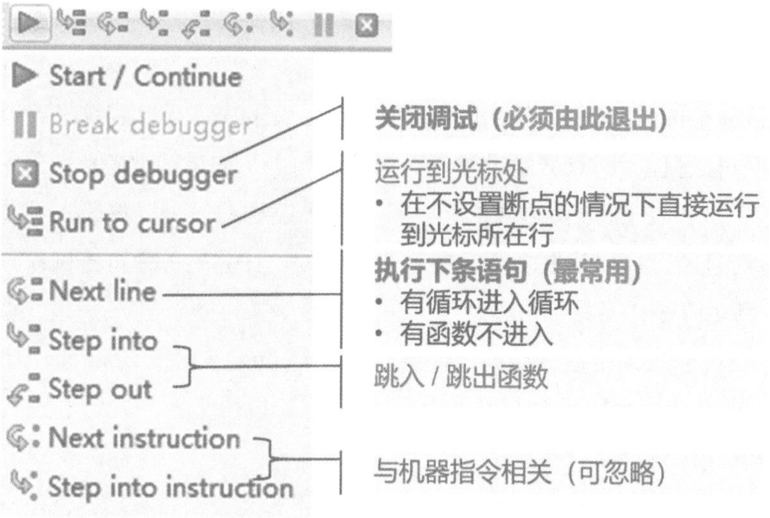

图 1.11　几种常见的调试模式

调试的步骤并不复杂，使用几次即可熟练掌握，困扰很多初学者的问题是经常碰到调试无法使用的情况。常见的现象、原因和解决办法如下：

（1）单击调试按钮后，有红色字体错误提示：“ERROR: You need to specify a debugger program in the debugger's settings”，意思是 CodeBlocks 没有找到调试器（默认调试工具是 GDB），需要手动设置。可能的原因是 CodeBlocks 在安装过程中没有自动检测到调试器的安装位置。解决的步骤如下：菜单栏→ Settings → Debugger → GDB/CDB debugger → Default，将右边界面最上方的 Executable path 文本框的内容设置为“你的 CodeBlocks 安装路径 \MinGW\bin\gdb.exe”。文本框支持手动输入，但是建议单击“…”按钮找到 gdb.exe 所在位置。

注意：不同操作系统安装 CodeBlocks 的默认路径不同，建议有一定 Windows 操作基础的读者自己选择一个位于非系统盘的安装路径；另外，有的 MinGW 版本没有 gdb.exe，而换成了 gdb32.exe。

（2）红色三角箭头按钮 ▶ 始终是灰色。这表示无法进入调试模式，一般是因为没有创建项目（Project），而仅仅创建了单个 .c 或 .cpp 文件。CodeBlocks 使用调试功能务必要将待调试程序放在一个 Project 中，具体步骤参考前面的章节。

（3）设置好断点，单击 ▶ 后没有出现黄色三角箭头 ▷。如果程序确保没有编译错误，断点位置也可执行语句，那么常见原因一是断点之前有 cin、scanf 等需要从键盘输入数据的代码，这就需要先从打开的控制台窗口输入数据；另一个常见原因是 Project 名称、源文件名称及所在路径中包含汉字或中文字符。CodeBlocks 对中文编码的支持较差，因此需要用户在编程时尽量避免中文，包括文件保存路径。在编辑界面中将鼠标悬浮在文件名上，或者右击文件名选择“Properties…”可以检查文件保存路径是否符合要求。

如果觉得调试程序的过程烦琐，还可以用“插桩法”来检查错误。cout 和 printf 函数可以把多个变量或表达式的值输出到显示器上，可以利用这一点查看程序运行时变量的变化过程。在代码中容易计算出错的位置特意增加 cout 和 printf 语句，将认为有问题的变量的值输出，实现了“分步检查”的效果。

1.4.3 CodeBlocks 常用功能

（1）在多个 Project 之间切换当前程序。

编程时可以创建或打开多个 Project，因此包含多个 main 函数，而某一时刻只能运行一个 Project，即被“激活”的 Project。切换激活状态有两种常用方法：一是鼠标双击要“激活”的项目名称；二是鼠标右击要“激活”的项目名称，选择 Activate project。处于激活状态的 Project 名会加粗显示，如图 1.12 所示。

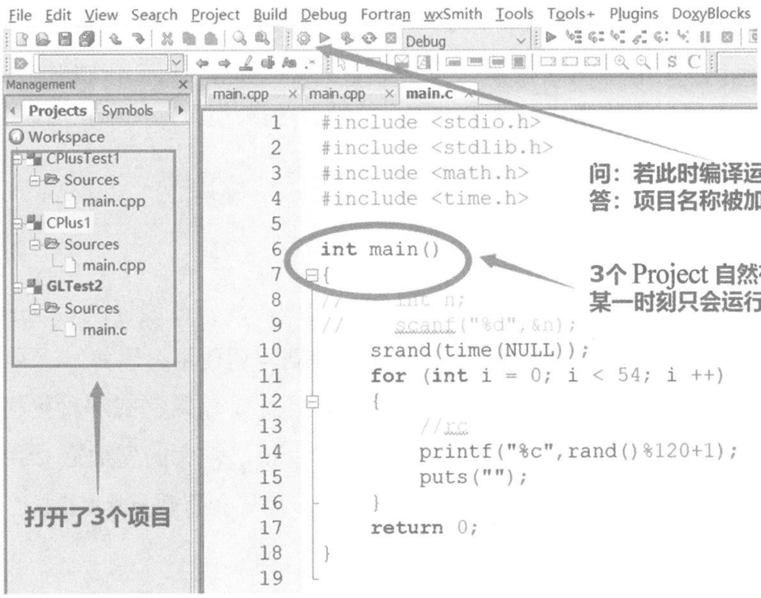

图 1.12　打开多个 Project 时如何识别激活状态

（2）代码格式化。

在代码编辑区的任意空白处，右击，在快捷菜单中单击 Format use AStyle，进行代码格式化。专业的程序员必须要进行代码格式化，格式化之后的代码更容易阅读和理解，对于括号不匹配等问题，可以很容易发现。在 CodeBlocks 中，将光标放在括号处，对应的括号会进行高亮，帮助发现对应的括号。

（3）Ctrl+ 鼠标滚轮可以调整文字大小。

（4）选中对应的代码块，按 Ctrl+Shift+C 进行注释，按 Ctrl+Shift+X 则解除注释。

在进行代码调试的时候，经常会用到大块区域的注释和解除注释。

（5）选中对应的代码块，按 Tab 键缩进，按 Shift+Tab 反向缩进。

（6）按 F2 和 Shift+F2 分别可以显隐下方 Logs & others 栏和左方的 Management 栏，也可以从菜单项 View 中勾选或取消勾选各个窗口名，以显示或隐藏。

（7）找不到 Project 下的源文件了？

界面左侧的 Management 窗口包括很多选项卡，可以单击箭头左右切换，一般在 Projects 选项卡下编程，它显示了整个项目的目录结构。

1.5 在线评测系统

代码在本地运行没有问题后，可以提交到在线评测（online judge）系统中。在线评测系统根据预置的输入，运行提交的代码，得到实际运行结果，并将这些结果与预制的结果进行比较。比较是非常精确的，相差一个空格都会产生格式错误。但是很多在线评测系统中做了一些优化，一些特殊情况不影响评测结果：①输出结果的最后一行，是否存在一个回车，不影响评测结果；②对于输出结果所有行，行尾是否存在空格或制表符，不影响评测结果。很多评测系统做了这种类型的优化，但是也有系统没做这样的修改，具体情况要根据使用的评测系统决定。

1.5.1 PTA

目前可以使用的在线评测系统有很多，下面以 PTA 系统为例，解析在线评测系统的使用方法。PTA 系统的网址为 https://pintia.cn/，高校教师可以免费申请使用。

打开一个题目后，首先是题目描述，它决定了解决思路。然后是输入格式和输出格式，这里最重要的是确定变量的类型，例如较小的整数可以用 int，较大的整数必须用 long long；对于浮点数，可以统一采用 double。对于输入格式，常常会有数据范围限定，如下：

输入格式：
一行两个整数表示地球的半径 r 和从房顶到太平洋的距离 d。（$1 \leqslant r, d \leqslant 10^5$）

这里的数据范围限定不是让用户在程序中检测，而是告诉用户测试用例的具体数据范围，超出该范围的数据不需要考虑。

然后是输入样例和输出样例。对于一个题目，有很多组测试数据。输入样例和输出样例只是代表，不是全部。输入样例的结果必须正确，但该结果正确不代表所有测试用例的结果都是正确的。输入数据必须采用 cin 等方式在标准输入中输入，不能生搬硬套，将测试用例直接写在程序中。

PTA 是一个比较完善的系统，其编辑区提供了自动高亮、自动换行、自动缩进等功能，即使没有本地的编译器，也可以在此系统上直接进行代码编辑。

PTA 中提供了一个测试功能，非常有利于初学者发现并纠正错误。该功能默认处于隐藏状态，单击图 1.13 中的按钮可以打开。测试运行不计入提交的统计信息。

图 1.13　打开测试功能

然后单击运行测试，如果有编译错误，会在“编译器输出”中显示，调整解决编译错误。程序正常运行后，会展示运行结果和预期结果的对比，如图 1.14 所示的例子中二者相差一个回车符。如前所述，这种不同会被系统自动忽略。

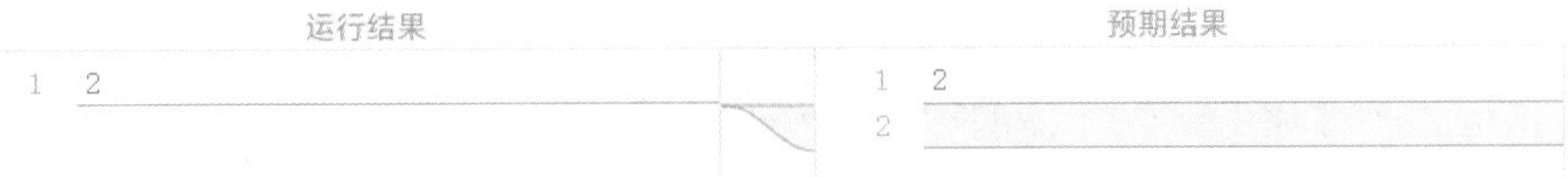

图 1.14　测试的运行结果和预期结果

如果有其他不同，如图 1.15 所示会在左侧以红色波浪线显示不同之处，根据提示修改代码。

图 1.15　提示运行结果和预期结果的不同之处

测试用例区域的数据可以自行修改，但是因为自行输入的数据没有预期结果，因此不会显示对比，但会帮助用户确定异常数据的运行结果是否符合期望。

进入题目集后，可以在左侧的“提交列表”中查看提交历史。在“排名”中查看题目完成状况和整体排名情况。

由于 PTA 平台在教学管理方面的优异表现，本书将所有习题在 PTA 上进行了部署，采用 PTA 进行教学的教师，可以联系作者获取所有习题的链接。

1.5.2 其他 OJ

力扣的中文官网为 https://leetcode.cn/，其题库中的题目可以分为简单、中等和困难 3

个级别。初学者建议筛选其中的简单题。其提交方式与 PTA 类似，但是全部以函数形式出现，对于输入输出部分已经由系统处理好，学习者专注于完成特定的算法即可。STL 的容器是力扣支持的主要数据类型。因此建议学习完本教程后再开始力扣的刷题之旅。对于错误的测试用例，系统会给出反馈。但不建议学习者经常去看出错测试用例，应该学会主动思考可能产生的特例情况。另外，评论和题解中有很多优秀的解题参考，可以帮助学习者深入思考，不断提升。力扣对 STL 的支撑非常好，本书第 8 章的题目主要来源于该平台。洛谷的官网为 https://www.luogu.com.cn/，使用方式基本相同，但是可以通过个人设置中的题单，整理收集特定的题目，这是一个很有效的用法。本教材前 7 章的题目，在该平台上进行了部署，开放给所有对 C/C++ 编程感兴趣的人。此外，对于函数题，并没有采用代码嵌入的形式，而是通过交互题的方式进行独立编译。因此对于函数题，需要添加必要的头文件，确保提交的代码文件可以独立成功编译。例如：

代码 1.2 洛谷交互题的必要头文件

```
#include<bits/stdc++.h>
using namespace std;
```

清览题库的官网为 https://www.qingline.net/，该系统是集试题云端管理、在线布置作业、上机实验、个性化考试为一体的教学平台。清览题库涵盖了与课程知识点对应的精品试题与先进的答题应用，可以让学生自主地进行刷题练习、模拟考试等，对于学生通过课程考试、计算机等级考试、硕士研究生招生考试，都有强大的助力。本书内容的电子版和习题在该平台上进行了部署。

第 2 章　程序设计基础

2.1 数据类型

2.1.1 常见数据类型

C++ 中的常见数据类型包括 int, short, long long, float, double, char, string, bool。其中，short（16 位）、int（32 位）和 long long（64 位）表示整型，float（32 位）、double（64 位）和 long double（128 位）表示浮点型；char 表示字符，用单引号表示，一对单引号中有且仅有一个字符，空格也是一个字符，单引号中不能为空；string 表示字符串，用双引号表示，一对双引号中可以为空，也可以是多个字符；bool 表示布尔型，其值只能设置为 true 或 false，也可以用 1 或 0 代替，在 C/C++ 中，true 和 1 等价，false 和 0 等价。

代码 2.1 数据类型和基本输入输出

```
#include<iostream>
using namespace std;
int main()
{
    int a,d;
    float b=2.578;
    char c='a';
    string s;
    cin>>a>>d;
```

```
10.    cin>>s;
11.    cout<<"a="<<a<<";d="<<d<<";a+d="<<a+d<<endl;
12.    cout<<"b="<<b<<endl;
13.    cout<<"c="<<c<<endl;
14.    cout<<s<<endl;
15.    return 0;
16.}
```

样例输入	样例输出
3 5 我喜欢中国石油大学（华东）	a=3; d=5; a+d=8 b=2.578 c=a 我喜欢中国石油大学（华东）

说明：

- 注意区分第 5 行的 a 和第 7 行的 'a'。其中 a 是一个变量的名字，被定义为 int 型，可以被赋值；'a' 是一个常量，代表小写字母 a，不能被修改。
- 第 6、7 行中的 = 表示赋值，将右侧计算的结果赋值给左侧的变量。注意赋值号左边只能写一个变量，也称为左值。
- cin 是 C++ 的标准输入方式，将输入内容赋值给变量；cout 是 C++ 的标准输出方式；采用这样的方式，可以让用户交互式地为变量赋值，并进行打印输出。
- 在 OJ 系统中，如果给定的样例输出比较长，例如“我喜欢中国石油大学（华东）”，请将这样的给定样例复制粘贴到自己的程序中进行输出。这样可以防止潜在的书写错误，或中英文符号的混淆，例如这里的小括号是中文的，防止自行输入时写成英文的，这种小错误会让初学者非常烦恼。
- endl 是 C++ 中的一个关键字，表示 end of line，即换行符。

★ 提示：

打印输出是为了验证程序运行结果是否和预期输出相同，并不是程序运行的目的。

知识点：T211—T213

索引	要　　点	正链	反链
T211	区分字符和字符串，单引号中有且仅有一个字符，字符串用双引号		T241,T243
	洛谷：U269720(LX201)		
T212	区分变量和常量，掌握标准输入和标准输出。如果要求的输出比较长，或含有特殊字符，请用复制粘贴的方式放到程序输出中，尽量不要手工输入，防止潜在错误的发生		T271
	洛谷：U269763(LX202)		
T213	赋值号为一个 =，其左侧只能有一个变量，称为左值		T261

2.1.2 转义字符

C/C++ 的字符串中以 \ 开头的字符称为转义字符，表示特殊含义的字符。例如，\t 表示制表符，\n 表示换行符。转义字符在书写上呈现两个字符甚至多个字符，但是实际上代表一个特殊字符。表 2.1 列举了一些常见的转义字符。

表 2.1 常见转义字符

转义字符	意 义	转义字符	意 义
\n	换行 (LF)，将当前位置移到下一行开头	\'	代表一个单引号（撇号）字符
\r	回车 (CR)，将当前位置移到本行开头	\"	代表一个双引号字符
\t	水平制表 (HT)（跳到下一个 TAB 位置）	\?	代表一个问号
\\	代表一个反斜线字符	\0	空字符 (NULL)

知识点：T214

索 引	要 点	正 链	反 链
T214	理解字符串的转义字符，\ 在字符串中的特殊含义，打印一个 \ 要写 \\		T216
	洛谷：U269723(LX203)		

2.1.3 标识符

标识符是用于表示变量名、常量名或函数名等的字符序列。标识符可以由字母、数字和 _（下画线）组合而成，变量名必须以字母或 _（下画线）开头。标识符是大小写敏感的，即区分大小写，a 和 A 是两个不同的变量。以下都是合法的数据类型和标识符，建议使用有意义的名字作为变量名，在程序阅读时，通过变量名就可以理解程序的含义。

代码 2.2 变量标识符示例

```
int myNum = 5;                    // Integer (whole number)
float myFloatNum = 5.99;          // Floating point number
double myDoubleNum = 9.987868;    // Floating point number
char myLetter = 'D';              // Character
bool myBoolean = true;            // Boolean
string myText = "Hello";          // String
```

2.1.4 C 语言的输出方式

代码 2.3 中的 printf 是 C 语言的屏幕输出方式，其中的 %4d，%.2f 和 %c 称为占位符，分别表示整型（int）、单精度浮点型（float）和字符类型（char），对应变量（a, b, c）的值将在占位符位置进行输出。其中 %.2f 表示输出的浮点数精度保留两位小数。占位符还可以进行宽度控制，例如 %4d 表示打印内容占 4 个字符宽度的整型，且右对齐。%-8.2f 表示占 8 个字符宽度，精度为 2 的浮点数，- 表示左对齐。

printf 书写比较复杂，还要进行类型控制，在 C++ 中不推荐使用，C++ 的 cout 形式输出更加常用。cin 和 cout 能够自动进行类型检测，不需要书写占位符，使用更加简单方便。

★ 提示：

绝大部分情况下可以使用 cout 进行屏幕打印，但是如果涉及精度和宽度控制时，cout 书写比较复杂，建议采用 printf 形式。

代码 2.3 printf 使用示例

```
#include<cstdio>        //C 语言标准输入 scanf 和标准输出 printf 的头文件
using namespace std;
int main()
{
    int a=3,b=4,c;
    double d=3.1415926,e=3.1415927,f;
    printf("a=%-4d|b=%4d|c=%d\n",a,b,c);
                                // 注意宽度控制，- 表示左对齐
    printf("d=%.2f|e=%-8.2f|f=%8f\n",d,e,f);
                                // 注意精度控制，- 表示左对齐
    printf("character %c\n",'A');
                                // 常量也可以采用占位符形式输出
}
```

<table>
<tr><th>样例输入</th><th>样例输出</th></tr>
<tr><td>（无）</td><td>a=3 |b=   4|c=0
d=3.14|e=3.14 |f=0.000000
character A</td></tr>
</table>

- 注意 printf 中的精度控制、宽度控制和左对齐。
- 因为 % 作为占位符的标记，因此如果想输出一个 %，需要使用两个 %%，与 \\ 同理。
- 常量也可以采用占位符的形式进行输出，但是意义不大，因为常量可以直接写进字符串。
- 在变量定义的时候直接进行赋值，叫作变量初始化，例如 a, b, d, e 变量的定义。
- c 和 f 在使用前并未进行赋值，因此其结果是不确定的。

运行以上代码，c 和 f 可能跟以上结果不相同。这里实际上包含了一条重要的原则，变量在使用前必须初始化。因此以上程序在运行时会出现两个警告，例如，'f' is used uninitialized in this function。当一个变量进行定义后，会根据指定的数据类型分配内存空间。但是由于未初始化，对应内存空间内的数值不会发生任何改变，把该内存空间中的二进制数值按照变量的数据类型进行解析，因此对应变量的值可以认为是任意值。这是非常危险的操作，它可能导致代码在本地运行结果正确，但是提交到服务器上进行在线评测的时候就发生了错误。变量未初始化给出警告，但不是错误，因此程序可以正常运行。

★ 提示：

警告虽然不影响程序的正常运行，但是一旦出现警告要认真对待，尽量避免，因为这可能导致潜在错误的发生。

知识点：T215—T217

索引	要　点	正链	反链
T215	正确使用占位符，控制宽度、精度等		T231
	洛谷：U269724(LX204)		
T216	因为 % 表示占位符，所以输出时用 %% 表示一个 %	T214	
	洛谷：U269725(LX205)		
T217	变量在使用前必须先赋值		T443

2.2 整　型

2.2.1 整型的数值范围

以 int 型为例，分析整型数据类型的内存表示。int 由连续的 4 字节构成，共 32 比特，它在内存中的分配如图 2.1 所示。最高位作为符号位，剩余 31 位，因此 int 型的数值范围为 $-2^{31}\sim 2^{31}-1$，最大值减 1 是因为 0 要占一种表示方式。如果最高位不作为符号位，即 unsigned int 型，数值范围转换为 $0\sim 2^{32}-1$。

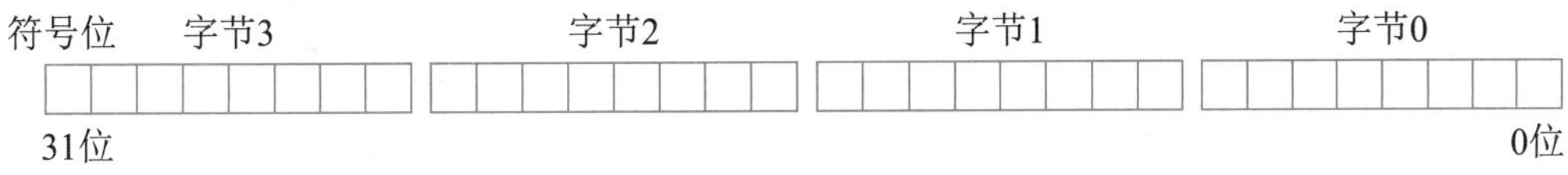

图 2.1　int 型的内存分配

对于有符号数据类型，符号位用 0 表示“正数”，用 1 表示“负数”。

与之类似，long long 为 64 位的整型，char 是 8 位的整型。表 2.2 列举了 <climits>

头文件中定义的部分常量，从这些常量中可以看到 char，short，int，long long 数据类型的表示范围。

表 2.2　climits 头文件中定义的部分常量

类型	字节	最小值常量名称	最小值	最大值常量名称	最大值	unsigned 最大值常量名称	unsigned 最大值
char	1	CHAR_MIN	-2^{7}	CHAR_MAX	$+2^{7}-1$	UCHAR_MAX	$+2^{8}-1$
short	2	SHRT_MIN	-2^{15}	SHRT_MAX	$+2^{15}-1$	USHRT_MAX	$+2^{16}-1$
int	4	INT_MIN	-2^{31}	INT_MAX	$+2^{31}-1$	UINT_MAX	$+2^{32}-1$
long long	8	LLONG_MIN	-2^{63}	LLONG_MAX	$+2^{63}-1$	ULLONG_MAX	$+2^{64}-1$

观察表 2.2 可以看出，最大值都有一个减 1，这是为 0 保留一个空间。这些在头文件 <climits> 定义的常量都可以直接使用，但是名称比较难于记忆，一方面可以利用 IDE 编辑器的提示功能，另一方面也可以通过移位操作直接计算。总体来说，常见整型数据类型中，无论是有符号，还是无符号，char 为 8 位，int 为 32 位，long long 为 64 位。

★ 提示：

C++ 对 C 语言兼容，C 语言的函数库在 C++ 中都可以使用。使用时可以采用 C 语言方式 #include<limits.h>；也可以采用 C++ 方式，去掉文件后缀 .h，在文件名前加字母 c，例如 #include<climits>。

因为每种类型都有其存储范围，如果数值过大，无法在限定的空间表示，高位多出的部分就会被自动忽略，结果就可能会发生错误。这种现象被称为溢出或截断操作。图 2.2 是一个形象的比喻。因此在程序设计时，一定要确保对应的数据类型能够保证所有的可能值能被正确的存储。

图 2.2　溢出

代码 2.4 数据类型的截断

```
#include<iostream>
#include<bitset>
using namespace std;
int main(){
    char a = 97;
    cout<<bitset<32>(97)<<endl;
    cout<<bitset<8>(a)<<endl;
    char c = 0x1061;                    //0x 开始表示一个十六进制数
    cout<<bitset<32>(0x1061)<<endl;
    cout<<bitset<8>(c)<<endl;
    cout<<c<<endl;
    return 0;
}
```

样例输入	样例输出
(无)	00000000000000000000000001100001 01100001 00000000000000000001000001100001 01100001 a

- bitset 是 C++ 中的一个类，用于将值进行二进制表示，bitset<N>(V) 中 N 表示二进制的位数，V 表示需要处理的值。以上代码中将相同的值用不同的二进制位进行表示，帮助理解溢出和截断。
- 在 C++ 中，0b 开头表示二进制，0x 开头表示十六进制，0b 这种二进制字面量表示形式是从 C++14 开始引入的。因为 16 是 2 的 4 次幂，因此 1 位十六进制可以表示为 4 位二进制，例如，0x1=0b0001，0x6=0b0110。当存在多位十六进制时，简单地将每一位十六进制转换为二进制，然后顺序拼接到一起即可，例如 0x61 可以表达为 0b0110 和 0b0001 的拼接，即 0b01100001。
- 注意这里的字面常量 97 本质上是一个 int 整数，对应的二进制为 0b1100001，而一个 int 整数所占的内存空间是 32 个二进制位。字符变量 a 只能存放 1 字节，即 8 个二进制位，存储空间超限。所以这个时候就会发生截断操作。截断的规则：低位保留，高位舍弃。97<256(1 字节) 存储大小，因此第 9~31 位的高位部分全部为 0，截断后 a 的值依旧是 97。
- 同理，将变量 c 赋值为十六进制 0x1061 时，高位部分 0x1000 超出 1 字节的表示范围，被自动截断。剩余部分 0x61 等于十进制的 97，即小写字母 a 的 ASCII 码，因此变量 c 会输出字符 a。

知识点：T221—T222

索引	要　　点	正链	反链
T221	理解整型的二进制存储形式；数值范围与存储空间的关系；溢出和截断产生的原因；掌握有符号整型和无符号整型（unsigned）的区别		T253,T2A2
T222	理解字面量 0b 和 0x 的表示方法，掌握二进制与十六进制的关系		T271

2.2.2 整数 N 进制转十进制

所谓十进制就是逢十进一，二进制就是逢二进一，进一步泛化，N 进制就是逢 N 进一。可以用指数求和的形式表示一个整数，例如 $1978=1\times10^3+9\times10^2+7\times10^1+8\times10^0$。对于一个二进制可以用同样的办法转换为十进制，例如二进制 0b10110 可以表示为 $1\times2^4+0\times2^3+1\times2^2+1\times2^1+0\times2^0=22$。N 进制数都可以采用这种方法转换为十进制数。

代码 2.5 二进制转十进制

```
1. #include<iostream>
2. #include<bitset>
3. using namespace std;
4. int main(){
5.     unsigned int c = 0b10110;          //0b 开始表示一个二进制数
6.     cout<<c<<'\t'<<bitset<8>(c)<<endl;
7.     return 0;
8. }
```

样例输入	样例输出
（无）	22　　00010110

- 第 6 行第一个输出，因为没有指定进制，按照默认的十进制进行输出，得到结果 22。第二个输出 bitset<8>(c) 表示把变量 c 按照 8 位二进制进行表示，因此输出结果为 00010110。这种书写形式比较古怪，暂时不用深究，按照规定的形式进行书写即可得到需要的结果。

在线评测网站上的题目经常出现数值范围为 $-10^9\sim10^9$ 或 $-10^{18}\sim10^{18}$ 等类似的数值范围说明。但是根据数据类型，内存占用位数只能比较容易获取二进制表示的范围，不好和这些数值范围做比较。可以通过估算法确定采用何种数据类型。这种方法在线评测的时候经常会用到。

★ 提示：

因为 $2^{10}=1024$ 约等于 10^3，也就是说每 10 位二进制就可以表示 3 位十进制。因此 int 可以保留 10^9 以下的整数，long long 可以保留 10^{18} 以下的整数。

知识点：T223、T224

索引	要　点	正链	反链
T223	掌握 N 进制转换为十进制的算法		
	洛谷：U269727(LX206)		
T224	能够根据题目给定的数值范围，通过估算法确定整型的数据类型		T216
	洛谷：U269729(LX207), U269742(LX210), U269748(LX213)		

2.2.3 整数十进制转换为 N 进制

整数十进制转换为二进制采用的经典方法称为除 2 取余法。具体做法是：用 2 整除十进制整数，可以得到一个商和余数；再用 2 去除商，又会得到一个商和余数，如此进行，直到商为 0 停止。最后把先得到的余数作为二进制数的低位有效位，后得到的余数作为二进制数的高位有效位，依次排列起来，就得到了对应的二进制数。除 N 取余法可以将十进制转换为 N 进制，如图 2.3 所示。

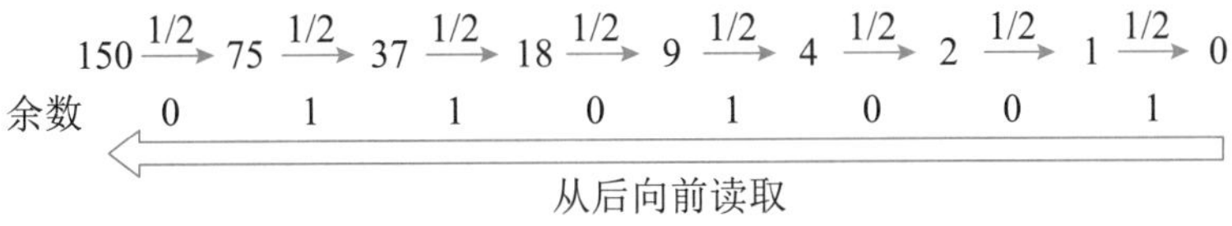

图 2.3　整数 150 转换为二进制 10010110

知识点：T225

索引	要　点	正链	反链
T225	掌握十进制转换为 N 进制的算法		T471
	洛谷：U269732(LX208)		

2.3 浮　点　型

2.3.1 浮点数的内存表示

浮点数就是所谓的小数，一个 float 型的对象占据 4 字节共 32 比特。这 32 比特以类似于科学记数法的形式来表达一个浮点数，即浮点数 =（1. 有效数值）× $2^{指数}$。按照 IEEE 754 标准，如图 2.4 所示，最高的 1 位（第 31 位）用作符号位，接着的 8 位（第 23~30

位）是指数 E，剩下的 23 位（第 0~22 位）为有效数字 M。例如，$3.14159=1.570795\times 2^1$，其中 0.570795 表示有效数值，记录了精度信息，2^1 中的 1 表示指数。

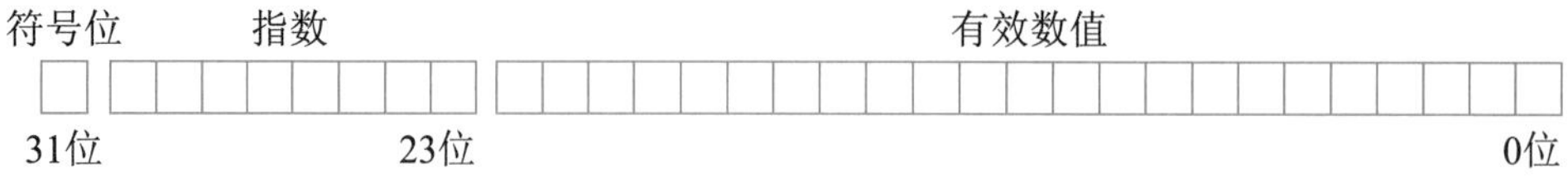

图 2.4　float 型的内存表示

按照这样的表示方法，浮点数的表示精度是有限的，float 型大约能够存储小数点后 6 位精度的十进制数。double 型为 64 位，它的表示精度更大一些，大约为 12~15 位精度。

★ 提示：

初学者不需要掌握详细信息，只要知道浮点数的内存分布方式与整型不同即可。

当定义一个变量时，例如 int a=1;。根据数据类型在内存中分配对应的空间，int 型分配 4 字节空间。然后将变量 a 和这个空间绑定。按照整型的存储标准，将 1 转换为二进制，存储到对应的空间中。当后续代码使用 a 时，将读取这块空间，并按照整型的存储格式进行解读。以下代码通过占位符将整型变量按照浮点数方式解读，将浮点数按照整型方式进行解读，虽然初始值都为 1，但是得到的结果都是 0，这就是存储内容和解读方式不对应的原因。

代码 2.6

```
#include<iostream>
#include<cstdio>
using namespace std;
int main() {
    float a=1;
    int b = 1;
    printf("%d\n",a);
    printf("%f\n",b);
}
```

样例输入	样例输出
（无）	0 0.000000

★ 提示：

对于初学者，不需要掌握为什么输出结果是 0，只要清楚不同数据类型的内存结构不同，将一种类型强制按另外一种类型解析是错误的。

知识点：T231、T232

索引	要　　点	正链	反链
T231	整型与浮点型的存储格式不同，因此解析方式也不同	T215	
T232	浮点数存储的精度有限		T234

2.3.2 纯小数十进制转换为二进制

纯小数十进制转换为二进制采用的经典方法称为乘 2 取整法。具体做法是：用 2 乘十进制小数，将积的整数部分取出，再用 2 乘余下的小数部分，又得到一个积，再将积的整数部分取出，如此进行，直到积中的小数部分为零，或者达到所要求的精度为止。最后把先得到的余数作为二进制数的高位有效位，后得到的余数作为二进制数的低位有效位，依次排列起来，就得到了对应的二进制数。连接为二进制的时候从左向右，这与除 2 取整法是相反的。

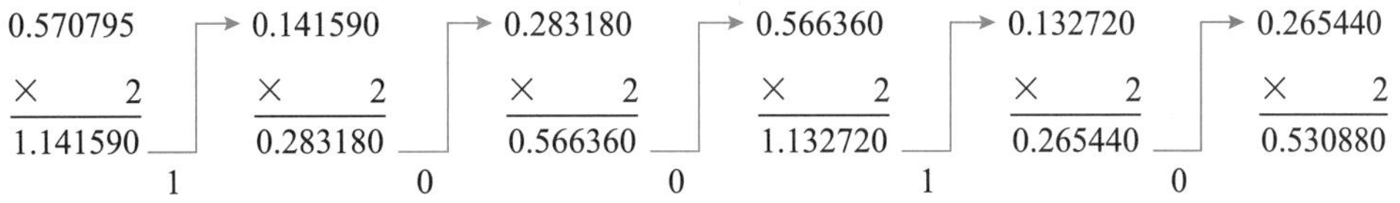

图 2.5　纯小数 0.570795 转换为二进制 0.10010

可以尝试用该方法转换其他纯小数，就会发现除了 2^n 或多个 2^{-n} 之和外，其他数值转换为二进制小数时都是无限循环小数，而每个浮点数在计算机中的表示一定有精度限制。由此可以得到结论，绝大部分十进制小数在计算机中都无法精确存储。例如，图 2.5 中二进制小数 0.10010 代表的十进制小数是 $1\times2^{-1}+1\times2^{-4}=0.5625$，与原始输入的小数 0.570795 存在精度差。对于指定的浮点数据类型，该数据类型的有效数值部分的二进制位越长，这个精度差就会越小。但无限的二进制转换结果和有限的存储空间导致精度差必然存在。

由此，在程序设计中存在一个奇异的特性：浮点数无法精确比较。

代码 2.7 浮点数的精确比较

```
#include<iostream>
#include<cmath>                                 //函数 fabs 的头文件
using namespace std;
int main()
{
    float a=0.9876;
    int b = 9876;
    cout<<(a==0.9876)<<endl;                    //错误浮点数比较方式
```

```
9.     cout<<(fabs(a-0.9876)<0.0001)<<endl; // 正确浮点数比较方式
10.     cout<<(b==9876)<<endl;             // 整型因为能精确存储，可以精确比较
11.}
```

样 例 输 入	样 例 输 出
（无）	0 1 1

从输出结果中可以看到，C++ 中 0 表示 false，1 表示 true。相同的浮点数，因为精度问题，在内存中存储的内容可能会有细微差别，而等于运算是一种精确的比较，导致第 8 行输出 false。按照科学计算的规定，第 9 行才是浮点数的正确比较方式，其中的 0.0001 是用户自定义的误差阈值，根据问题需要的精度确定。总体来说，要比给定的精度更高一位精度，例如题目如果给出数值的精度为 10^{-3}，则阈值应该设定为 10^{-4}。第 10 行中是两个整数的比较，整型能精确存储，因此可以精确比较。

★ 提示：

第 9 行的误差比较法是计算机中进行浮点数相等判断的正确方法，必须掌握。

知识点：T233、T234

索引	要　点	正链	反链
T233	掌握十进制纯小数转换为二进制的算法，即乘 2 取整法		
	洛谷：U269740(LX209)		
T234	绝大部分十进制浮点数无法精确存储，因此无法精确比较。必须掌握浮点数的误差比较法，阈值要比给定数值的精度更高一位	T232	T291
	洛谷：U269744(LX211)		

2.4 其他数据类型

2.4.1 字符

计算机中的所有内容都是以二进制形式进行存储的，数值类型可以转换为二进制存储到计算机中，但是字符是不可以的。为了存储字符，只能先把字符映射成数值，把读到的数值按照字符进行理解。国际统一的字符映射表称为 ASCII 码表，如表 2.3 所示。

表 2.3　ACSII 码表

ASCII 码值	控制字符	ASCII 码值	控制字符	ASCII 码值	控制字符	ASCII 码值	控制字符
0	NUT	32	(space)	64	@	96	`
1	SOH	33	!	65	A	97	a
2	STX	34	“	66	B	98	b
3	ETX	35	#	67	C	99	c
4	EOT	36	$	68	D	100	d
5	ENQ	37	%	69	E	101	e
6	ACK	38	&	70	F	102	f
7	BEL	39	’	71	G	103	g
8	BS	40	(	72	H	104	h
9	HT	41	)	73	I	105	i
10	LF	42	*	74	J	106	j
11	VT	43	+	75	K	107	k
12	FF	44	,	76	L	108	l
13	CR	45	–	77	M	109	m
14	SO	46	.	78	N	110	n
15	SI	47	/	79	O	111	o
16	DLE	48	0	80	P	112	p
17	DCI	49	1	81	Q	113	q
18	DC2	50	2	82	R	114	r
19	DC3	51	3	83	S	115	s
20	DC4	52	4	84	T	116	t
21	NAK	53	5	85	U	117	u
22	SYN	54	6	86	V	118	v
23	TB	55	7	87	W	119	w
24	CAN	56	8	88	X	120	x
25	EM	57	9	89	Y	121	y
26	SUB	58	:	90	Z	122	z
27	ESC	59	;	91	[	123	{
28	FS	60	<	92	\	124	|
29	GS	61	=	93	]	125	}
30	RS	62	>	94	^	126	`
31	US	63	?	95	_	127	DEL

只需要知道这个表的存在，了解每个字符在计算机中实际上是一个整数。并不需要记住每个字符对应的数值。但以下规律需要掌握。

- 数字字符是连续的，小写字符是连续的，大写字符是连续的，但是大写和小写字符是不连续的。
- 一对匹配的括号，(),[],{},<>,ASCII 码值相差不超过 2。
- 对于一个字符，可以通过加减运算转换为另外一个字符，两个字符相减可以得到二者之间在 ASCII 码表上的差距，但是两个字符相加是没有物理含义的。

代码 2.8 小写转大写

```
1. #include<iostream>
2. using namespace std;
3. int main()
4. {
5.     char  b = 'b';
6.     cout<<b<<", "<<(int)b<<endl;
7.     b = b-'a'+'A';
8.     cout<<b<<", "<<(int)b<<endl;
9.     return 0;
10.}
```

样例输入	样例输出
（无）	b, 98 B, 66

- 第 5 行中的 b 是一个变量，'b' 是一个常量字符，必须能将二者进行清晰区分。
- 第 6 行将变量 b 分别以 char 型和 int 型进行输出，int 型的输出实际上就是该字符的 ASCII 码值。其中 (int)b 表示将 b 强制转换为 int 型进行输出，转换的结果存储在一个临时空间中，b 本身没有发生任何改变。由此可见，char 就是 1 字节长度的整型，默认时按字符解读，本质上就是一个整数。
- 将一个浮点型强制转换为整型时，小数部分会被舍掉，并不会发生四舍五入。例如 int a = (int)2.7;，则 a 的值为 2。
- 第 7 行将一个小写字母转换为对应的大写字母。在 ASCII 表中每个字母大小写对应的 ASCII 码差值都是相等的，即 'a'−'A'、'b'−'B'，……的值相等（都是 32），该行是用 'a'−'A' 求出这个差值。写为 b=b−32; 的形式也是正确的，但是可读性差，不如例题中的写法含义清晰。
- 在 C 语言标准头文件 <cctype> 中包含了一系列字符判断和转换函数，其作用与函数名称相同，建议使用，如表 2.4 所示。

表 2.4　常见转义字符

函数名	作　用	函数名	作　用	函数名	作　用
isalpha	是否为字母	isdigit	是否为数字字符	isalnum	是否为字母或数字字符
islower	是否为小写	isupper	是否为大写	isspace	是否为空白符
tolower	转换为小写字符	toupper	转换为大写字符		

- 表 2.4 中的判断函数都是以 is 开头，返回类型为 int 型，非 0 表示 true，0 表示 false。
- 两个转换函数都是以 to 开头，在进行转换前，判断了输入是否符合要求，因此使用更加安全。
- 空白符不是指空格，而是包括空格、制表符和回车符等。

代码 2.9 字符作为整数运算

```
1. #include<iostream>
2. #include<cstdio>
3. #include<bitset>
4. using namespace std;
5. int main(){
6.     char m = 9,n = 7;
7.     cout<<m+n<<endl;
8.     char a = 97,b = 97;
9.     cout<<bitset<8>(a)<<endl;
10.    cout<<bitset<8>(b)<<endl;
11.    char c = a+b;
12.    printf("%d\n",c);          //与 cout<<(int)c<<endl; 等价
13.    return 0;
14.}
```

样例输入	样例输出
（无）	16 01100001 01100001 -62

- char 在本质上就是一个无符号的 8 位整型（1 字节），因此按照整型执行加法运算，如第 6、7 行所示。第 7 行的计算结果为整型，这是因为整型提升，详见 2.5.3 节。
- char 的首位作为符号位，表示负数，用补码表示，补码的详细定义参见 2.10.1 节。当运算结果超过 127 时，结果溢出，因此 c 按照整型输出结果为 -62。

随堂练习 2.1

将一个数字字符转换为对应的数字，例如将 '5' 转换为 5。

知识点：T241、T242

索引	要　　点	正链	反链
T241	掌握字符类型就是 1 字节的整型，可以直接作为整型进行数值运算，一个字符通过偏移（加减一个整数）可以得到另外一个字符	T211	T851
	洛谷：U269746(LX212)		
T242	掌握大小写转换，数字和数字字符直接转换的正确方法 建议使用 <cctype> 库中的字符判断和转换函数		T549
	洛谷：U269748(LX213), U270340(LX308)		

2.4.2 字符串

C 语言中用字符数组表示字符串，对于初学者比较复杂。但 C++ 中提出了字符串类型，使字符串的操作变得容易。string 是 C++ 中常用的一个类，使用 string 类需要包含头文件 <string>。

代码 2.10

```
1. #include<iostream>
2. #include<string>
3. using namespace std;
4. int main(){
5.     string s1;                    // 定义
6.     string s2 = "c plus plus";// 用 c 常量字符串进行初始化
7.     string s3 = s2;               // 用 s2 对 s3 进行初始化
8.    string s4 (5, 's');          // 用 5 个 s 构成字符串进行初始化，即 "sssss"
9.      cout<<s2.length()<<'\t'<<s4.size()<<endl;  // 获取字符串的长度，
                                                   //length 和 size 等价
10.     cout<<" 下标为 2 的字符是："<<s3[2]<<endl;  // 获取下标为 2 的字符，注意
                                                  // 语法形式
11.     return 0;
12.}
```

样例输入	样例输出
（无）	11　　5 下标为 2 的字符是：p

- 第 5 行定义了一个字符串变量。
- 第 6~8 行使用了三种对字符串进行初始化的方式。
- 第 9 行 length 和 size 函数都可以获取字符串中字符的数量，二者完全等价，只是因为历史原因才出现了两个名字。
- 字符串是由字符构成，可以采用字符串名称 [i] 的方式获取字符串的第 i 个字符，注

意下标 i 从 0 开始。

知识点：T243

索引	要　点	正链	反链
T243	掌握字符串的初始化、赋值、获取长度和获取第 i 个字符的语法形式	T211	T541
	洛谷：U269748(LX213)		

2.4.3 布尔型

C/C++ 中的布尔值为 true / false，其实这是两个宏，本质上就是 1/0。这是布尔值和整型值的对应关系，如图 2.6 所示。但是整型值映射到布尔值有一个特殊的规定：非 0 值映射为 true，0 映射为 false，特别强调这里的非 0 值是包括负数的。

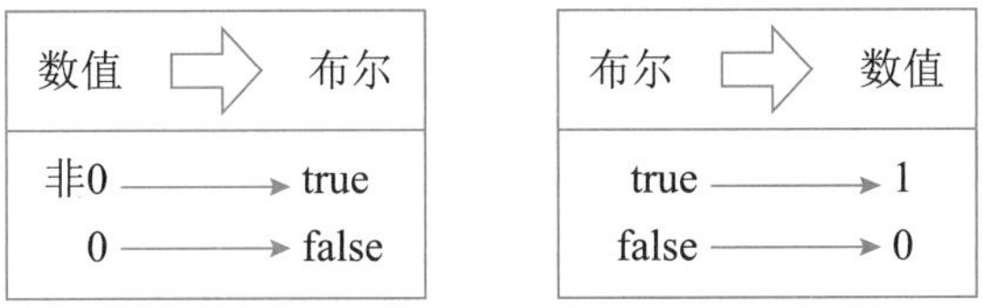

图 2.6　布尔值和整型值的对应关系

例如，代码 2.11 中求解非 0 值的数量，就是充分利用了整型和布尔型之间的转换规则。

代码 2.11　整数→布尔→整数

```
#include<iostream>
using namespace std;
int main()
{
    int a,b,c;
    cin>>a>>b>>c;
    cout<<((bool)a+(bool)b+(bool)c);
    return 0;
}
```

样例输入	样例输出
3 0 5	2

- a 的输入值为整数 3，被强制转换为布尔型后变成了 true，随后因为加法运算需要整型值，又被作为 1 处理。
- 同样道理，b 最终为 0，c 最终为 1，因此输出结果为 2。

布尔型在屏幕打印时默认输出为 1/0，如果想输入或输出 true/false，需要在输出前增加 boolalpha。

代码 2.12

```
#include<iostream>
using namespace std;

int main()
{
    bool a,b;
    cin>>boolalpha>>a>>b;
    cout<<a<<' '<<b<<endl;
    cout<<boolalpha<<a<<' '<<b<<endl;
    return 0;
}
```

样 例 输 入	样 例 输 出
true false	1 0 true false

知识点：T244、T245

索引	要　点	正链	反　链
T244	数值→布尔：非 0 值映射为 true，0 映射为 false； 布尔→数值：true 和 1 等价，false 和 0 等价		T267,T316,T412
	洛谷：U269749(LX214), U270323(LX304)		
T245	输入输出 true/false 要用 boolalpha		T475
	洛谷：U269744(LX211), U269749(LX214)		

2.5 数据类型转换

2.5.1 隐式类型转换

在执行算术运算时，计算机比 C/C++ 语言的限制更多。为了让计算机执行算术运算，通常要求操作数有相同的大小（即位的数量相同），并且要求存储的方式也相同。计算机可以直接将两个 32 位整数相加，但是不能直接将 32 位整数和 64 位整数相加，也不能直接将 32 位整数和 32 位浮点数相加。另外，C/C++ 语言允许在表达式中混合使用基本数据类型。在单独一个表达式中可以组合整数、浮点数，甚至是字符。当然，在这种情况下 C/C++ 语言编译器可能需要生成一些指令将某些操作数转换成不同类型，使得硬件可以对表达式进行计算。例如，如果对 32 位 int 型数和 64 位 long long 型数进行加法操作，那么编译器将安排把 32 位 int 型值转换成 64 位值。如果是 int 型数据和 float 型数据进行加法操作，那么编译器将安排把 int 型值转换为 float 格式。这个转换过程稍微复杂一些，因为 int 型值和 float 型值的存储方式不同。因为编译器可以自动处理这些转换而无须程序员介入，所以这类转换称为隐式转换（implicit conversion）。

当发生下列情况时会进行隐式转换：

（1）当算术表达式或逻辑表达式中操作数的类型不相同时；

（2）当赋值运算符右侧表达式的类型和左侧变量的类型不匹配时。

隐式类型转换规则：C/C++ 自动转换的基本原则是低精度类型向高精度类型转换，有符号类型向无符号类型转换。具体如图 2.7 所示。

bool，char，unsigned char ↘
short，unsigned short ↗ int → unsigned int → long long → unsigned long long → float → double

图 2.7　数据类型隐式转换

由图 2.7 可以看到，当数据类型的空间小于 int 时，都会转换为 int，这是“整型提升”的原因，详见 2.5.3 节。另一个需要注意的是虽然 long long 有 64 位，float 只有 32 位，但是二者进行运算的时候，会转换为 float 型。可以认为整型与浮点型进行运算时，会转换为浮点型。C++ 可以使用 typeid（变量）.name() 的方式获取变量的数据类型。数据类型和返回名称的对应关系如表 2.5 所示。

表 2.5　climits 头文件中定义的部分常量

类　　型	名称	类　　型	名称	类　　型	名称	类　　型	名称
char	c	unsigned char	h	short	s	unsigned short	t
int	i	unsigned int	j	long long	x	unsigned long long	y
float	f	double	d	bool	b	long double	e

以下代码以 + 运算为例，展现了不同数据类型之间进行运算时的隐式类型转换。

代码 2.13

```
#include<iostream>
using namespace std;
#define type(obj) typeid(obj).name()

int main()
```

```
{
    char a;
    unsigned char b;
    bool ba;
    cout<<type(a)<<' '<<type(b)<<' '<<type(ba)<<' '<<type(a+b)<<' '<<type(a+ba)<<endl;
    short sa;
    unsigned short sb;
    cout<<type(sa)<<' '<<type(sb)<<' '<<type(sa+sb)<<' '<<type(sa+a)<<endl;
    int ia;
    unsigned int ib;
    cout<<type(ia)<<' '<<type(ib)<<' '<<type(ia+ib)<<endl;
    long long lla;
    unsigned long long llb;
    cout<<type(lla)<<' '<<type(llb)<<' '<<type(lla+llb)<<' '<<type(lla+ia)<<endl;
    float fa;
    double lfa;
    cout<<type(fa)<<' '<<type(lfa)<<' '<<type(fa+ia)
        <<' '<<type(fa+lla)<<' '<<type(fa+lfa)<<endl;
    return 0;
}
```

样 例 输 入	样 例 输 出
（无）	c h b i i s t i i i j j x y y x f d f f d

当把有符号操作数和无符号操作数整合时，会通过把符号位看成数值位的方法把有符号操作数转换为无符号的值。这条规则可能会导致某些隐蔽的编程错误。假设 int 型的变量 i 的值为 -10，而且 unsigned int 型的变量 u 的值为 10。如果用<运算符比较变量 i 和变 u，那么期望的结果应该是 1（真）。但是，在比较前，变量 i 转换为 unsigned int 型。因为负数不能被表示成无符号整数，所以转换后的数值将不再为 -10，而是一个大的正数（将变量 i 中的位看作是无符号数）。因此 i<u 比较的结果将为 0。由于此类陷阱的存在，所以最好避免使用无符号整数参与运算，特别是不要把它和有符号整数混合使用。

代码 2.14

```
#include<iostream>
#include<bitset>
```

```
3. using namespace std;
4. int main(){
5.     int a = -1;
6.     cout<<(a<sizeof(a))<<endl;
7.     cout<<bitset<32>((unsigned int)a)<<'\t'<<((unsigned int)
a)<<endl;
8.     return 0;
9. }
```

样例输入	样例输出
（无）	0 11111111111111111111111111111111　　4294967295

■ -1 显然小于 4，但是为什么输出结果为 false(0) 呢？因为 sizeof 返回的数据类型为 unsigned int，在进行比较操作时，做了隐式类型转换，将 a 转换为 unsigned int 型，因此将符号位的 1 作为数值看待，-1 就变成了一个非常大的数。这里 -1 的二进制是补码形式，详见 2.10.1 节。

混合运算的计算顺序：

除了类型转换，混合运算时还要注意运算的顺序，否则可能产生错误。

■ 数据溢出错误：例如 3 个整数 a, b, c，数学上保证 a×b 一定能被 c 整除，且不会溢出，在书写时，一定要写成 a×b/c，而不能写成 a/c×b 或 b/c×a，因为除法可能产生小数。

知识点：T251

索引	要　　点	正链	反链
T251	当进行混合运算时，低精度类型会自动转换为高精度类型		T291
	洛谷：U269751(LX215)，U269761(LX223)		

2.5.2 显式类型转换

C/C++ 语言还允许程序员通过使用强制运算符执行显式转换（explicit conversion）。C 语言的类型转换格式为：（目标类型）表达式。C++ 推荐的格式为：目标类型（表达式）。

代码 2.15

```
1. #include<iostream>
2. #include<cmath>
3. using namespace std;
4. int main()
5. {
```

```
    double a=0.3,b=0.6;
    int ai = (int)a;     //C 语言格式
    int bi = int(b);     //C++ 推荐格式
    cout<<ai<<'\t'<<bi<<endl;
    return 0;
}
```

样例输入	样例输出
（无）	0　　0

■ 浮点型转换为整型，直接舍掉小数部分取整，不存在四舍五入。

知识点：T252

索引	要　　点	正链	反链
T252	显式类型转换的方法，特别注意浮点数转换为整数时会舍弃小数取整		T256,T622
	洛谷：U269740(LX209)		

2.5.3 整型提升 *

C/C++ 的整型算数运算总是至少以默认的整型（int 型）的精度来进行，也就是说参与运算的操作数最小也不能小于 4 字节的精度，如若精度小于 4 字节该操作数就必须提升成整型的精度。为了获得这个精度，表达式中字符型（char，1 字节）和短整型（short，2 字节）操作数在使用之前会被转换为普通整型，这种转换被称为整型提升。

这主要是因为表达式的整型运算是由 CPU 的整型运算器（ALU）执行，而该运算器操作对象的字节长度一般就是 int 型的字节长度。因此 CPU 无法实现直接对两个 char 类型的操作数的运算，而是通过先转换为 CPU 内整型操作数的标准长度然后再进行加法运算。

整型提升前提：当表达式中出现长度可能小于 int 型的整型值时，才须对该值进行整型提升转换为 int 型或 unsigned int 型，然后再送入 CPU 执行运算。

整型提升规则：对于有符号的整型变量，整型提升是在高位补变量的符号位；而对于无符号的整型变量，整型提升是在高位补 0。

代码 2.16

```
#include<iostream>
using namespace std;
int main(){
    char a = 97;
    cout<<sizeof(a)<<endl;
    cout<<sizeof(a+a)<<endl;
    return 0;
```

```
}
```

样例输入	样例输出
（无）	1 4

- char 是 1 字节，当让 char 参与加法运算时，被自动提升为 int，因此结果为 4 字节。

代码 2.17

```
1. #include<iostream>
2. #include<bitset>
3. using namespace std;
4. int main(){
5.     char a = 0xb6;
6.     int b = 0xb6000000;
7.     cout<<(a==0xb6)<<endl;
8.     cout<<(b==0xb6000000)<<endl;
9.     cout<<bitset<32>(0xb6)<<'\t'<<sizeof(0xb6)<<endl;
10.    cout<<bitset<32>(a)<<'\t'<<sizeof(a)<<endl;
11.    cout<<bitset<32>(b)<<'\t'<<sizeof(b)<<endl;
12.    return 0;
13.}
```

样例输入	样例输出
（无）	0 1 00000000000000000000000010110110　　4 11111111111111111111111110110110　　1 10110110000000000000000000000000　　4

- 第 7 行结果为 false（0），主要因为在进行关系运算时，char 型变量进行了整型提升，而且提升时因为符号位为 1，前面补 1（见第 10 行输出），0xb6 默认为 int 型，其结果当然在 32 位时前面全部为 0，因此二者不相等。而 int 型不需要进行整型提升，因此第 8 行结果为 true（1）。

★ 提示：

本节内容有助于理解计算机的硬件架构，初学者可以暂时忽略。

2.5.4 类型转换的精度损失

提升数据的精度通常是一个平滑无损害的过程，但是降低数据的精度可能导致问题。

原因很简单：一个较低精度的类型存储空间不够大，不能存放一个具有更高精度的完整的数据。

代码 2.18

```
1. #include<iostream>
2. using namespace std;
3. int main(){
4.     long long b = 654321 * 654321;
5.     cout << b << endl;
6.     long long c = 654321LL * 654321;          //LL 表示 long long 型
7.     cout << c << endl;
8.     long long d = (long long)654321 * 654321;
9.     cout << d << endl;
10.    return 0;
11.}
```

样例输入	样例输出
（无）	-1360758559 428135971041 428135971041

- 654321×654321 的结果虽然能在 long long 的表示范围内，但是 654321 默认数据类型为 int，654321×654321 的计算结果也为 int，保存在一个临时的 int 型的空间中。第 4 行将 int 型的中间结果转换为 long long，转换之前结果已经溢出。因此第 5 行输出结果错误。
- 第 6 行将一个操作数转换为 long long，计算结果向高精度的 long long 进行类型转换，存储临时结果的变量也是 long long 型的，因此 c 能显示正确的结果。
- 第 8 行做了强制类型转换，将第一个数转换为 long long 型，转换之后的结果也是放在一个临时存储空间中，用这个中间结果与第 2 个操作数 654321 进行运行，结果也是 long long 型的。保证了计算结果的正确性。

知识点：T253

索引	要　点	正链	反链
T253	溢出和截断会保存在中间临时变量里，溢出发生后的类型转换不起作用	T221	

2.5.5 四舍五入和趋零舍入

C/C++ 中提供了 round 函数，对浮点数进行四舍五入取整，该函数在 <cmath> 头文件中。

代码 2.19

```
1. #include<iostream>
2. #include<cmath>
3. using namespace std;
4. int main(){
5.     printf("round(50.2) = %f \n", round(50.2));
6.     printf("round(50.8) = %f \n", round(50.8));
7.     printf("round(0.2) = %f \n", round(0.2));
8.     printf("round(-50.2) = %f \n", round(-50.2));
9.     printf("round(-50.8) = %f \n", round(-50.8));
10.    cout<<round(M_PI*100)/100<<endl;        //保留两位数字精度
11.    return 0;
12.}
```

样例输入	样例输出
（无）	round(50.2) = 50.000000 round(50.8) = 51.000000 round(0.2) = 0.000000 round(−50.2) = −50.000000 round(−50.8) = −51.0000000 3.14

- round 函数可以对整数进行四舍五入，第 10 行是它的一种特殊用法，可以保留指定精度进行四舍五入。首先乘 100 进行整数的四舍五入，然后再除 100，回退到原有的值域范围，从而实现了指定精度的四舍五入。

如果仅仅是对输出结果进行精度控制，不需要 round 函数，printf 可以直接满足要求。

代码 2.20

```
#include<iostream>
using namespace std;
int main(){
    double pi=3.1415926;
    printf("%.0lf \n", pi);
    printf("%.2lf \n", pi);
    printf("%.3lf \n", pi);
    return 0;
}
```

样例输入	样例输出
（无）	3 3.14 3.142

可以看到，printf 对精度控制是进行四舍五入的。

cout 也可以进行精度控制，但是因为书写上比较复杂，不建议使用。对输出结果进行精度控制时，建议使用 printf。但 cout 有个很好的特性，可以进行趋零舍入，也就是说，当结果非常接近一个上限或下限时，不会显示太长的精度，会自动进行舍入。

代码 2.21

```
#include<iostream>
using namespace std;
int main(){
    double a=3.139999999999;
    cout<<a<<endl;
    double b=3.140000000001;
    cout<<b<<endl;
    return 0;
}
```

样例输入	样例输出
（无）	3.14 3.14

再看一个例子，这是在计算中可能会遇到的问题。

代码 2.22

```
#include<iostream>
#include<cstdio>
#include<cmath>      //round 函数的头文件
using namespace std;
int main(){
    double x=99;
    x=x/100;
    int a=2/(1-x);
    cout<<a<<endl;                        //输出为 199，是一个错误的结果
    cout<<2/(1-x)<<endl;                  //200，结果正确，趋零舍入的原因
    printf("%f\n",2/(1-x));      //6 位精度时结果正确，第 7 位四舍五入的原因
    printf("%.14f\n",2/(1-x));            //14 位精度时，整数部分为 199
    a = round(2/(1-x));
    cout<<a<<endl;                        //结果为 200
    printf("%.14f\n",round(2/(1-x)));//小数部分四舍五入为整数
    return 0;
}
```

样例输入	样例输出
（无）	199 200 200.000000 199.99999999999983 200 200.00000000000000

数学推导悖论：经过简单的数学运算，可知第 8 行的运算结果应该为 200，但第 9 行的输出结果却是 199。

结果初步验证：第 9、10 行的结果为 200，证明预期结果应该没问题。第 11 行保留默认 6 位，会在第 7 位上进行四舍五入。第 10 行因为采用 cout 输出，会进行趋零舍入。

错误原因分析：第 12 行保留 14 位精度进行输出，找到了错误的原因。2/(1−x) 的运算结果是一个非常接近 200 的数，但是因为浮点数无法精确表示，在计算机中保留为一个非常接近 200，但是却小于 200 的数。在第 8 行转换为整数时，按照计算机中的取整规则，将小数点后的数据自动截断，就得到了一个错误的结果。

错误修正方式：在这种情况下，应该采用第 13 行的形式，使用 round 函数，保证结果的正确性。

随堂练习 2.2

两个 double 型变量 a 和 b，a 为已知，且有 5 位精度。采用 round 函数用 a 对 b 进行赋值，且 b 四舍五入地保留 a 的两位精度。例如，a=3.14159，则 b 应该为 3.14。如果 a=3.14591，则 b 应该为 3.15。

知识点：T254—T256

索引	要　　点	正链	反链
T254	printf 的精度控制会进行四舍五入		
	洛谷：U269724(LX204)		
T255	cout 对浮点数的输出会进行趋零舍入		
T256	round 函数的正确使用，尤其对于浮点运算结果	T252	T322
	洛谷：U269753(LX216)		

2.6 操 作 符

2.6.1 运算符

编程常用 +、−、*、/ 来分别执行加、减、乘、除数学运算，用 = 来执行赋值操作，关系运算符 >、>=、<、<=、==、!= 与小学数学中的用法相同。

★ 提示：

特别强调，等于运算符是两个等号 ==，初学者常用赋值号代替等于判断，从而产生了无法预知的结果。初学者在进行等于判断的时候要特别注意 = 的数量。

有时为了书写方便，还会采用复合运算符 +=、−=、*=、/= 表示。例如，a+=2 表示 a=a+2。注意 a×=m+1 表示 a=a×(m+1)。

★ 提示：

C/C++ 中没有幂运算符，初学者常把 ^ 当作幂运算符，实际上它是“位或”操作符。可以包含头文件 <cmath>，使用 pow 函数进行代替。但是要特别注意，pow 的返回值为浮点型。

知识点：T261—T263

索引	要　点	正链	反链
T261	等于判断是 ==，初学者经常容易写成 =，这是初学者的经典错误！	T213	T317
T262	掌握复合运算符的语法书写方式		
T263	C/C++ 中没有幂运算符；幂运算函数为 pow，但是其返回值是浮点型，不建议使用，一定要使用时要注意浮点舍入的潜在问题		T291

2.6.2 除法和整除

C/C++ 中除法和整除都用相同的操作符 /。二者的区别是：如果分子和分母都为整数，则商自动取整，即整除运算。如果分子和分母中有一个为浮点数，则商为浮点数。当分子和分母都为整数时，为了取得浮点数的结果，需要将其中之一强制转换为浮点数。从理论上讲，整数除整数等于整数，浮点数除浮点数等于浮点数，因为隐式类型转换的存在，混合运算时整型会转换为浮点型，因此只要分子和分母其中之一为浮点数即可。

★ 提示：

除法和整除的区分是初学者的常犯错误之一，常常忽略了整除而导致结果不正确。

代码 2.23　除法和整除运算

```
#include<iostream>
```

```
2. #include<cmath>
3. using namespace std;
4. int main()
5. {
6.     cout<<(1/3)<<endl;
7.     cout<<(1.0/3)<<endl;
8.     cout<<(1./3)<<endl;
9.     int a=1,b=3;
10.    cout<<(a/b)<<endl;
11.    cout<<((float)a/b)<<endl;
12.    cout<<(float(a)/b)<<endl;
13.    return 0;
14.}
```

样例输入	样例输出
（无）	0 0.333333 0.333333 0 0.333333 0.333333

- 第 8 行将 1 写为 1. 后，也将 1 作为浮点数。
- 第 11 行是类型强制转换，形成了一个新的浮点型临时变量，第 12 行是用 a 构造一个 float 型对象，二者的含义不同，但达到的效果相同。

★ 提示：

因为整除的原因，一定要特别注意计算顺序。例如三个整数 a、b、c，如果数学上保证 a×b 一定能被 c 整除，在书写时，一定要写成 a×b/c，而不能写成 a/c×b 或 b/c×a，因为整除会导致小数精度的丢失，从而导致结果错误。如果数学上能保证 a 或 b 都能被 c 整除，那么建议使用 a/c×b 或 b/c×a，这样会避免因为 a×b 数值过大而导致的内存溢出。

知识点：T264

索引	要　点	正链	反链
T264	/ 既可以进行浮点除法（被除数和除数其中之一为浮点数），也可以进行整除（被除数和除数都为整数），一定要能区分二者的不同，混合运算时要特别注意计算顺序	T251	
	洛谷：U269751(LX215), U269701(LX224)		

2.6.3 求模运算

a%b 称为 a 对 b 求模 (modulus)，简言之就是求 a 除以 b 的余数，要求 a 和 b 必须都为整数。求模运算在程序设计中比较常见，主要有以下功能。

（1）倍数判断。如果 a%b==0，则 a 是 b 的倍数。

（2）奇偶判断。如果 a%2==0，则 a 是偶数，否则 a 为奇数。

（3）取 N 进制的个位数。如果 a%n 的结果为 m，则 m 是 a 作为 N 进制的个位数。例如，153%10=3 表示 153 在十进制下的个位数为 3，153%2=1 表示 153 在二进制下的个位数为 1。

例题 2.1

输入一个两位数，输出每个数位上的数值，以空格分隔。

样例输入	样例输出
78	7 8

代码 2.24

```
#include<iostream>
using namespace std;

int main()
{
    int v;
    cin>>v;
    cout<<v/10<<' '<<v%10<<endl;
    return 0;
}
```

■ 取余可以得到个位数值，整除操作可以让其他数位移动到个位上。

例题 2.2

Tom 和 Mary 玩取石子的游戏：n 颗石子码成一堆，从 Tom 开始，两人轮流取石子，最少取 1 颗、最多取 2 颗，谁取到最后一颗石子，谁就失败。两个人都很聪明，不会放过任何取胜的机会。请同样聪明的你编写程序，输入石子的数量，输出 Mary 是否获胜。

样例输入 1	样例输出 1
1	true
样例输入 2	样例输出 2
2	false

【题目解析】

当只有 1 颗时，只能 Tom 取走，因此 Mary 获胜。当有 2、3 颗时，Tom 可以取走 1、

2 颗，把最后一颗留个 Mary，因此 Tom 获胜。而当有 4 颗时，无论 Tom 怎么取，都会把主动权交给 Mary，因此 Mary 获胜。当有 5、6 颗时，Tom 重新掌握了主动权。由此可知，当两个人都非常聪明时，结果出现了循环，石子数为 3 的倍数加 1 时，Mary 获胜，石子数为 3 的倍数加 2 或 3 的倍数时，Tom 获胜。

代码 2.25

```
#include<iostream>
using namespace std;

int main()
{
    int n;
    cin>>n;
    cout<<boolalpha<<(n%3==1)<<endl;
    return 0;
}
```

知识点：T265

索引	要　　点	正链	反链
T265	对于周期性运算，首先要考虑取余运算 %，经典使用场景为奇偶判断、倍数判断和整数的数位分解		T26A,T471,T477
	洛谷：U269727(LX206), U269732(LX208), U269746(LX212)		

2.6.4 逻辑运算符

C/C++ 中主要包括三种逻辑运算符，如表 2.6 所示。

表 2.6　逻辑运算符

运算符	名称	范例	说　　明
&&	逻辑与	A && B	如果 A 和 B 的值都为真，那么结果为真，否则结果为假。 如果 A 的值为假，那么不会计算 B 的值，这叫做短路
||	逻辑或	A || B	只要 A 和 B 的值一个为真，那么结果为真，否则结果为假。 如果 A 的值为真，那么不会计算 B 的值，这叫做短路
!	逻辑非	!A	如果原来 A 为真，那么结果为假；如果原来 A 为假，那么结果为真

因为逻辑与和逻辑或存在短路运算，所以要将重要的条件放在前面，如果前面的条件不成立，将不会考虑后面的条件。短路运算在很多场合都可以大幅提升计算的效率。

特别注意，C/C++ 中不支持连续比较。

代码 2.26

```
#include<iostream>
using namespace std;
int main()
{
    int m=4;
    cout<<(3<m<5)<<endl;
    m=2;
    cout<<(3<m<5)<<endl;
    m=6;
    cout<<(3<m<5)<<endl;
}
```

样例输入	样例输出
（无）	1 1 1

从输出结果可以看到，无论 m 为 2 或 4 或 6，结果都为 1，即判断结果都为 true。这是因为首先判断 3<m，无论结果是 0 或 1，都是小于 5。因此最终结果为 1。如果需要进行连续关系判断，必须使用逻辑运算，即改为 3<m && m<5，才能得到预期结果。这也是初学者的常犯错误之一。

代码 2.11 的第 7 行也可以用逻辑非改写为 cout<<(!!a+!!b+!!c);，以 a=3 为例，3 为非 0 值，表示 true，则 !3 表示 false，则 !!3 表示 true，参与算术运算时被计算为 1。同理 !!0 表示 0，!!5 表示 1，因此计算结果和代码 2.11 相同。

随堂练习 2.3

能被 400 整除的为闰年，或能被 4 整除并且不能被 100 整除的为闰年。完成以下程序的标记为 TODO 的缺失部分，闰年输出为 1，否则输出为 0。

代码 2.27

```
#include<iostream>
using namespace std;
int main()
{
    int year;
    cin>>year;
    cout<<(  /*TODO*/               )<<endl;
    return 0;
}
```

★ 提示：

/* 注释内容 */ 在 C/C++ 中表示块注释。

知识点：T266、T267

索引	要　　点	正链	反链
T266	C/C++ 中没有连续关系判断，多条件时必须采用 && 和 || 运算符		
	洛谷：U270346(LX311)		
T267	注意取反运算！在数值类型和逻辑类型中的映射方式变化	T244	

2.6.5 自增和自减运算

在 C++ 中，i++（后自增）或 ++i（前自增）都表示 i=i+1。自增具有赋值运算，改变 i 的值，而 i+1 没有赋值运算，不改变 i 的值，因此 i++ 和 i+1 是不同的。

前自增与后自增的区别是前自增是先自增后赋值，后自增是先赋值后自增。与之类似，前自减与后自减的区别是前自减是先自减后赋值，后自减是先赋值后自减。

代码 2.28 前自增与后自增

```
#include<iostream>
using namespace std;
int main(int argc, char **argv)
{
    int a = 100;
    int b = a++;
    int c = 100;
    int d = ++c;
    cout << "a = " << a << " b = " << b << endl;
    cout << "c = " << c << " d = " << d << endl;
}
```

样 例 输 入	样 例 输 出
（无）	a = 101 b = 100 c = 101 d = 101

知识点：T268

索引	要　　点	正链	反链
T268	在复合语句中，要注意自增和自减运算的发生时刻。建议初学者把自增和自减运算形成独立语句，仅利用其书写上的便捷性，不要因为运算顺序的错误而产生潜在问题		T412

2.6.6 sizeof 运算符

在 C/C++ 中，sizeof 运算符用于获取一个变量或者数据类型所占的内存的字节大小。注意 sizeof 是一个运算符，而不是一个函数。函数求值是在运行的时候，而关键字 sizeof 求值是在编译的时候。

代码 2.29 sizeof 运算符

```
#include<iostream>
using namespace std;
int main(int argc, char **argv)
{
    int sizeofInt = sizeof(int);
    int sizeofLL = sizeof(long long);
    int sizeofChar = sizeof(char);
    int sizeofFloat = sizeof(float);
    int sizeofDouble = sizeof(double);
    cout <<"sizeofInt = "<<sizeofInt<<" sizeofLL = "<<sizeofLL<<endl;
    cout <<"sizeofChar = "<<sizeofChar<<endl;
    cout <<"sizeofFloat = "<<sizeofFloat<<" sizeofDouble = "<<sizeofDouble<<endl;
}
```

样例输入	样例输出
（无）	sizeofInt = 4 sizeofLL = 8 sizeofChar = 1 sizeofFloat = 4 sizeofDouble = 8

知识点：T269

索引	要　点	正链	反链
T269	通过 sizeof 运算符，了解变量和常量的空间占用状况		

2.6.7 位运算 *

计算机中的一切最终都是以二进制形式表示的，一个 1/0 称为一位（bit）。C++ 中提供了针对二进制的运算，直接操作一个对象的某个比特位。以 a=22=0b10110, b=28=0b11100 为例，a 和 b 都是 unsigned char，表 2.7 展示了位运算的示例。请注意，运算时不需要特意将数值转换为二进制。

表 2.7　位运算

运算	符号	说　明	样例	结果	二进制
按位取反	~	将操作数按位取反，即对于每个二进制位，1 变 0，0 变 1	~a	233	11101001
按位与	&	将 a 与 b 对应二进制位逐一进行按位与运算。当且仅当 a 与 b 中对应二进制位均为 1 时，结果位为 1，否则为 0	a&b	20	10100
按位或	|	将 a 与 b 对应二进制位逐一进行按位或运算。当且仅当 a 与 b 中对应二进制位中至少有一个 1 时，结果位为 1，否则为 0	a|b	30	11110
按位异或	^	将 a 与 b 对应二进制位逐一进行按位异或运算。当且仅当 a 与 b 中对应二进制位不同时，结果位为 1，否则为 0	a^b	10	1010
左移位	<<	a<<n 表示将对象 a 的二进制位逐次左移 n 位，超出左端的二进制位丢弃，并用 0 填充右端空出的位置，相当于乘 2^n	a<<2	88	1011000
右移位	>>	a>>n 表示将对象 a 的二进制位逐次右移 n 位，超出右端的二进制位丢弃。如果 a 是无符号整数，用 0 填充左端空位，如果 a 为有符号整数，填充值取决于具体的机器，可以是 0，也可以是符号位，相当于整除 2^n	a>>3	2	10

代码 2.30 位运算基本操作

```
#include<iostream>
#include<bitset>
using namespace std;
int main(){
    unsigned char a = 0b10110,b=0b11100;    //0b 开始表示一个二进制数
    cout<<(int)a<<'  '<<bitset<8>(a)<<endl;
    cout<<(int)b<<'  '<<bitset<8>(b)<<endl;
    cout<<(int)(unsigned char)~a<<'  '<<bitset<8>(~a)<<endl;
    cout<<(a&b)<<'  '<<bitset<8>(a&b)<<endl;
    cout<<(a|b)<<'  '<<bitset<8>(a|b)<<endl;
    cout<<(a^b)<<'  '<<bitset<8>(a^b)<<endl;
    cout<<(a<<2)<<'  '<<bitset<8>(a<<2)<<endl;
    cout<<(a>>3)<<'  '<<bitset<8>(a>>3)<<endl;
    return 0;
}
```

样 例 输 入	样 例 输 出
（无）	22 00010110 28 00011100 233 11101001 20 00010100 30 00011110 10 00001010 88 01011000 2 00000010

当需要进行二进制相关的运算时，位运算能发挥极好的作用。

- 计算一个数的二进制中有几个 1 时，就可以通过位与操作进行逐位判断，详见 4.9.4 节。
- 第 6、7 行在输出 a 和 b 时，要进行强制类型转换，因为这里需要看到的是数值，即 ASCII 码值，如果直接输出，会显示一个不可见字符。
- 第 9~13 行不需要进行强制类型转换，是因为有运算存在。一旦执行运算，就会产生整型提升，运算结果会以 int 形式存在，因此不进行类型转换也能显示 ASCII 码值。
- 第 8 行比较特殊，是因为 233 在作为字符类型时，最高位为 1，如果直接转换为 int 型，根据整型提升的规则，符号位为 1 时前面补 1，得到一个非常大的数，这并不是期望的结果。因此先转换为 unsigned char 型，让最高位不作为符号位，然后再转换为 int 型，才能输出正确的 ASCII 码值。

因为二进制是数据在计算机中的终极表达形式，所以位运算具有较高的性能。在一些特殊需求下，可以用位运算代替正常的数学运算。

- 二进制每右移一位，相当于整除 2；每左移一位，相当于放大 2 倍；当需要进行 2^n 倍放大或缩小时，可以通过移位操作代替数学的乘除法。
- 二进制中，奇数个位为 1，偶数个位为 0，因此奇偶判断除了前文提到的 n%2 外，还可以用 n&1 进行判断，而且显然后者的效率要高很多。

知识点：T26A

索引	要　　点	正链	反　　链
T26A	理解位运算的基本含义，增强对计算机底层结构的理解。位运算的效率高，移位运算可以进行 2^n 的乘法或除法，n&1 可以代替奇偶判断，初学者可以忽略位运算	T265	T26C,T2A2,T478,T479

2.6.8 三个层次的变量交换

两个变量的值交换是程序设计中的基本运算。

- 基本形式：为了防止值被覆盖，需要引入一个临时变量，保留被覆盖的值，如图 2.8 所示。

（a）牛奶倒入空杯　（b）咖啡倒入牛奶杯　（c）牛奶倒入咖啡杯

图 2.8　交换咖啡与牛奶

- 数学方法：如果要求不使用第三个变量，可以通过数学方法解决。
  - 第 5 行保留了两个变量的和；第 6 行用和减去原来的 b，就得到了原来的 a，赋值给 b；第 7 行用和减去原来的 a，就得到了原来的 b，实现了两个变量的交换。
- 位运算形式：数学方法还有一点点小的弊端，如果两个变量都非常大，相加后可能超出了存储范围。可以采用异或运算进行代替。异或有个特点：任何数和自身异或都等于 0，而任何数和 0 异或都等于自身。由此推导出一个新的结论：一个值 a 另一个值 b 异或 2 次，又变成了值 a。
  - 第 5 行用 a 保留了 a^b 的结果，因此第 6 行相当于 a^b^b=a^(b^b)=a^0=a 并赋值给 b；第 7 行相当于 a^b^a=(a^a)^b=0^b=b，从而实现了两个变量的交换。位运算不会存在数据溢出的风险。

代码 2.31 基本形式

```
1. #include<iostream>
2. using namespace std;
3. int main(){
4.     int a=3,b=5;
5.     int temp = a;
6.     a = b;
7.     b = temp;
8.     return 0;
9. }
```

代码 2.32 数学方法

```
1. #include<iostream>
2. using namespace std;
3. int main(){
4.     int a=3,b=5;
5.     a = a+b;
6.     b = a-b;
7.     a = a-b;
8.     return 0;
9. }
```

代码 2.33 位运算形式

```
1. #include<iostream>
2. using namespace std;
3. int main(){
4.     int a=3,b=5;
5.     a = a^b;
```

```
    b = a^b;
    a = a^b;
    return 0;
}
```

★ 提示：

C++ 中提供了模板函数 swap，用来交换两个相同类型变量的值。例如：swap(a,b)。

知识点：T26B、T26C

索引	要　　点	正链	反链
T26B	变量交换的基本形式是必须掌握的内容，在 C++ 中可以简易地使用 swap		T312,T811
	洛谷：U269757(LX217)		
T26C	异或运算是计算机中的最基本操作之一，要掌握使用方法。特别注意位运算是在二进制级别进行对位操作，不会产生溢出	T26A	

2.7 获取用户输入

2.7.1 整型和浮点型的 cin 输入

cin 可以理解为 c 和 in，表示 C++ 中的标准输入。cin 根据变量的数据类型，将输入信息进行转换，赋值给相应的变量。当遇到与当前变量类型不匹配的字符时，将会自动停止。

代码 2.34

```
#include<iostream>
using namespace std;
int main()
{
    float a,b;
    cin>>a>>b;
    cout<<a+b<<endl;
    int c,d;
    cin>>c;
    cout<<c<<endl;
```

```
11.     cin>>d;
12.     cout<<d<<endl;
13.}
```

样例输入	样例输出
1.2 3.4 12.34	4.6 12 0

- “空格”“制表符”和“回车”被统称为空白符。
- 当输入数据并回车后，输入的内容被添加到一个输入缓冲区里，程序从缓冲区内读取数据。当执行到 cin 时，cin 读取缓冲区，如果缓冲区内有内容，直接从缓冲区读取。如果缓冲区为空，光标闪烁，等待用户输入。
- cin 在对整型和浮点型进行输入的时候，首先忽略空白符，然后读取有效的字符进行解析，到第一个与当前变量类型不匹配的字符时停止。被读取的有效字符从缓冲区内被清除，而从第一个无效字符开始的内容依旧保留在缓冲区里。
- 第 6 行对 a 赋值时，1.2 前面的所有空白符被忽略，1.2 被输入，遇到 1.2 后的空格时，输入自动停止。1.2 被解析为浮点数并赋值给 a。被读取的内容从缓冲区内被清除，而 3.4 被继续保留在缓冲区里。
- 对 b 进行赋值时，因为缓冲区非空，直接从缓冲区读取，3.4 被赋值给 b。特别注意，回车符作为第一个无效字符，被保留在缓冲区中。
- 第 9 行对 c 进行输入时，忽略缓冲区中残留的回车，未得到有效信息，因此光标闪烁，等待用户输入。用户输入 12.34 后，因为 c 是整型，. 被认为是无效字符，输入停止。因此 c 被赋值为 12。.34 被保留在缓冲区中。
- 第 11 行对 d 进行输入时，遇到 .34，这是一个非法输入，标志位被设置为异常，cin 不再接收输入，直接跳过。d 被赋值为 0。

★ 提示：

遇到非法输入时，可以使用 cin.clear(); 重置标志位，然后使用 cin.sync(); 或 cin.ignore(); 清除缓冲区。这种操作比较复杂，初学者可以先行忽略缓冲区非法输入的问题，保证输入的合法性。

在一些特殊的应用场景下，需要输入或输出八进制或十六进制数据。在 C++ 中主要体现在 oct（八进制）、dec（十进制）和 hex（十六进制）三个关键字。但是在 cin 和 cout 要分别设置。

代码 2.35

```
1. #include<iostream>
2. using namespace std;
3.
4. int main()
5. {
6.     int v;
7.     cin>>oct>>v;
8.     cout<<" 十进制 :"<<v<<"; 八进制 :"<<oct<<v<<endl;
9.     cin>>hex>>v;
10.    cout<<" 八进制 :"<<v<<"; 十进制 :"<<dec<<v<<"; 十六进制 :"<<hex<<v<<endl;
11.    return 0;
12.}
```

样例输入	样例输出
11 aa	十进制 :9; 八进制 :11 八进制 :252; 十进制 :170; 十六进制 :aa

- 默认的通道是十进制，因此第 8 行直接输出 v 时，是按照十进制进行输出的。
- 因为第 8 行中已经将输出通道改为八进制了，因此在第 10 行直接进行输出时，按照八进制进行输出，直到改为 dec 后才改为十进制。

知识点：T271、T272

索引	要　点	正链	反　链
T271	必须掌握输入的基本原理，输入和缓冲区的关系	T212	T273,T275,T277,T546,T484
T272	掌握八进制和十六进制的输入和输出方法	T222	
	洛谷：U269748(LX213)		

2.7.2 字符串的输入

与整型和浮点型类似，字符串也可以采用 cin 的方式进行读取。但是因为字符串包含的字符范围比较多，只有遇到空白符时输入才结束。空白符之后的内容不会被读取。

代码 2.36

```
#include<iostream>
#include<string>
using namespace std;
int main()
```

```
{
    string s;
    cin>>s;
    cout<<s<<endl;
}
```

样例输入	样例输出
first second	first

可以推断，cin 方式读取的字符串中不包括空白符。如果字符串中需要包含空格，或者读入空字符串，需要采用 getline 方式，该方式需要包含 <string> 头文件。该方式读取一行字符串，并且把末尾的回车符从缓冲区中清除。

代码 2.37

```
#include<iostream>
#include<string>
using namespace std;
int main()
{
    string s1,s2,s3;
    getline(cin,s1);
    getline(cin,s2);
    getline(cin,s3);
    cout<<"s1:"<<s1<<endl;
    cout<<"s2:"<<s2<<endl;
    cout<<"s3:"<<s3<<"\ts3 size: "<<s3.size()<<endl;
    cout << s3[5] << ' ' << s3[6] << endl;
}
```

样例输入	样例输出
first second first\tsecond	s1: s2:first second s3:first\tsecond s3 size: 13 \ t

- 第 1 行输入一个空行，第 2 行两个单词中间有一个空格，但是整行字符串被统一输入给 s2。
- 当输入中有转义字符时，如 s3 的输入，用 cin 读入时会将转义字符识别成两个字符 '\\' 和 't'，而不会自己作为转义字符。

知识点：T273、T274

索引	要　　点	正链	反链
T273	区分字符串输入时 cin（空白符分隔）和 getline（回车符分隔）的区别	T271	T276,T277
	洛谷：U269755(LX218)		
T274	特别注意输入时的转义字符会被逐个字符读取，不会作为转义字符	T214	

2.7.3 字符的输入

C++ 中采用 cin.get() 读取一个任意字符，包括空白符。可以用 cout<< 或 cout.put() 输出字符。

代码 2.38

```
1. #include<iostream>
2. #include<string>
3. using namespace std;
4. int main()
5. {
6.     char a;
7.     a = cin.get();cout.put(a);
8.     a = cin.get();cout<<a;
9.     a = cin.get();cout.put(a);      //这里读取的是回车符
10.     a = cin.get();cout<<a;
11.}
```

样例输入	样例输出
ab c	ab c

注意第 9 行读取的字符是回车符，第 10 行读取的字符是字符 'c'，因此字符 'c' 的输入才会在新行上出现。

知识点：T275

索引	要　　点	正链	反链
T275	特别注意在输入时空白符也是一个字符	T271	T276

2.7.4 数字和字符的混合输入

如 2.7.1 节所述，无论是整型或浮点型，在读取正确的输入后，如果后续是一个空白符，空白符会被残留在缓冲区中。如果接下来读取一个字符，或者用 getline 读取一个字符串，这个残留的空白符也会被作为有效字符进行输入，这与程序的目的可能存在违背。这时需要调用 cin.ignore() 函数，去除缓冲区中残留的空白符。

代码 2.39

```
#include<iostream>
#include<string>
using namespace std;

int main()
{
    int num;
    string str;
    cin >> num;
    getline(cin,str);
    cout << "Number :" << num << ", String:" << str <<"#"<< endl;
}
```

样例输入	样例输出
34	Number :34, String:#

执行代码 2.39 时会发现，只输入 34 并回车后，程序就会输出并结束。这是因为 34 后面的回车残留在缓冲区中，执行 getline 时，会读取一个空字符串。

代码 2.40

```
#include<iostream>
#include<string>
using namespace std;

int main()
{
    int num;
    string str;
    cin >> num;
    cin.ignore();
    getline(cin,str);
    cout << "Number :" << num << ", String:" << str <<"#"<< endl;
}
```

样例输入	样例输出
34 apple	Number :34, String:apple#

cin.ignore() 的作用就是从缓冲区中读取一个字符并抛弃，这样残留的回车符就被清除，执行到第 11 行的时候，因为缓冲区为空，光标闪烁，等待用户输入。

★ 提示：

当需要把无效字符到当前输入行的所有内容都进行清空时，可以调用 cin.ignore(numeric_limits<std::streamsize>::max(), '\n');，这条语句需要头文件 <limits>。该语句表示一直忽略到回车符。通常输入的字符串都不会那么长，比如最多只有 256 个字符，也可以简写为 cin.ignore(256, '\n');。ignore 函数的第一个参数表示最大抽取的字符数，第二个参数表示结束的字符。无参时表示只抽取并抛弃一个字符。

知识点：T276

索引	要　　点	正链	反链
T276	在输入完数值再使用 getline 时，要特别注意残留回车的影响，一定要使用 cin.ignore 去除残留回车的影响，否则不能得到正确的输入	T273,T275	
	洛谷：U269756(LX219)		

2.7.5 逗号分隔的数值

当输入多个数据时，绝大多数情况都是用空白符分隔的，但是有时也会用其他字符进行分隔，例如逗号分隔。在处理题目时，一定要特别注意输入数据的分隔符。

例题 2.3

输入三个逗号分隔的整数，依次对其输出，输出时以制表符分隔。

样例输入	样例输出
2, 3, 5	2　　3　　5

这时一定要对分隔符进行特殊处理。

方法一：用 ignore 的方式忽略中间的逗号。

代码 2.41

```
#include<iostream>
using namespace std;

int main()
{
    int a,b,c;
    cin >> a;
    cin.ignore();
    cin >> b;
```

```
    cin.ignore();
    cin >> c;
    cin.ignore();
    cout << a << '\t' << b << '\t' << c << endl;
}
```

方法二：用一个字符变量读取中间的逗号。

代码 2.42

```
#include<iostream>
using namespace std;

int main()
{
    int a,b,c;
    char ch;
    cin >> a>>ch>>b>>ch>>c;
    cout << a << '\t' << b << '\t' << c << endl;
}
```

方法三：C 语言的 scanf 方式（推荐方式）。

代码 2.43

```
#include<cstdio>
using namespace std;

int main()
{
    int a,b,c;
    scanf("%d,%d,%d",&a,&b,&c);
    printf("%d\t%d\t%d",a,b,c);
}
```

- 如果输入中存在数值外的常量字符或字符串，scanf 是一个比较方便的函数，它与 printf 相对应，第一个参数也是一个控制字符串。如果输入中有需要忽略的常量字符或字符串，可以直接写到控制字符串中，例如例题 2.3 中的逗号。
- 特别注意在使用 scanf 的时候，每个变量前要加 &，表示取变量的地址，这是语法要求。

★ 提示：

scanf 的方式明显没有 cin 简单，但是如果输入时有额外的干扰字符，scanf 在书写时会清晰简单一些。

知识点：T277

索引	要点	正链	反链
T277	当输入数值用非空白符分隔，或有额外字符时，可以采用 ignore 或字符填充法输入，scanf 此时更具有优势，但要特别注意 scanf 的语法	T271,T273	T612
	洛谷：U269744(LX211)		

2.8 时间处理

时间是一种常见数据，以例题 2.4 展开讨论时间相关问题的处理。

例题 2.4

国家安全局获得一份珍贵的材料，上面记载了一个即将进行的恐怖活动的信息。不过，国家安全局没法获知具体的时间，因为材料上的时间使用的是 Linux 的时间戳，即是从 2011 年 1 月 1 日 0 时 0 分 0 秒开始到该时刻总共过了多少秒。此等重大的责任现在落到了你的肩上，给你该时间戳，请你计算出恐怖活动在哪一天实施？（为了简单起见，规定一年 12 个月，每个月固定都是 30 天）

【输入】

一个整数 n，表示从 2011 年 1 月 1 日 0 时 0 分 0 秒开始到该时刻过了 n 秒。

【输出】

输出一行，分别是三个整数 y，m，d，表示恐怖活动在 y 年 m 月 d 日实施。

起始是一个日期，差值 n 是一个整数，为了计算最终结果，可以有两种方式：①将 n 转换为日期，与起始日期相加求和；②将起始日期转换为整数，求和后转换为日期类型。第一种方式在逻辑上较为顺畅，但是实际运算难度较大，因为日和月的进位都不规整。第二种方式在计算时更为顺畅。代码 2.44 为第二种方式。

代码 2.44

```
#include<iostream>
using namespace std;
int main()
{
    int seconds;
    cin>>seconds;
    int days = 60*60*24;                    //一天包含的秒数
    int months = 30;
    int years = months*12;
    int day = seconds/days;                 //总共过去了多少天
    int year = 2011+day/years;
```

```
12.     day = day-day/years*years;              // 整除后再乘，去掉余数部分
13.     int month = day/ months;
14.     day = day-month* months;
15.     cout<<year<<' '<<month+1<<' '<<day+1<<endl;// 月和日都是从 1 开始计数
16.     return 0;
17.}
```

样例输入	样例输出
130432457	2015 3 10

- 第 12 行去掉余数的方法在计算中经常被使用。这与数学的概念是不一致的，这里的除法表示的是整除。

UNIX 时间戳（UNIX timestamp），或称 UNIX 时间（UNIX time）、POSIX 时间（POSIX time），是一种时间表示方式，定义为从格林尼治时间 1970 年 01 月 01 日 00 时 00 分 00 秒起至现在的总秒数。Unix 时间戳不仅被使用在 Unix 系统、类 Unix 系统中，也在许多其他操作系统中被广泛采用。因为以秒为单位，数值比较大，更建议在计算时采用 long long 型，防止数值溢出。

知识点：T281

索引	要　点	正链	反链
T281	当涉及时间相关运算时，推荐先将时间转换为整数，处理后再转换回来。可以极大程度避免时间单位进位不统一而产生的问题		
	洛谷：U269758(LX220), U270342(LX309)		

2.9 常用数学函数

数学函数在计算中非常常用，C/C++ 在 <cmath> 头文件中包含的常用数学函数如表 2.8 所示。

表 2.8 常用数学函数

函数名	功能描述	样　例	样例结果
sqrt	平方根函数	sqrt(9)	3
fabs	浮点数绝对值	fabs(−3.5)	3.5
log10, log	以 10 为底和以 e 为底的自然对数	log10(1000)	3
pow	幂运算	pow(10,3)	1000
sin，cos	正弦和余弦	sin(M_PI/4)	0.707107

续表

函 数 名	功 能 描 述	样 例	样例结果
round	四舍五入取整	round(3.7)	4
ceil	向上取整	ceil(5.2)	6
min, max	最小值，最大值	min(5.2, 3.7)	3.7

- M_PI 在 <cmath> 头文件中定义，表示 π。
- round 和 ceil 函数的返回值都是 double 型，如果需要整型返回值，需要做显示类型转换。
- 如果对整型调用 pow 函数，因为返回值为浮点数，因此其结果可能因为浮点数不能精确表示而产生错误。此时建议使用 int(round(pow(x,n)))，确保得到正确的整型值。
- 对于整数 a 的平方和立方，建议直接写为 a×a 或 a×a×a，对于高次方，建议使用循环。不建议使用函数 pow，这样不会转换为浮点数，不会产生精度问题。

例题 2.5

求一个整数的位数。

答案：(int)log10(x)+1

【题目解析】

答案中先调用函数 log10，强制转换为整型相当于舍弃小数部分，最后加 1 得到 x 的位数。

随堂练习 2.4

已知三角形的三个边长 a,b,c, 根据海伦公式编程计算三角形的面积，保留 4 位小数精度。海伦公式为 $S=\sqrt{p(p-a)(p-b)(p-c)}$，其中 p=(a+b+c)/2。

样例输入	样例输出
1 2 2	0.9682

C/C++ 不具备解方程能力，如果需要处理方程，需人工推导出计算公式，然后交给计算机进行计算。

随堂练习 2.5

鸡兔同笼是中国古代的数学名题之一。大约在 1500 年前，《孙子算经》中就记载了这个有趣的问题。书中叙述为：今有雉兔同笼，上有三十五头，下有九十四足，问雉兔各几何？这四句话的意思是：有若干只鸡兔同在一个笼子里，从上面数，有 35 个头，从下面数，有 94 只脚。问笼中各有多少只鸡和兔？编程实现鸡兔同笼问题，输入头和脚的数量，输出鸡和兔的数量。

样例输入	样例输出
35 94	23 12

知识点：T291

索引	要　　点	正　　链	反链
T291	将数学表达式改写成程序代码，是程序设计的基本要求，注意其中发生的数据类型隐式转换	T234,T251,T263	T321
	洛谷：U269742(LX210), U269759(LX221), U269760(LX222)		

2.10　运算效率的底层分析 *

2.10.1 负数和补码

计算机中的有符号数有 3 种表示方法，即原码、反码和补码。除了最高位作为符号位之外（0 代表正，1 代表负），原码可以理解为将数值直接转换为二进制。例如，我们用 8 位二进制表示一个数，+11 的原码为 00001011，−11 的原码就是 10001011。原码不能直接参加运算，可能会出错。例如数学上，1+(−1)=0，而在二进制中 00000001+10000001=10000010，换算成十进制为 −2，显然错误。反码可以理解为正数的反码与原码相同，负数是原码，除符号位之外，各位取反。例如，+11 的反码为 00001011，−11 的反码就是 11110100。补码可以理解为正数的补码与原码相同，负数的补码等于反码 +1。例如，+11 的补码为 00001011，−11 的补码就是 11110101。

除了不能直接参与运算外，原码和反码还有一个问题，0 被表示为 +0 和 −0 两种表示方法。例如 $(+0)_{原码}$ =00000000，$(-0)_{原码}$ =10000000，$(+0)_{反码}$ =00000000，$(-0)_{反码}$ = 11111111。−0 在实际运算中是没有任何意义的，因此原码和反码在表示时都存在问题。

为了解决以上两个问题，提出了补码的概念。在进行实际分析之前，先看一个日常生活中的例子，当前时间为 3 点，想将其调整为 8 点，可以按顺时针调整 5 个小时，也可以逆时针回拨 7 个小时，即 3−7=3+12−7=3+5，对于模 12 而言，5 和 7 互为补数。当需要减数 a 时，其效果与加补数是相同的。

现在回到补码的概念。给定位数的存储空间，例如 7 位。当结果超过位数限制时，高位自动被舍弃，例如 11+117=128= 2^7 = $(10000000)_2$。因为存储空间位 7 位的限定，最高位的 1 被舍弃，所以 11+117=0。也就是说 11 和 117 在模 2^7 下互为补数。11 的原码为 0001011，117 的原码为 1110101=1110100+1= $(0001011)_{按位取反}$ +1，也就是说，117 等于 11 的二进制按位取反后 +1。由此得到一个结论，对于 n 位存储空间的限定，一个数的补码等于其相对于模 2^n 的补数。如前所述，当需要减一个数时，等价于加这个数对模 2^n 的补数。因此需要减去一个数时，可以将这个数用补码表示，然后加上这个补码，就完成了减法操作。

★ 提示：

实际上，计算机中只有加法器，而没有减法器，所有的减法都是由补码加法完成的。

补码解决了原码和反码出现的两个问题。

（1）补码可直接运算。$25+(-11)=(00011001)_{补码}+(11110101)_{补码}=(00001110)_{补码}=14$，结果正确。

（2）$+0=(00000000)_{原码}=(00000000)_{补码}$，$-0=(10000000)_{原码}=(11111111)_{反码}=(00000000)_{补码}$，在补码下，+0 和 -0 的表示方式完全相同。

这里产生了一个新问题，0 的表示唯一了，那么原来 -0 的原码 10000000 表示什么？$(00000001)_{补码}+(10000000)_{补码}=(10000001)_{补码}=-127$，也就是说 $1+(10000000)_{补码}=-127$，因此 $(10000000)_{补码}=-128=27$。这就是在 2.2.1 节中，<climits> 头文件里有符号类型最小值的绝对值比最大值的绝对值大 1 的原因。

代码 2.45 类型溢出

```
1. #include<iostream>
2. using namespace std;
3. int main(){
4.     cout << (1<<7) << endl;
5.     cout << (1<<31) << endl;
6.     cout << unsigned(1<<31) << endl;
7.     cout << (1U<<31) << endl;          //U 表示 unsigned int 型
8.     cout << (1LL<<31) << endl;         //LL 表示 long long 型
9.     return 0;
10.}
```

样例输入	样例输出
（无）	128 -2147483648 2147483648 2147483648 2147483648

- 这段代码中使用了移位运算符 <<，详见 2.6.7 节。它表示对一个数值的二进制表达形式下向左平移，每平移一位相当于对原有数值扩大 2 倍，因此 1<<n 等价于 2^n。因此第 4 行输出结果为 $128=2^7$。
- 对于初学者最疑惑的部分在于，通过左移数值不断扩大，可能出现输出结果为负数。这是因为在有符号数据类型中，最高位的 1 是符号位，表示负数。默认情况下，字面量 1 被按照 int 型处理，2^{31} 的二进制为 1 后面跟随 31 个 0，表示负数，而负数的二

进制是用补码表示，因此第 5 行输出结果为 -2^{31}=-2147483648。同样道理，对于一个任意的正数，如果某位上的 1 被左移到最高位，整个数值就会被解读为负数。

- 对于无符号类型 unsigned，最高位不作为符号位，因此不会出现左移后变为负数的情况。第 6 行显示正确的结果。
- 在数值后面添加字面量，可以修改数值的默认类型，其中 1U 表示 unsigned int 型的 1，1LL 表示 long long 型的 1。这两种类型的数值有效范围都大于 31 位，因此都能显示正确结果。

知识点：T2A1

索引	要　点	正链	反链
T2A1	了解负整数在计算机中的表示方式与正整数不同即可，这种方式叫补码		

2.10.2 整型的极限值

在进行数值运算时，会用到一个数据类型的极值。例如，用一个变量 m 记录多个数的最大值时，需要先将 m 的默认值设置为对应数据类型中的最小值；同样在求最小值时，需要先将 m 的默认值设置为它能表示的最大值。有时为了防止数据溢出，也会对极限值进行判断。如 2.2.1 节所示，其实这些极限值都在头文件 <climits> 中有定义，例如 int 型的最大值为 INT_MAX，最小值为 INT_MIN，unsigned int 的最大值为 UINT_MAX 等。如果记不住这些关键字，也可以从二进制的角度进行记忆。有符号整型的最小值可以理解为符号位为 1，其余位为 0；最大值为符号位为 0，其余位为 1。以 int 为例，最小值为 1<<31，最大值为 ~(1<<31)。这是因为字面量 1 的默认数据类型为 int。对于 long long 型，对应的最小值和最大值分别为 1LL<<63 和 ~(1LL<<63)。因为溢出位被自动截断的原因，数值表示构成循环，最小值减 1 对应的也是最大值，即 int 和 long long 的最大值也可以表示为 (1<<31)-1 和 (1LL<<63)-1。而无符号整型的最大值为全 1，unsigned int 和 unsigned long long 的最大值分别为 ~0U 和 ~0LLU。因为溢出位被自动截断的原因，数值表示构成循环，-1 的内存表示与对应最大值的内存表示相同，所以也可以表示为 -1U 和 -1LLU，如表 2.9 所示。

表 2.9　int 和 long long 极值的位运算表示法

类　型	字节	最小值	值	最大值	值	unsigned 最大值	值
int	4	1<<31	-2^{31}	~(1<<31)	$+2^{31}-1$	-1U 或 ~0U	$+2^{32}-1$
long long	8	1LL<<63	-2^{63}	~(1LL<<63)	$+2^{63}-1$	-1LLU 或 ~0LLU	$+2^{64}-1$

知识点：T2A2

索引	要　　点	正　　链	反　　链
T2A2	int 和 long long 以及对应的无符号整数的极值表示	T221,T26A	

2.10.3 常见运算的效率分析

基础运算之间有效率差距，当数据量比较大时，考虑用效率高的运算代替效率低的运算。

基础运算的效率高低为：移位 > 赋值 > 大小比较 > 加法 > 减法 > 乘法 > 取模 > 除法。

从数学上讲，CPU 中的算术逻辑单元 ALU 在算术上只干了两件事，加法，移位，顶多加上取反，在逻辑上，只有与、或、非、异或 4 种操作。计算机中有专门的移位功能部件，这也是最基础的部件。计算机中有专门的加法器，但是没有乘法器和除法器。减法是取补码相加，乘法和除法都是靠移位实现的。左移 n 位执行乘 2^n，右移 n 位执行除 2^n。以此为基础，乘法器是一步一步乘（移位）出来的，每次取乘数的一位与被乘数操作，1 则把被乘数照写，0 则为 0，然后乘数右移。这样循环，最后把每一步结果加起来。乘法是加操作，而除法是每步的结果作加法或减法（加减交替法），有的算法还需要恢复上一次的结果（余数恢复法），而且每一步加减后还要进行移位，此外，每次移位后比乘法还多出一次试错操作，所以除法效率最低。

综上所述，计算机用加法器、移位器和基本逻辑门电路就构成一个简单的算术逻辑单元 ALU。

/ 题 单 /

本章练习题来源于洛谷：https://www.luogu.com.cn/training/263498#problems。

序号	洛谷	题目名称	知识点	序号	洛谷	题目名称	知识点
LX201	U269720	你叫什么？	T211	LX202	U269763	昕哥铁粉团	T212
LX203	U269723	名称缩写	T214	LX204	U269724	圆的面积	T215
LX205	U269725	优秀率	T216	LX206	U269727	N 进制转十进制	T223,T265
LX207	U269729	平方也不简单	T224	LX208	U269732	十进制转 N 进制	T225,T265
LX209	U269740	纯小数的二进制	T233,T252	LX210	U269742	房子的高度	T224,T291
LX211	U269744	浮点数比较	T234,T245,T277	LX212	U269746	循环加密	T241,T265

续表

序号	洛谷	题目名称	知识点	序号	洛谷	题目名称	知识点
LX213	U269748	十六→十进制转换	T223,T242,T243,T272	LX214	U269749	闰年的二月	T244,T245
LX215	U269751	整数的平均数	T251,T264	LX216	U269753	猴子吃桃	T256
LX217	U269757	交换字符串	T26B	LX218	U269755	复制图案	T273
LX219	U269756	字符串和数字	T276	LX220	U269758	时间流逝	T277,T281
LX221	U269759	数学函数调用	T291	LX222	U269760	正五边形	T291
LX223	U269761	火车相遇	T251	LX224	U269701	头疼的公倍数	T264

第 3 章　分支与函数初步

3.1　分支结构

3.1.1　单分支控制

单分支语法规则

```
if(条件)
{      语句块 1;     }
```

如果条件成立，则执行语句块 1，否则直接执行后续语句，语句块 1 被忽略，执行后续语句。

例题 3.1

输入两个数 m 和 n，对这两个数进行降序排序。

代码 3.1　两变量排序

```
#include<iostream>
using namespace std;
int main()
{
    int m,n;
    cin>>m>>n;
    if(m<n)         //此处末尾不能有分号，千万不要写成 if(m<n);
```

```
8.     {
9.         int t=m;
10.        m=n;
11.        n=t;
12.    }
13.    cout<<"sorted: "<<m<<' '<<n<<endl;
14.}
```

样例输入	样例输出
3 5	sorted: 5 3

- 第 7 行为条件判断，如果 m<n，则执行第 9~11 行，交换 m 和 n 的值。这个交换操作是 C/C++ 中的基本操作，在 C++ 中也可以简单的使用 swap 代替；如果条件不成立，则跳过第 8~12 行，直接执行第 13 行。
- 第 7 行的右小括号右侧不能加分号，因为语句未结束。如果添加了分号，表示条件成立时执行空语句（单个分号表示空语句），第 8~12 行与第 7 行的 if 语句就没有任何关联性了。
- if 语句后面只能接一条语句或一个语句块，如果需要执行多条语句，就用大括号将多条语句封装成语句块。初学者如果分不清什么时候加大括号，可以在任何时候都加大括号，这样语法上总是正确的。
- 真正的程序员必须保证代码具有良好的缩进，这里的 if，以及后面将要提及的 else，或循环语句，其关联的语句块都要保持缩进状态，这样可以非常快速地了解程序的层次关系。

例题 3.2

对三个数 a,b,c 进行降序排序。

代码 3.2 三变量排序

```
#include<iostream>
using namespace std;
int main()
{
    int a,b,c;
    cin>>a>>b>>c;
    if(a<b)
    {   swap(a,b);   }
    if(a<c)
    {   swap(a,c);   }
    if(b<c)
    {   swap(b,c);   }
```

```
13.     cout<<"Sorted: "<<a<<' '<<b<<' '<<c<<endl;
14.}
```

样例输入	样例输出
3 2 5	Sorted: 5 3 2

- 通过组合使用代码 3.1 中的“比较 + 交换”操作，可以达成对多个数据排序的目的。当数据量比较大的时候，需要用到循环和数组，将在后续章节中介绍。
- 第 7~10 行保证 a 中存储了三个数的最大值，然后第 11~12 行对 b 和 c 进行了“比较 + 交换”，从而保证了三个数的降序。同样道理，如果第 7 行处理 a<c，第 9 行处理 b<c，可以让 c 中先存储最小值，然后再对 a 和 b 进行“比较 + 交换”。

随堂练习 3.1

填充代码 3.3 下画线部分，达成对三个数 a,b,c 进行降序排序。

代码 3.3 三变量排序

```
#include<iostream>
using namespace std;
int main()
{
    int a,b,c;
    cin>>a>>b>>c;
    if(a<b)
    {   swap(a,b);   }
    if(b<c)
    {   swap(b,c);   }
    if(____<____)
    {   swap(____, ____);    }
    cout<<"Sorted: "<<a<<' '<<b<<' '<<c<<endl;
}
```

知识点：T311—T313

<table>
<tr><th>索引</th><th>要　点</th><th>正链</th><th>反链</th></tr>
<tr><td rowspan="2">T311</td><td>掌握单分支条件语句的基本写法，千万注意不要添加额外的分号</td><td></td><td></td></tr>
<tr><td colspan="3">洛谷：U270320(LX301)</td></tr>
<tr><td rowspan="2">T312</td><td>掌握少量数据的排序方法</td><td>T26B</td><td>T527</td></tr>
<tr><td colspan="3">洛谷：U270321(LX302)</td></tr>
<tr><td>T313</td><td>良好的代码缩进是编程基本素养，遇到左大括号缩进，遇到右大括号缩进完成</td><td></td><td></td></tr>
</table>

3.1.2 双分支控制

双分支语法规则

```
if( 条件 )
{      语句块 1;     }
else
{      语句块 2;     }
```

如果条件成立，则执行语句块 1，否则执行语句块 2，二者必然有一项要被执行。

★ 提示：

else 后面不写条件，但是具有隐含条件，即 if 的条件不成立。

例题 3.3

输入一个整数 m，判断 m 的奇偶性。

样例输入	样例输出
3	奇数

代码 3.4 判断奇偶性

```
1. #include<iostream>
2. using namespace std;
3. int main()
4. {
5.      int m;
6.      cin>>m;
7.      if(m%2==0)
8.           cout<<" 偶数 "<<endl;
9.      else
10.      {
11.           cout<<" 奇数 "<<endl;
12.      }
13.}
```

样例输入	样例输出
3	奇数

■ 这里 if 和 else 接的语句都是单条语句，可以像第 8 行那样不加大括号，也可以像第 11 行那样增加大括号。

根据整型和布尔型之间的对应关系，以上程序也可以改写为：

代码 3.5 整型进行布尔判断

```
#include<iostream>
using namespace std;
int main()
{
    int m;
    cin>>m;
    if(m%2)                    // 或 if(m&1)
        cout<<" 奇数 "<<endl;
    else
        cout<<" 偶数 "<<endl;
}
```

进一步可以改写为问号表达式：条件 ? 条件成立语句 : 条件不成立语句。首先进行条件判断，条件成立时执行冒号前的语句，否则执行冒号后的语句。这是 C/C++ 中的三目运算符，极大简化了双分支结构的书写。

代码 3.6 问号表达式

```
#include<iostream>
using namespace std;
int main()
{
    int m;
    cin>>m;
    cout<<(m%2?" 奇数 ":" 偶数 ")<<endl;
}
```

知识点：T314—T316

索引	要　点	正链	反链
T314	掌握双分支条件语句的基本写法，else 部分没有显式条件，但有隐含条件		T315,T317
	洛谷：U270322(LX303)，U270323(LX304)		
T315	掌握问号表达式的用法	T314	
	洛谷：U270324(LX305)		
T316	在进行 0 或非 0 判断时，不需要写关系表达式，见代码 3.4	T244	
	洛谷：U270324(LX305)		

3.1.3 多分支控制

多分支语法规则

```
1. if(条件1)
2. {     语句块1;    }
3. else if(条件2)
4. {     语句块2;    }
5. else
6. {     语句块3;    }
```

如果条件 1 成立，则执行语句块 1，否则执行条件 2 的判断，如果条件 2 成立，执行语句块 2，否则执行语句块 3。必然有一个分支要被执行。

- else 具有隐含条件，第 3 行的 else 表示条件 1 不成立，第 5 行的 else 表示条件 1 和条件 2 都不成立。因此不需要在条件 2 中去判断条件 1 不成立，因为一旦执行到第 4 ～ 6 行，表示条件 1 肯定是不成立的，不需要判断。
- C/C++ 提供 switch 结构进行多分支，但是其执行效率与 else if 的多分支相同，不建议使用 switch。

例题 3.4

编写一个程序，根据用户输入的期末考试成绩，输出相应的成绩评定信息。成绩大于或等于 90 分输出“优”；成绩大于或等于 80 分、小于 90 分输出“良”；成绩大于或等于 60 分、小于 80 分输出“中”；成绩小于 60 分输出“差”。

样例输入	样例输出
83	良

代码 3.7 多分支语法规则

```
#include<iostream>
using namespace std;
int main()
{
    int score;
    cin>>score;
    int grade=score/10;
    if(grade>=9)
        cout<<"优"<<endl;
    else if(grade==8)              //建议写成 8==grade
        cout<<"良"<<endl;
    else if(grade>=6)             //不需要写成 grade<8 && grade>=6
        cout<<"中"<<endl;
```

```
14.     else
15.         cout<<" 差 "<<endl;
16.}
```

- 这里用到了整除特性，将百分制转换为 10 个区间，然后用多分支划分为 4 个区域。
- 第 10 行的 == 如果误写为 =，则程序流程为先将 grade 赋值为 8，然后判断 grade 的布尔值。因为 8 为非零数，总是代表 true，所以全部小于 90 的分数都会被输出良好。因此要特别注意 == 和 = 的区别。
- 当判断变量和常量是否相等时，建议把常量写在左侧，如果 == 被误写为 =，程序编译时会报错，因为常量不能被赋值。

★ 提示：

当进行多分支判断时，要注意条件的判断顺序，遵循先特殊后一般的原则。例如，判断一个三角形的类型，划分为 5 个类别：①锐角三角形；②直角三角形；③钝角三角形；④等腰三角形；⑤等边三角形。如果按照题目陈述顺序判断，最后两个条件永远也用不到。按照先特殊后一般的准则，正确判断顺序应该为⑤④③②①。这样才能得到正确的答案。

知识点：T317、T318

索引	要　　点	正　　链	反链
T317	掌握多分支条件语句的基本写法，特别注意 else 的隐含条件，不要重复书写。见代码 3.6 中的第 10 行	T261,T314	
	洛谷：U270335(LX306)，U270337(LX307)，U270340(LX308)，U270342(LX309)，U270346(LX311)		
T318	在进行多分支判断时，要遵循先特殊后一般的顺序		
	洛谷：U270345(LX310)		

3.1.4 分支嵌套

分支嵌套语法规则

```
if(条件 1)
{
    if(条件 2)
    {    语句块 2;    }
    else
    {    语句块 3;    }
}
else
{    语句块 4;    }
```

- 每个 else 部分总是与它前面最近的那个缺少对应的 else 部分的 if 语句配对。
- 建议使用大括号避免二义性。

例题 3.5

将例题 3.4 改写为分支嵌套结构。

代码 3.8 分支嵌套结构

```
1. #include<iostream>
2. using namespace std;
3. int main()
4. {
5.     int score;
6.     cin>>score;
7.     if(score>=60)
8.     {
9.         if(score<70)
10.            cout<<" 及格 "<<endl;
11.        else if(score<80)
12.        {     cout<<" 一般 "<<endl;    }
13.        else if(score<90)
14.        {     cout<<" 良好 "<<endl;    }
15.        else
16.        {     cout<<" 优秀 "<<endl;    }
17.    }
18.    else
19.    {     cout<<" 不及格 "<<endl; }
20.}
```

- 以第 11 行为例，不要将其写成 else if(score>=70 && score<80)，这里的 else 代表的含义就是 score>=70，不需要重复表达。
- 每个 if 或 else 可以接一条简单语句（第 10 行）或一条复合语句（第 12,14,16,19 行），复合语句即将多条语句用大括号包含到一起。对于初学者，建议即使是简单语句，也采用复合语句的形式编写代码，以减少犯错概率。

知识点：T319

索引	要　点	正链	反链
T319	掌握嵌套结构的写法，尽量全部使用复合语句		
	洛谷：U270345(LX310)		

3.2 分支程序优化

程序设计是一种思维训练，每个程序都尽量地进行优化，这样可以锻炼思维，让程序达到最优。以两个样例探讨分支程序的优化。

3.2.1 三天打鱼两天晒网

例题 3.6

中国有句俗语叫“三天打鱼两天晒网”。假设某人从某天起，开始“三天打鱼两天晒网”，问这个人在以后的第 N 天中是“打鱼”还是“晒网”？

【输入】

在一行中输入一个不超过 1000 的正整数 N。

【输出】

在一行中输出此人在第 N 天中是“Fishing”（打鱼）还是“Drying”（晒网），并且输出“on day N”。

样例输入 1	样例输出 1
103	Fishing on day 103
样例输入 2	样例输出 2
34	Drying on day 34

【题目解析】

第 1~3 天打鱼，第 4、5 天晒网，然后不断循环这个过程。这种数据的周期性最适合用取模运算进行解决。因此有了第一个解决方案如代码 3.9 所示。

代码 3.9 三天打鱼两天晒网

```
#include<iostream>
using namespace std;
int main()
{
    int day;
    cin>>day;
    if(day%5==1||day%5==2||day%5==3)
        cout<<"Fishing on day "<<day<<endl;
    else
        cout<<"Drying on day "<<day<<endl;
    return 0;
}
```

考虑晒网的天数少，可以书写上减少一个条件，因此第 7 ～ 10 行可以改写为代码 3.10。

代码 3.10 三天打鱼两天晒网优化方案 1

```
if(day%5==4||day%5==0)
    cout<<"Drying on day "<<day<<endl;
else
    cout<<"Fishing on day "<<day<<endl;
```

连续数字可以用范围表示，但是 0 和 4 在这个范围的两侧，不好归结。这时可以考虑数学变换。第 7~10 行可以改写为代码 3.11。

代码 3.11 三天打鱼两天晒网优化方案 2

```
if((day-1)%5<3)
    cout<<"Fishing on day "<<day<<endl;
else
    cout<<"Drying on day "<<day<<endl;
```

最后，还可以用问号表达式进行书写优化，如代码 3.12 所示。

代码 3.12 三天打鱼两天晒网优化方案 3

```
cout<<((day-1)%5<3?"Fishing":"Drying")<<" on day "<<day<<endl;
```

3.2.2 虫子吃苹果

例题 3.7

你买了一箱 n 个苹果，很不幸的是买完时箱子里混进了一条虫子。虫子每 x 小时能吃掉一个苹果，假设虫子在吃完一个苹果之前不会吃另一个，那么经过 y 小时你还有多少个完整的苹果？

【输入】

输入仅一行，包括 n, x 和 y（均为整数）。

【输出】

输出仅一行，为剩下的苹果个数。

样 例 输 入	样 例 输 出
10 4 9	7

代码 3.13 虫子吃苹果

```
#include<iostream>
using namespace std;
```

```
int main()
{
    int n,x,y;
    cin>>n>>x>>y;
    if(y%x==0)
        cout<<(n-y/x)<<endl;
    else
        cout<<(n-y/x-1)<<endl;
    return 0;
}
```

程序思想非常简单，如果 y 是 x 的倍数，则直接得到结果，否则需要多减一个苹果。这里实际上是一种向上取整的方法，可以通过数学进行优化。因为 x 和 y 都是整数，所以最小的差距是 1。如果在 y 的基础上增加 x-1，那么只要有余数，被吃掉苹果的数量就会加 1，如果正好整除，x-1 会被整除操作自动舍弃。代码 3.14 优化后去掉了分支操作。

代码 3.14 虫子吃苹果优化方案 1

```
#include<iostream>
using namespace std;
int main()
{
    int n,x,y;
    cin>>n>>x>>y;
    cout<<(n-(y+x-1)/x)<<endl;
    return 0;
}
```

C/C++ 中提供了 ceil 函数进行向上取整。书写上比数学方法麻烦，但是更容易理解，如代码 3.15 所示。

代码 3.15 虫子吃苹果优化方案 2

```
#include<iostream>
#include<cmath>                                   // 支持 ceil 函数的定义
using namespace std;
int main()
{
    int n,x,y;
    cin>>n>>x>>y;
    cout<<(n-ceil(y/(float)x))<<endl;       // 通过强制类型转换，把整除改为
                                            // 浮点数除法
    return 0;
}
```

总而言之，可以通过语法、数学方法或库函数对程序进行优化。

知识点：T321、T322

索引	要　点	正链	反链
T321	优化是程序员不断追求的目标，既可以锻炼逻辑思维，又可以减小出错概率。简单的书写优化可以通过语法、数学方法或库函数进行	T291	
T322	掌握对数值进行向上取整的方法	T256	

3.3 自定义函数

3.3.1 函数定义

从之前使用的库函数可以知道，一个功能独立的函数，可以被一次定义，多次执行，使程序的逻辑更加清晰，代码具有较高的可读性。函数是对一个独立功能的封装，这也是英文单词 function 同时具有函数和功能两个意思的原因。函数每次执行时可以输入不同的参数，从而得到不同的结果，因此可以把函数看作一个黑盒子。函数包括多条语句，完成了一个独立的功能，是对一个行为的封装。除了 C/C++ 中提供的库函数外，也可以自行定义函数。

函数定义

```
1. 函数类型   函数名(参数声明列表)
2. {
3.     语句块
4.     return 返回值;
5. }
```

- 函数类型：函数返回值的数据类型，如 int, char；若没有返回值，类型应为 void。
- 函数类型与第 4 行 return 返回值相对应，函数类型就是返回值的数据类型。一个函数只能有一个返回值，函数类型就是这个唯一返回值的数据类型。
- 函数名是调用这个函数的唯一标识。
- 参数声明列表用逗号分隔的一组变量说明，形式：类型 参数 1, 类型 参数 2, …，其中有 0 个或多个参数，每个参数前的数据类型都要写。如果没有参数列表，称为无参函数。
- 第 1 行称为函数头，第 2~5 行称为函数体。

代码 3.16 函数定义

```
1. #include<iostream>
2. using namespace std;
3.
4. int my_max(int x,int y)
5. {
6.     int z;
7.     z = x > y ? x : y;
8.     return z;
9. }
10.
11.int main()
12.{
13.     int a,b;
14.     cin>>a>>b;
15.     cout<<my_max(a,b)<<endl;
16.     return 0;
17.}
```

样例输入	样例输出
7 9	9

- 第 4~9 行称为函数定义，第 15 行称为函数调用。
- 定义时使用的参数称为形参，例如 x, y。调用时使用的参数称为实参，例如 a, b。
- 形参的每个参数的数据类型都要写，实参不能写数据类型。
- 执行第 15 行时，对应实参对形参进行赋值，即 a 对 x 赋值，b 对 y 赋值。
- 实参和形参的数量、顺序和对应参数的数据类型必须相同。
- 第 15 行函数调用结束后，将函数的返回值按照函数类型返回给 main 函数并进行输出。

知识点：T331

索引	要点	正链	反链
T331	掌握函数定义的基本写法		T548
	洛谷：U270039(LX312),U270379(LX313)		

3.3.2 函数执行顺序

一个 C/C++ 程序可以由一个或多个源程序文件组成，一个 C/C++ 源程序文件可以由一个或多个函数组成，如图 3.1 所示。但一个 C/C++ 程序中，有且仅有一个主函数 main，它是一个程序的起点。程序从 main 函数的第一条语句开始执行，到 main 函数的最后一条语句执行完结束。

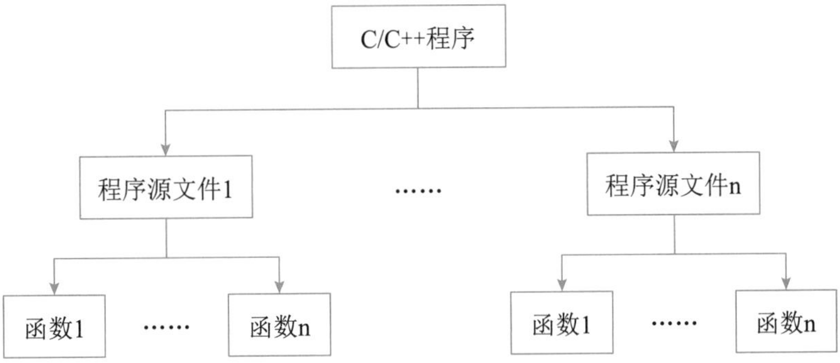

图 3.1　C/C++ 的文件组织结构

函数定义用于向编译器解释函数的接口和实现，并不会导致函数被执行。一个函数是否被执行，由其是否被 main 函数直接或间接调用决定。当调用一个函数时，所有当前信息会被保存，包括当前执行的语句的位置。然后用实参对形参进行赋值，开始执行被调用的函数。函数执行结束后，返回到之前的调用点，返回值被传递给调用者，如图 3.2 所示。

图 3.2　函数执行顺序示意图

知识点：T332

索引	要　点	正链	反链
T332	掌握函数的执行顺序		T462

3.3.3 函数声明

在程序中调用函数应遵循“先定义后使用”的原则，即被调函数的定义要出现在主调函数的定义之前，与变量必须先定义后使用一样。也可以采用声明的方式改变顺序，如代码 3.17 所示。

代码 3.17 函数声明

```
1. #include<iostream>
2. using namespace std;
3.
4. int my_max(int x,int y);
5.
6. int main()
7. {
8.     int a,b;
9.     cin>>a>>b;
10.    int ret = my_max(a,b);
11.    cout<<ret<<endl;
12.    return 0;
13.}
14.
15.int my_max(int x,int y)
16.{
17.    int z;
18.    z = x > y ? x : y;
19.    return z;
20.}
```

第 4 行称为函数声明，可以简单地将第 15 行的函数头复制一遍，并以 ; 结束，如果有函数声明，那么函数定义可以出现在程序的任何地方。实际上，每个库函数在使用前，必须包括对应的头文件。头文件中就包含了函数的定义或声明。

对于库函数，官方文档 https://cplusplus.com/reference/ 中给出的全部是函数声明，需要通过官方文档给出的函数声明，了解一个库函数的使用方法。

例题 3.8

对下面问题，分析已知条件和结果，写出函数声明。

- 求两个实数的和。
- 求两个整数的最大公约数。
- 判断任一个正整数 n 是否为素数。
- 在一行中输出指定个数的星号（*）。

代码 3.18 函数声明

```
float sum(float x, float y);
int   common_divisor(int m, int n);
int   prime(int n);
void  print_star(int n);
```

- 第一个问题要求输入两个实数，因此设定两个浮点数类型的形参；要求得到两个实数的和，该和也应该是实数类型，因此函数的返回类型也为 float。

代码 3.18 输出指定个数的星号

```
void  print_star(int n)
{
    for(int i=1;i<=n;i++)cout<<"*";
    coat<<endl;
    return;                  // 因为没有返回值，所以此行语句可以省略不写
}
```

- 第四个问题要求打印，不需要任何返回，因此函数类型设置为 void，表示不需要返回值。

知识点：T333

索引	要　　点	正链	反链
T333	掌握函数声明的基本写法，通过查阅官方文档掌握一个库函数的使用		

3.3.4 函数返回值

函数类型决定了函数返回值的类型，函数的返回值通过 return 语句返回。return 的作用是终止函数运行，返回调用者，若有返回值，将返回值传递给调用者。return 可以采用表 3.1 中的形式。

表 3.1　return 可以采用的形式

return (表达式);	表达式结果类型与函数类型相同
return 表达式 ;	表达式结果类型与函数类型相同
return ;	对应 void 函数类型

一个函数只能有一个返回值，但可以有多个 return。因为 return 会终止当前函数，所以即使一个函数有多个 return，也只是有一个返回值。

代码 3.20 函数返回值

```
float max(float x, float y)
{
    if(x > y)  return x ;
    else  return y ;
}
```

代码 3.20 可以简化为代码 3.21。

代码 3.21 函数返回值优化

```
float max(float x, float y)
{
    return (x > y) ? x:y;
}
```

当 return 语句中表达式的类型和函数返回值的类型不匹配时，会发生隐式类型转换。函数的返回值转换为函数类型指定的数据类型。

知识点：T334

索引	要　　点	正链	反链
T334	掌握函数类型和函数返回值，return 可以有多个，但是只有一个被执行。当返回值与函数类型不一致时，会发生隐式类型转换		T462
	洛谷：U270477(LX314),U270478(LX315)		

3.3.5 变量的作用域

变量的作用域指变量有效的范围。表现为有些变量可以在整个程序范围内引用（全局变量），有的则只能在局部范围内引用（局部变量）。C/C++ 中用大括号定义一个代码块，代码块可以层级嵌套。每个局部变量只在定义它的那个大括号内生效，如果不在任何大括号里，即为全局变量。在同一个层级里，一个变量名称只能使用一次，但是在不同层级里，变量名称可以相同。当不同作用范围的同名变量发生冲突时，以作用范围最小的变量为准。函数的参数是属于该函数的局部变量。一个局部变量脱离了它的作用域，就会被自动释放内存，不能再被使用。

代码 3.22 变量的作用域

```
1.  #include<iostream>
2.  using namespace std;
3.
4.  int a=9;                    //全局变量 a
5.  void f(int a)               //属于函数 f 的局部变量 a
6.  {
7.      a=5;                    //第 5 行定义的参数 a
8.      {
9.          a++;                //第 5 行定义的参数 a
10.         cout<<a<<endl;      //第 5 行定义的参数 a
11.         int a=1;            //只属于第 8~13 行的代码块，从本行开始生效
12.         cout<<a<<endl;      //第 11 行定义的 a
```

```
13.     }
14.     cout<<a<<endl;                    // 第 5 行定义的参数 a
15.}
16.int main()
17.{
18.     cout<<a<<endl;                    // 全局变量 a
19.     int a=7;                          //main 函数中定义的局部变量 a
20.     cout<<a<<endl;                    // 第 19 行定义的 a
21.     f(a);                             // 第 19 行定义的 a
22.     cout<<a<<endl;                    // 第 19 行定义的 a
23.}
```

样例输入	样例输出
（无）	9 7 6 1 6 7

- 程序从第 18 行开始执行，此时只有一个全局变量 a 生效，因此输出 9。
- 程序执行到第 20 行时，存在两个 a，分别是全局变量和第 19 行定义的 main 函数中的局部变量 a，局部变量的作用域更小，因此局部变量生效，输出结果为 7。
- 第 21 行开始执行函数 f，用第 19 行定义的 a，对第 5 行定义的形参 a 进行赋值。
- 第 19 行的 a 是 main 函数的局部变量，它在函数 f 的执行过程中是完全不可见的。
- 第 9、10 行存在两个 a，全局变量和第 5 行定义的 f 函数中的局部变量 a，局部变量的作用域更小，因此局部变量生效，输出结果为 6。
- 第 12 行存在三个 a，全局变量、第 5 行定义的 f 函数中的局部变量 a、第 11 行定义的代码块中的 a，第 11 行定义的 a 作用域最小，从第 11 行开始生效，输出结果为 1。
- 执行到第 14 行时，第 11 行定义的 a 已经失效，不再有作用，因此这里的 a 是第 5 行定义的 a，经过第 7 行和第 9 行的处理后，值为 6。
- 函数 f 执行结束，返回到 main 函数的第 22 行，此时 f 函数中定义的所有 a 都失效了，因此使用的是第 19 行定义的 a，其值为 7。

知识点：T335

索引	要　点	正链	反链
T335	掌握变量的作用域		T341,T781

3.3.6 参数传递和引用

实参是定义在调用函数范围内的变量，形参是定义在被调用函数中的局部变量。实参与形参必须在数量、顺序、类型上完全匹配。当实参与形参的类型不匹配时，会发生隐式类型转换，函数中按照形参的类型进行计算。如果不能发生隐式类型转换，将会出现语法错误。

除了在调用时，实参对形参有一次赋值操作外，二者在定义和存储空间等其他方面没有任何交集。因此形参的改变不会影响实参。这种方式被称为传值方式。

代码 3.23 参数传递

```
1. #include<iostream>
2. using namespace std;
3.
4. void my_swap ( int  x, int y )
5. {
6.      int  temp = x;
7.      x = y;
8.      y = temp;
9.      cout<<"x="<<x<<" y="<<y<<endl;
10.}
11.int main()
12.{
13.     int a, b;
14.     cin>>a>>b;
15.     my_swap(a, b);
16.     cout<<"a="<<a<<" b="<<b<<endl;
17.}
```

样例输入	样例输出
3 5	x=5 y=3 a=3 b=5

第 15 行函数调用时，用 a 对 x 赋值，用 b 对 y 赋值，此后 a,b 和 x,y 就没有任何关系了。第 9 行输出中看到 x 和 y 被交换了，但是 a 和 b 还是保持原来的状态。归根结底，a,b 和 x,y 在存储空间上是完全不相关的。

如果希望通过函数交换实参，就需要使用新的概念——引用。语法上在定义变量时，在其前面加一个 & 符号。它表示新的变量与原有变量共享存储空间，对原有变量的存储空间增加了一个新的变量名称。一个存储空间同时有两个名字。

代码 3.24 参数引用

```
#include<iostream>
```

```
2. using namespace std;
3.
4. void ref_swap ( int  &x, int &y)     //注意这里的参数是引用形式
5. {
6.      int  temp = x;
7.      x = y;
8.      y = temp;
9.      cout<<"x="<<x<<" y="<<y<<endl;
10.}
11.int main()
12.{
13.     int a, b;
14.     cin>>a>>b;
15.     ref_swap(a, b);
16.     cout<<"a="<<a<<" b="<<b<<endl;
17.}
```

样 例 输 入	样 例 输 出
3 5	x=5 y=3 a=5 b=3

第 4 行的引用表示 x 和 a 指向了同一个存储空间，y 和 b 指向了同一个存储空间，对 x 和 y 的修改，其实就是对 a 和 b 的修改。第 6~8 行交换了形参 x 和 y 的值，因此实参 a 和 b 也被交换了。

引用是 C++ 中提出的概念，C 语言中没有引用的概念。引用可以通俗地理解为一个存储空间的多个变量名。也可以理解为把实参的地址传递给了形参，形参用这个地址来访问变量。因此这种方式也称为传地址方式。

C++ 中库函数 swap 和 ref_swap 基本相同，实现了变量交换。但 C++ 中 swap 是使用模板完成的，更加复杂一些。

知识点：T336

索引	要　点	正链	反链
T336	掌握实参与形参的关系，实参与形参必须在数量、顺序、类型上完全匹配 掌握参数传递的传值方式和引用方式		T338,T613
	洛谷：U270479(LX316)		

3.3.7 函数重载

如果两个或多个函数同名，但是参数的类型、顺序或数量不同，会被认为是不同的函

数，这种现象被称为函数重载。在函数调用时，会根据实参的类型，自动寻找最匹配的函数进行调用。

但是如果两个函数的函数名和参数完全一致，只有返回类型不同，会被认为是重复定义，报语法错误。

代码 3.25 函数重载

```
#include<iostream>
using namespace std;

void overload_swap ( int  &x, int &y)    //注意这里的参数是引用形式
{
    swap(x,y);
    cout<<"swap 2 integers"<<endl;
}
void overload_swap ( string  &x, string &y)//注意这里的参数是引用形式
{
    swap(x,y);
    cout<<"swap 2 strings"<<endl;
}
void overload_swap ( int  &x, int &y, int &z)//注意这里的参数是引用形式
{
    swap(z,y);
    swap(x,y);
    swap(y,z);
    cout<<"swap 3 integers"<<endl;
}
int main()
{
    int a, b, c;
    cin>>a>>b;
    overload_swap(a, b);
    cout<<"a="<<a<<" b="<<b<<endl;
    string s1,s2;
    cin>>s1>>s2;
    overload_swap(s1, s2);
    cout<<"s1="<<s1<<" s2="<<s2<<endl;
    cin>>a>>b>>c;
    overload_swap(a, b, c);
    cout<<"a="<<a<<" b="<<b<<" c="<<c<<endl;
}
```

样例输入	样例输出
3 5 abc def 3 4 5	swap 2 integers a=5 b=3 swap 2 strings s1=def s2=abc swap 3 integers a=5 b=4 c=3

知识点：T337

索引	要　　点	正链	反链
T337	掌握函数重载		
	洛谷：U270349(LX317),U270480(LX318),U270484(LX319)		

3.3.8 参数的默认值 *

形参可以在定义时以赋值的形式给出默认值。在调用时，如果形参有对应的实参，则用实参赋值，如果没有对应的实参，则用默认值。参数的默认值必须从右向左提供，即无默认值的参数不能出现在有默认值参数的右边。

代码 3.26 参数的默认值

```
#include<iostream>
using namespace std;

int func(int a,int b=4,int c=5)
{
    return  a+b+c;
}
int main()
{
    int a,b,c;
    cin>>a>>b>>c;
    cout<<func(a)<<endl;
    cout<<func(a,b)<<endl;
    cout<<func(a,b,c)<<endl;
}
```

样例输入	样例输出
6 7 8	15 18 21

- 第 12 行只给定了一个实参，因此 b 和 c 用默认值，得到结果为 6+4+5=15。
- 第 13 行形参 b 用实参值 7，得到结果为 6+7+5=18。
- 第 14 行都采用传入的实参，得到结果为 6+7+8=21。
- 由此可知，当参数个数为 1,2,3 时，都可以调用 func 函数，这样可以避免重复写三个重载函数。形参 a 没有默认值，调用时不可以省略实参。
- 参数的默认值必须从右向左提供，因此 int func(int a=3,int b,int c=5) 是不允许的，但是可以全部带有默认值，例如 int func(int a=3,int b=4,int c=5) 是可以的。

知识点：T338

索引	要　　点	正链	反链
T338	掌握参数默认值的语法规则	T336	

3.4 局部变量和函数的内存模型

程序和数据存储在硬盘等存储器上，运行时，这些内容都会被加载到内存中。为了更好地管理内存，以字节为单位对内存进行编号，这些编号称为内存地址。也就是说一个内存地址代表 1 字节（8 比特）的存储空间。一个 32 位的电脑，最多支持 2^{32}=4GB 的内存空间，而 64 位电脑就可以支持 2^{64} 的内存空间。当代计算机的物理内存通常大于 4GB，这也是这些计算机必须安装 64 位操作系统的原因。

编程中的每一行代码，代码中用到的每个数据，都需要在内存上有其映射地址。当定义一个变量时，根据数据类型分配一个相应的内存空间，比如 int 型分配 sizeof(int)=4 字节的内存空间，这 4 字节必须连续，4 字节对应 4 个地址，其中最小的一个地址作为这个变量的地址。当使用一个变量时，编译器实际上是通过变量名获知变量的地址，然后根据数据类型告诉编译器将从该地址开始的多少字节用来解释，按照什么方式进行解释。

代码 3.27 局部变量和函数的内存模型

```
#include<iostream>
int main()
{
    char c='A';
    int a = 65;
    printf("%d %c %d %c",c,c,a,a);
}
```

样例输入	样例输出
（无）	65 A 65 A

- 字符实际上先被映射成 ASCII 码，然后才能在计算机中存储。因此字符 'A' 和整数 65 实际上在内存中的二进制表示是完全相同的。
- 占位符 %d 要求将变量按照十进制整数进行解释，%c 要求将变量按照字符类型进行解释，因此同一个变量，因为要求的解释方式不同，就会输出不同的结果。本质上是因为它们在内存中的二进制表示形式是完全相同的。

当一个程序开始运行时，会分配一个称为堆栈（stack，简称为栈）的空间。栈是一个一端封闭，一端开放的数据结构。当有新的数据分配需求时，从栈顶开始依次分配。当需要释放空间时，也只能先释放栈顶的空间。栈的这种特性被称为“后进先出”。栈底在高地址，栈顶在低地址。因此先定义的变量会相对靠下，后定义的变量会相对靠上，总体来说是从高到低分配，这就解释了下面代码 3.28 中 a、b、c、d、e 变量为什么地址会从高到低。理论上这些变量的内存地址应该是相邻的，但是因为操作系统一些机制（例如编译器数据对齐，64 位操作系统会尽量以 8 字节为“单位”）的存在，连续定义的多个局部变量在内存中并不一定连续。

局部变量内存空间的分配与回收是由编译器自动管理的，不需要用户人工干预。

代码 3.28 变量的内存分配

```
#include<iostream>
using namespace std;
void dummy(){
    int x;
    cout<<"x("<<x<<")\t 的地址为 "<<(&x)<<"，占据 "<<sizeof(x)<<" 字节 "<<endl;
}
int main()
{
    int a=3;
    double b=1.2;
    char c='A';
    long long d=4;
    float e=8.7;
    dummy();
    cout<<"a("<<a<<")\t 的地址为 "<<(&a)<<"，占据 "<<sizeof(a)<<" 字节 "<<endl;
    cout<<"b("<<b<<")\t 的地址为 "<<(&b)<<"，占据 "<<sizeof(b)<<" 字节 "<<endl;
    cout<<"c("<<c<<")\t 的地址为 "<<(void*)(&c)<<"，占据 "<<sizeof(c)<<" 字节 "<<endl;
```

```
18.    cout<<"d("<<d<<")\t 的地址为 "<<(&d)<<", 占据 "<<sizeof(d)<<" 字节 "
<<endl;
19.    cout<<"e("<<e<<")\t 的地址为 "<<(&e)<<", 占据 "<<sizeof(e)<<" 字节 "
<<endl;
20.}
```

样例输入	样例输出
（无）	x(32762) 的地址为 0x61fdbc，占据 4 字节 a(3) 的地址为 0x61fe1c，占据 4 字节 b(1.2) 的地址为 0x61fe10，占据 8 字节 c(A) 的地址为 0x61fe0f，占据 1 字节 d(4) 的地址为 0x61fe00，占据 8 字节 e(8.7) 的地址为 0x61fdfc，占据 4 字节

- 用操作符 sizeof 获得每个变量占据的内存空间大小，在变量前添加 & 获取该变量的内存地址。
- C/C++ 中，将 char 型地址理解为字符数组的起点，如果该数组中存在 \0 字符，则将这个字符数组理解为从起点到结束标记 \0 的字符串。当 cout 遇到 char 型的地址时，将会从该地址开始，将遇到的所有内容按照字符串来进行解释并输出，直到遇到 \0 停止。因此如果不做强制类型转换，第 17 行将会输出一个字符串。而第 17 行期望输出地址。因此将该地址强制转换为无类型进行输出，这样才能正确输出一个地址。实际上将其转换为任意非字符地址类型，都可以正确输出。char 型地址只是一个特例。其中的符号 * 表示指针，即存储地址的变量，将在后续章节中进行详细展开。
- 内存地址通常用十六进制表示，代码 3.28 中 main 函数的 5 个连续变量的内存地址在整体上从高到低分配。
- 连续定义的变量内存上有时连续，例如：0x61fe10-0x61fe0f=1（c 占据的字节数），0x61fe00-0x61fdfc=4（e 占据的字节数）；有时不连续，例如：0x61fe1c-0x61fe10=12（不等于 b 占据的字节数 8），0x61fe0f-0x61fe00=15（不等于 d 占据的字节数 8），如图 3.3 所示。

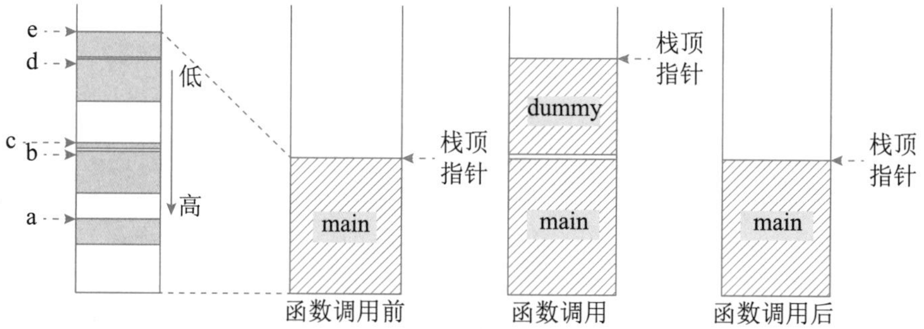

图 3.3　局部变量和函数的内存分配

内存的最终分配结果与编译器、计算机和操作系统都紧密相关，当这些条件不一致时，都可能会导致结果不相同。同一个程序在不同时间运行，内存地址也会不同，但其基本原理不会发生变化。

当一个函数被调用前，它是不占据内存空间的。只有调用时才从栈顶分配空间。函数调用结束后，该空间被自动释放。因为函数调用还要保存调用点等信息，因此 x 的内存地址和 e 并不连续。但是要注意栈空间是有大小限制的，如果分配的变量空间过多，或调用的函数过多，会形成栈溢出。因此不要分配过多的变量（主要指数组的元素数量不能过大），不要形成无限递归调用。

★ 提示：

本节内容的理解对于初学者过于复杂，因此只需要谨记以下三个原则：

（1）每个变量都会根据其数据类型分配内存，因此一定存在对应的内存地址，即在内存中的位置编号。

（2）局部变量会自动分配和释放内存。对于连续定义的变量，其内存地址不一定连续。

（3）数组的元素数量不能过大。可以自行尝试大小，一般情况下足够用，一旦超出，运行时会报错。

知识点：T341

索引	要　点	正链	反链
T341	掌握局部变量和函数调用的内存模型，这是掌握指针的基础	T335	T513,T611,T851

3.5 变量的深度理解 *

变量名是一个标识符（identifier），用来指代一块内存区域，即变量。这块区域的值一般是可以更改的，这就是它“变”的由来。如果使用如 const 等一些修饰符号来限定这一内存区域的操作特性，例如 const int b;，const 修饰使变量不能更改，这样的变量称为常变量。变量使程序代码操作内存更加方便，因此 C/C++ 被称为高级语言。定义 int a; 时，编译器分配 4 字节内存，并将该 4 字节的空间名字命名为 a（即变量名），当用到变量名 a 时 , 就是在使用对应 4 字节的内存空间。

一个变量与一块内存空间绑定，那么变量怎样存储地址呢？在 C/C++ 等编译型程序中，变量实际上不存储地址。变量名是给程序员看的，让程序员可以方便直观地操作内存地址。一段代码经过编译、链接之后形成二进制的机器代码，然后才能够执行，机器代码是给计算机使用的。在经过编译、链接后，所有的变量在机器代码中都被直接替换为对应的地址，也就是说，机器代码中不存在变量名。当程序中操作一个变量时，最终是通过地址访问对应的内存区域，完成相应的操作。例如，a=5; 就是把 a 指向的内存区域的值修改为 5；b=a；就是将 a 指向的内存区域的值复制到 b 指向的内存区域中。可用取地址符号 & 来获得它所代表的变量的存放地址。

在一个局部区域定义的两个变量如果同名，都会在机器代码中被编译为相同的地址，不能被区分为两个变量，因此相同局部区域的变量不能同名。如果在不同局部区域，例如图 3.3 中的 main 和 dummy，这两个区域不在一起，因此在两个区域里即使存在同名变量，也会被编译成两个不同的地址，因此不同区域的变量可以同名。与此类似，实参和形参被分配到两个不同的内存块中，地址完全不同，除了调用时有一次赋值操作外，实参与形参完全不相关，因此形参的修改不会影响实参，这也是传值方式的特性。当采用引用定义变量时，新变量和被引用变量在机器代码中被编译成相同的地址，并没有新的存储空间被分配。而变量是通过地址操作相应的存储空间。因此采用传地址方式时，修改形参实际上就是在修改实参。

知识点：T351

索引	要　　点	正链	反链
T351	掌握变量在编译后的表示方法		

/ 题　单 /

本章练习题来源于洛谷：https://www.luogu.com.cn/training/264208#problems。

序号	洛谷题号	题目名称	知识点	序号	洛谷题号	题目名称	知识点
LX301	U270320	三角形的面积	T311	LX302	U270321	按顺序输出	T312
LX303	U270322	回文数	T314	LX304	U270323	外卖费	T244 ,T314
LX305	U270324	狐狸和兔子	T315,T316	LX306	U270335	春华秋实	T317
LX307	U270337	粮油站	T317	LX308	U270340	字符类型	T242 ,T317
LX309	U270342	提交记录	T281,T317	LX310	U270345	三角形类型	T318
LX311	U270346	某年某月天数	T266,T317	LX312	U270039	自定义 plus	T331
LX313	U270379	除数博弈	T331	LX314	U270477	最小偶倍数	T334
LX315	U270478	符号函数	T334	LX316	U270479	买一送一	T336
LX317	U270349	加法重载	T337	LX318	U270480	面积计算器	T337
LX319	U270484	最大值函数	T337				

第 4 章　循环

4.1　while 循环

while 循环的基本语法规则如下：

while 循环语法规则

```
1. while(条件)
2. {
3.         代码块;
4. }
```

- while 的语法规则与 if 的单分支语法规则完全相同，但是 if 在符合条件后只能执行一次，而 while 在符合条件时，可以反复执行，直到条件不符合退出循环。
- 第 2~4 行称为循环体，当第 1 行的条件符合时，循环体被反复执行，当条件不符合时，循环体不会被执行。
- 注意第 1 行末尾不能有分号，分号表示空语句，如果加了分号会形成一个无效的空循环。

例题 4.1

1~n 求和。请求出 100 以内，1 至任意数之和。

代码 4.1 1~n 求和

```
#include<iostream>
using namespace std;

```

```
4. int main()
5. {
6.     int sum=0,i=1,count;
7.     cin>>count;                    // 循环控制变量初始化
8.     while(i<=count)                // 循环条件
9.     {
10.        sum+=i;
11.        ++i;                       // 循环控制变量的改变
12.    }
13.    cout<<sum<<endl;
14.}
```

样例输入	样例输出
100	5050

循环的三要素为：①循环控制变量初始化；②循环条件；③循环控制变量的改变。每个循环一般包括这三个要素。循环控制变量初始化定义了循环的起点，循环条件界定了循环的终点，循环控制变量的改变决定了循环的方向和改变的步长。

代码 4.1 是一个典型的累积求和过程，注意第 6 行的累积变量必须要先初始化为 0。变量在使用前必须进行初始化，否则结果是不确定的。如果没有初始化，很有可能在本地运行时结果正确，但是提交到在线系统时结果错误。这是初学者常见的问题。

使用 while 完成指定次数的循环，可以采用以下简约的形式。

代码 4.2 1~100 求和（简约版）

```
#include<iostream>
using namespace std;

int main()
{
    int sum=0,i;
    cin>>i;                    // 循环控制变量初始化
    while(i--)                 // 循环条件
    {
        sum+=(i+1);
    }
    cout<<sum<<endl;
}
```

样例输入	样例输出
100	5050

- 采用反向循环，当 i 为 0 时，循环条件为 false，停止循环。
- 第 8 行先进行判断，然后执行了自减 1 操作，循环次数得到了保障。对于这个题目而言，i 既作为循环控制变量，也在第 10 行参与了运算。第 10 行的 i 已经是自减 1 后的结果，因此要改为 i+1。

知识点：T411、T412

索引	要　点	正链	反链
T411	循环三要素的作用和基本使用方法		T421,T431,T432
	洛谷：U270844(LX401), U270846(LX402), U270847(LX403), U270859(LX404), U270864(LX407), U270866(LX408), U270868(LX409)		
T412	熟练掌握 while(变量 --) 的循环次数控制方法	T244,T268	
	洛谷：U270863(LX406)		

4.2 do-while 循环

do-while 循环的基本语法规则如下：

do-while 循环语法规则

```
1. do
2. {
3.     代码块；
4. } while （条件）;
```

do-while 循环先执行循环体中的语句，然后再判断条件是否为真。while 循环是先判断再执行。所以 while 循环可能一遍也不执行，而 do-while 循环的第一遍一定要执行。

★ 提示：

注意第 4 行最后一定要有一个分号，表示 do-while 循环语法结构的结束。

例题 4.2

猜数游戏。要求猜一个介于 1~10 的数字，根据用户猜测的数与标准值进行对比，并给出提示，以便下次猜测能接近标准值，直到猜中为止。

代码 4.3 猜数游戏

```
#include<iostream>
#include<ctime>
using namespace std;
```

```
4.
5. int main()
6. {
7.      srand(time(NULL));                    //随机数的种子
8.      int magic=rand()%10+1;                //将随机数控制在 1~10
9.      int guess;
10.     do
11.     {
12.         cin>>guess;
13.         if(guess > magic)
14.             cout<<"太大\n";
15.         else if(guess < magic)
16.             cout<<"太小\n";
17.     }while (guess != magic);
18.     cout<<"答案是:"<<guess<<endl;
19.}
```

样例输入	样例输出
3 8 5	太小 太大 答案是：5

- 第 7 行是随机数种子，当种子相同时，随机数产生的序列总是相同的。这里将时间作为种子，时间总是在不断流逝，因此每次运行的时候种子总是不一样的，产生不同的随机数。
- 第 8 行通过取余和加 1 操作，将 rand 产生的随机整数控制到 1~10 的范围内。
- 采用 do-while 循环，保证玩者至少要猜一次。

随堂练习 4.1

产生一个在 80~100 范围内的随机整数。

知识点：T421

索引	要　点	正链	反链
T421	掌握 do-while 的使用方法，至少执行一次，结束处的分号不能缺失	T411	

4.3 for 循环

前文提到了循环三要素，当已知循环范围时，采用 for 循环书写更加简洁清晰。

for 循环语法规则

```
for( 初始化 ; 循环控制条件 ; 循环控制变量的改变 )
{
    语句块 ;
}
```

以下代码求 n 的阶乘，其实现方法与代码 4.1 非常类似，但书写上明显简洁了很多。

例题 4.3

求 n 的阶乘。

代码 4.4 求 n 的阶乘

```
1. #include<iostream>
2. using namespace std;
3.
4. int main()
5. {
6.     int n;
7.     cin>>n;
8.     int factorial=1;
9.     for(int i=1;i<=n;++i)
10.        factorial*=i;
11.    cout<<factorial<<endl;
12.}
```

样例输入	样例输出
5	120

- 与代码 4.1 进行对照，第 9 行初始化语句只执行了一遍，然后执行条件判断，接着执行循环体，最后执行 ++i; 操作。再次执行条件判断、循环体、++i; 操作。如果条件不成立，则循环退出。
- 初始化语句执行了 1 遍，循环体执行了 n 遍，++i; 执行了 n 遍，而条件判断执行了 n+1 遍，其中包括 n 次成立和 1 次不成立。
- 循环结束时，i 为 n+1，表示第一次条件不成立时 i 的值。
- C++ 中专门提供了一种基于范围的循环，比传统的 for 循环语法简单很多。

例题 4.4

输入一串由小写字母组成的句子，将其中的所有小写字母转换为大写字母输出。

代码 4.5 基于范围的循环

```
#include<iostream>
```

```
2. using namespace std;
3.
4. int main()
5. {
6.     string s;
7.     getline(cin,s);
8.     for(auto ch:s)
9.         cout.put(toupper(ch));
10.}
```

样例输入	样例输出
this is a lower string	THIS IS A LOWER STRING

- 第 8 行的 for 循环，: 后表示一个容器变量，从该容器变量里，逐个取出元素，从头到尾进行循环；auto 表示自动根据容器中每个元素的类型自动解析元素的数据类型。
- 第 9 行的 toupper 是 C/C++ 中自带的小写转大写函数，同理大写转小写函数为 tolower（知识点：T242）。

★ 提示：

auto 不是一种数据类型，它通过判断自动解析变量的类型。例如，auto a=5;，a 就被自动解析为整型。

随堂练习 4.2

输出 1~10 每个数的阶乘。

知识点：T431—T433

索引	要点	正链	反链
T431	for 循环的使用方法，用两个分号确定循环三要素，掌握每个要素的执行时间和执行次数	T411	T441,T474
	洛谷：U270844(LX401), U270846(LX402), U270847(LX403), U270859(LX404)		
T432	当循环次数确定时，建议使用 for；当循环次数不确定时，建议使用 while	T411	
	洛谷：U270864(LX407), U270866(LX408), U270875(LX413)		
T433	掌握 for(auto 变量 : 容器) 的循环形式		

4.4 嵌套循环

4.4.1 嵌套循环基本方法

嵌套循环体现了一个笛卡儿积的概念，总循环次数是内外循环的循环次数的乘积。这一节用 * 构造图形展现嵌套循环。这些图形在实际使用中用处不大，但是对初学者理解嵌套循环有很大意义。

例题 4.5

用 * 组成三行 4 列的矩形并输出。

代码 4.6 输出矩形

```
1. #include<iostream>
2. using namespace std;
3.
4. int main()
5. {
6.     for(int i=0;i<3;i++){
7.         for(int j=0;j<4;j++)
8.             cout.put('*');
9.         cout<<endl;
10.    }
11.}
```

样例输入	样例输出
无	**** **** ****

- 嵌套循环最重要的准则是内循环先循环，当 i=0 时，内循环执行一遍，然后 i=1 时再执行一遍，以此类推，共执行三遍。因此出现了一个三行 4 列的矩形。
- 内循环和外循环的循环控制变量不能相同。
- 每行输出结束的时候，第 9 行输出一个回车，进入下一行。

例题 4.6

用 * 组成底为 4、高为 4 的左对齐的直角三角形并输出。

代码 4.7 输出左对齐的直角三角形

```
#include<iostream>
using namespace std;
```

```

int main()
{
    for(int i=0;i<4;i++){
        for(int j=0;j<=i;j++)
            cout.put('*');
        cout<<endl;
    }
}
```

样例输入	样例输出
无	* ** *** ****

当执行内循环时，外循环的循环控制变量是不变的，因此可以形成变长控制。

例题 4.7

用 * 组成底为 4、高为 4 的右对齐的直角三角形并输出。

代码 4.8 输出右对齐的直角三角形

```
#include<iostream>
using namespace std;

int main()
{
    for(int i=0;i<4;i++){
        for(int j=0;j<4-1-i;j++)
            cout.put(' ');
        for(int j=0;j<=i;j++)
            cout.put('*');
        cout<<endl;
    }
}
```

样例输入	样例输出
无	* ** *** ****

- 标准输出是按文本行制定的，不能控制输出的位置。因此在每行输出 * 前，控制输出空格的数量，以此达到右对齐的目的。

其实可以看到，每一行输出的字符总数量是相等的，因此可以改成简单的矩形输出，控制输出字符，也可以达到相同的目的。

代码 4.9 特殊字符图像输出模板

```
#include<iostream>
using namespace std;

int main()
{
    for(int i=0;i<4;i++){                   //外循环控制行
        for(int j=0;j<4;j++)                //内循环控制列
            cout.put(j<4-1-i?' ':'*');      //根据特定条件输出不同字符
        cout<<endl;
    }
}
```

这种方法可以进一步推广，用来输出更加复杂的图形。

例题 4.8

用 * 组成总高为 5 的“X 形”并输出。

代码 4.10 输出 X 形

```
#include<iostream>
using namespace std;

int main()
{
    for(int i=0;i<5;i++){
        for(int j=0;j<5;j++)
            cout.put(j==i||j+i==5-1?'*':' ');
        cout<<endl;
    }
}
```

样例输入	样例输出

（无）	`*   *`
	` * * `
	`  *  `
	` * * `
	`*   *`

随堂练习 4.3

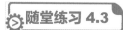

实现九九乘法表。实现方法与输出 * 组成的直角三角形完全相同。注意，控制输出格式 %-4d。其中 - 表示左对齐，4 表示占 4 个字符的位置。

知识点：T441、T442

索引	要　点	正链	反链
T441	掌握嵌套循环的基本使用方法，内循环先循环	T431	T443,T474
	洛谷：U270862(LX405)		
T442	掌握代码 4.9 所示的特殊字符图像输出模板		
	洛谷：U270878(LX415), U270879(LX416)		

4.4.2 内循环变量的初始化

在使用嵌套循环时，经常会出现某些变量只出现在内循环中。对于这些变量的初始化要特别小心。下面的代码希望输出一个由数字组成的直角三角形，特别注意第 8 行。

代码 4.11　输出数字组成的直角三角形

```
1. #include<iostream>
2. using namespace std;
3.
4. int main()
5. {
6.     int i=1,j=1,num;
7.     cin>>num;
8.     while(i<=num){
9.         //j=1;
10.        while(j<=i){
11.            cout<<j<<' ';
12.            ++j;
13.        }
14.        cout<<endl;
15.        ++i;
16.    }
17.}
```

样 例 输 入	样 例 输 出
5	1 2 3 4 5

只有将第 9 行的注释符号去掉，才能得到期望的结果。

样例输入	样例输出
5	1 1 2 1 2 3 1 2 3 4 1 2 3 4 5

这里遇到的重要问题是，内循环的循环控制变量每次都需要重新进行初始化，而初学者往往容易忽略这个问题。一方面，内循环可以尽量采用 for 循环，其语法结构会提醒编程者要进行初始化；另一方面，切记一个准则，内循环控制变量的初始化要写在外循环的里面、内循环的外面。

知识点：T443

索引	要　　点	正链	反链
T443	内循环控制变量的初始化要写在外循环的里面、内循环的外面	T217,T441	

4.5 break 和 continue

4.5.1 死循环与 break

在书写循环时应尽力避免死循环，因为死循环是永无终止的。就像我们小时候听的故事：从前有座山，山里有座庙，庙里有个老和尚，老和尚在给小和尚讲故事。讲的是什么故事呢？从前有座山，山里有座庙……

C/C++ 中经典的死循环写法是 while(1){}。其中 1 表示 true，因为永远为真，所以会一直循环下去。与之相对应的语法是 break，break 表示退出当前循环。注意 break 只退出一层循环。死循环加 break 可以构建未知循环次数的基本结构。

例题 4.9

输入一系列整数，-1 表示结束。

代码 4.12 特殊数据结束输入

```
while(1)
{
    cin>>num;
    if(num==-1)
```

```
        break;
    ...
}
```

★ 提示：

在确定循环次数的情况下，建议使用 for 循环，循环次数未知时，建议使用 while 循环。

知识点：T451

索引	要　点	正链	反链
T451	break 可以退出当前循环，但是只退出一层循环，掌握用特殊值终止输入的方法		T472
	洛谷：U270862(LX405)		

4.5.2 循环与 continue

continue 与 break 类似，都是跳出循环。不同点在于 break 退出当前循环，而 continue 只是退出本次循环，不执行循环体中的后续语句，直接转到下一次循环，并非完全跳出循环。

循环与 continue 语法规则

```
1. while(1)
2. {
3.     语句块 1;
4.     if(条件)
5.         continue;
6.     语句块 2;
7. }
```

如果条件成立，语句块 2 不会被执行，跳转到第 1 行，继续执行下一次循环，如图 4.1 所示。

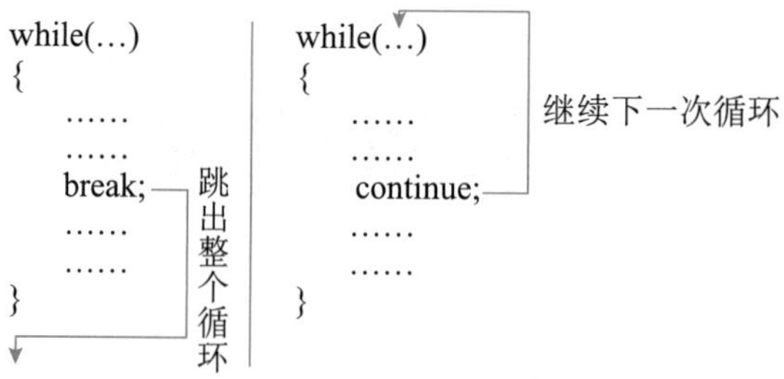

图 4.1　break 与 continue

随堂练习 4.4

组织 n 个同学一起玩数 7 游戏。n 个同学围成圆圈，从 1 开始报数。7 的倍数和末尾为 7 的同学请击掌，不要报数。有报数错误的同学，游戏终止。在这个游戏中，理想状态下是一个无限循环，每个同学都要执行报数操作。击掌同学执行的是 continue 操作，跳过了报数，但是进入下一次循环。而报数错误的同学执行了 break 操作，终止了循环。

例题 4.10

化工 12-1 班有 30 名同学，学号能被 3 整除的为女生，请输出该班的女生。

代码 4.13 continue 使用示例

```
1. #include<iostream>
2. using namespace std;
3.
4. int main()
5. {
6.     for(int i=1; i<=30; i++)
7.     {
8.         if(i%3!=0)
9.             continue;
10.        cout<<i<<" 是漂亮女生 "<<endl;
11.    }
12.}
```

■ 男生的学号符合第 8 行的条件，因此第 10 行不会被执行。只有女生的学号会执行第 10 行。

break 和 continue 都只能出现在循环体中，虽然没有明确的语法规定，但是它们都要跟 if 合用。如果没有条件判断，就意味着循环体中该语句后续部分永远不会被执行。

知识点：T452

索引	要　　点	正链	反链
T452	continue 只是退出本次循环，不执行循环体中的后续语句，直接转到下一次循环，并非完全跳出循环		

4.6 循环与递归

4.6.1 递归的演化

函数是可以嵌套调用的，如图 4.2 所示，main 可以调用函数 A，函数 A 继续调用函数 B，如图 4.2 所示。

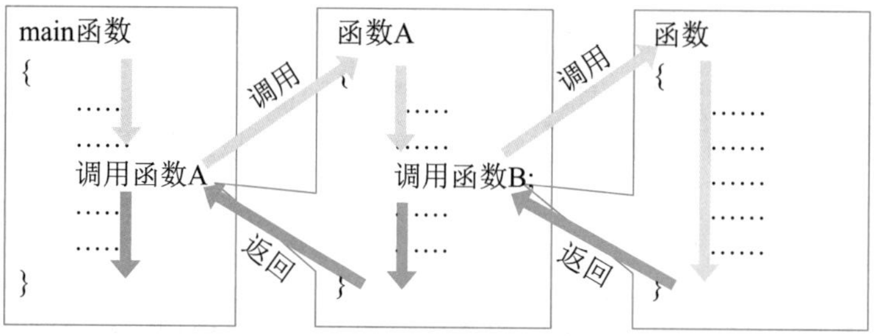

图 4.2　函数的嵌套调用

其代码形式如下：

代码 4.14 在函数 A 中调用函数 B

```
int A(int x)
{
    int y,z;
    代码块 1;
    z=B(y);
    代码块 2;
    return 2*z;
}
```

代码 4.15 函数 B

```
int B(int t)
{
    int a,c;
    代码块 1;
    代码块 3;
    代码块 2;
    return 3+c;
}
```

如果函数 A 调用了函数 B，同时函数 B 也调用了函数 A，就形成了间接递归调用：

代码 4.16 在函数 A 中调用函数 B

```
int A(int x)
{
    int y,z;
    代码块 1;
    z=B(y);
    代码块 2;
```

```
    return 2*z;
}
```

代码 4.17 在函数 B 中调用函数 A

```
int B(int t)
{
    int a,c;
    代码块 1;
    c=A(a);
    代码块 2;
    return 3+c;
}
```

再考虑一种特殊形式，即 A 和 B 两个函数除了函数名之外，其他部分完全相同：

代码 4.18 在函数 A 中调用函数 B

```
int A(int x)
{
    int y,z;
    代码块 1;
    z=B(y);
    代码块 2;
    return 2*z;
}
```

代码 4.19 在函数 B 中调用函数 A

```
int B(int x)
{
    int y,z;
    代码块 1;
    z=A(y);
    代码块 2;
    return 2*z;
}
```

这也是间接递归调用，但是很显然，没有必要把完全相同的函数体定义成两个函数，因此只保留函数 A，依旧可以达到以上代码的效果。这就是直接递归调用。

代码 4.20 直接递归调用

```
int A(int x)
{
```

```
    int y,z;
    代码块 1;
    z=A(y);
    代码块 2;
    return 2*z;
}
```

其中 z=A(y); 调用了自身，称为递归调用。当进行递归调用时，将 y 作为参数，从头执行函数 A，反复迭代下去，其效果相当于死循环。

知识点：T461

索引	要　点	正链	反链
T461	在一个函数内重新调用自身，则实现了递归调用		

4.6.2 简单递归

为了让代码执行有限次，递归调用之前需要加一个条件判断，指明在何种条件下停止递归调用。因此一个递归函数最重要的两个部分是：①建立递归终止条件；②形成递归调用。任何递归函数都必须出现这两部分。以下是递归函数的通用模板。

递归函数的通用模板

```
递归函数 f(参数列表)
{
    if(参数符合特定条件) 终止递归;
    进行递归调用，参数发生变化，向终止条件靠拢
}
```

例题 4.11

求 n 的阶乘 n!

$$n! = \begin{cases} 1, & \text{if } n = 1 \\ n*(n-1)!, & \text{if } n > 1 \end{cases}$$

代码 4.21　用递归方法求 n 的阶乘

```
#include<iostream>
using namespace std;

long long factn(int n)                        // 递归函数
{
    long long fac;
    if(n == 1)                                // 循环终止条件
```

```
        return 1;
    fac = n * factn(n-1);                  // 递归调用
    return fac;
}

int main()
{
    int n;
    cin>>n;
    cout<<factn(n)<<endl;
}
```

其具体执行流程如图 4.3 所示。

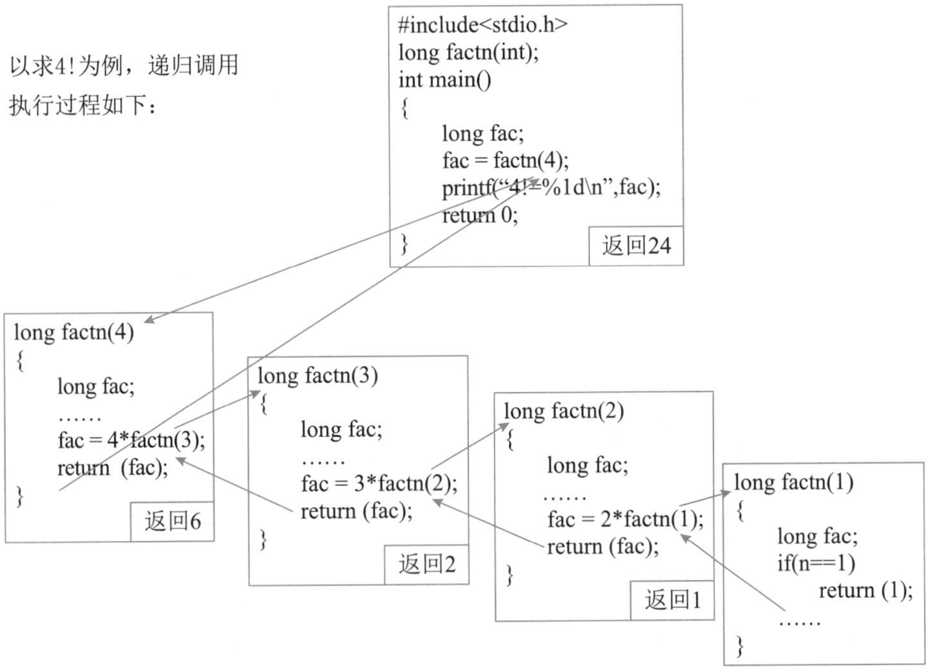

图 4.3　递归的执行流程

当 main 函数开始调用 factn(4) 时，开始递归过程，依次调用 factn(3),factn(2),factn(1)，这个过程就是函数的嵌套调用，比较容易理解。最重要的是当执行 factn(1) 时，因为满足 n==1 的条件，执行 return(1)，递归调用被终止，但是程序并没有结束。它将返回值 1 传递给调用它的 factn(2)，并从调用点开始继续向下执行，形成返回值 2 并传递给它的父函数 factn(3)，以此类推，最终 factn(4) 将计算结果 24 返回给 main 函数，得到期望的结果。总而言之，调用的过程容易被理解，但是初学者往往容易忽视返回的过程。

从前面的知识可以获知，求阶乘操作是可以用循环进行计算的，递归函数也能完成相同的功能。理论上，循环和递归是可以相互替换的。有时用循环求解相关问题，逻辑上会比较复杂。一旦掌握了递归，思路上就会非常简洁清晰，因为具体的实施过程不需要编程者思考。但是因为函数调用需要消耗系统代价，其效率有时会比循环低，在一些在线评测题目中，如果对时间效率的要求比较高，可以采用循环代替递归。

随堂练习 4.5

用递归方法求 2 的 n 次幂。

随堂练习 4.6

输入一个字符串，用递归方法逆序输出每个字符。

随堂练习 4.7

斐波那契数列（Fibonacci sequence），又称黄金分割数列，因数学家莱昂纳多·斐波那契（Leonardo Fibonacci）以兔子繁殖为例子而引入，故又称为“兔子数列”，指的是这样一个数列：1, 1, 2, 3, 5, 8, 13, 21, 34……在数学上，斐波那契数列以递推的方法定义：F(0)=1, F(1)=1, F(n)=F(n−1)+F(n−2)（n ≥ 2，n 为正整数）。试用递归方法求解该数列的第 n 项。

知识点：T462

索引	要　　点	正链	反链
T462	掌握递归函数的使用，理解终止条件，理解返回路径的执行。掌握递归书写模板	T332,T334	T463
	洛谷：U270849(LX410)		

4.6.3 分类递归

对于一些特定的场景，需要先进行分类，然后对每个类别进行递归后汇总。以一个例子展开这个问题。

例题 4.12

将 m 个相同的小球放到 n 个相同的袋子里，允许空袋，共有多少种放法？1 ≤ m, n ＜ 100。允许空袋。（CSP-J2019 年真题）

【输入】

一行，两个数据 m 和 n，分别表示小球的数量和袋子的数量。

【输出】

一个整数，表示共有多少种放法。

样例输入	样例输出
8 5	18

在这个问题中，因为允许空袋的存在，很难形成递推公式。但是可以分别考虑 1 个袋子、2 个袋子、多个袋子非空的情况，最后把这些情况汇总到一起，就得到了需要的答案。因此得到主函数如下。

代码 4.22 主函数

```
1. #include<iostream>
2. using namespace std;
3.
4. int place(int m,int n);
5.
6. int main()
7. {
8.     int m,n;
9.     cin>>m>>n;
10.     int sum=0;
11.     for(int i=1; i<=min(m,n); i++)   //遍历非空袋子的可能性
12.         sum+=place(m,i);             //对每一种非空袋子数量进行递归求解
13.     cout<<sum<<endl;
14.     return 0;
15. }
```

- 如果 m<n，那么将 m 个球放到 n 个非空的袋子中是不可能的。因此第 11 行取 m 和 n 的最小值。min 是 std 的库函数，可以直接调用，同样 std 也提供了 max 函数。place 函数计算将 m 个球放到 n 个非空袋子中的情况。
- 因为袋子都是完全相同的，因此放法可能存在重复，不失一般性，只考虑非递减序列，即每个袋子中小球数量都大于或等于前一个袋子，这样就保证了放法的唯一性。
- 考虑三种递归终止条件：m<n 时，放法为 0；n=1 或 m=n 时，只有 1 种放法。
- 对于递归，分为两种情况进行考虑：①第一个袋子只放一个小球，这样就需要计算 m−1 个球放到 n−1 个袋子中的情况，即 place(m−1，n−1)；②第一个袋子不止放一个小球，因为是非递减序列，当第一个袋子放入一个小球后，其他袋子也至少放置一个小球，n 个小球已经被放置，因此需要考虑 m−n 个小球放到 n 个非空袋子中的情况，即 place(m−n，n)。

综上所述，就得到了递归函数 place 的写法。

代码 4.23 递归函数 place

```
int place(int m,int n)
```

```
{
    if(n==1||m==n){ return 1; }
    if(m<n){ return 0; }
    return place(m-1,n-1)+place(m-n,n);
}
```

以上方法如果理解比较困难，也可以考虑纵向递归，即逐个考虑每个袋子的情况。每个袋子最少放置小球的数量与前一个袋子相同，最多放置小球的数量不超过$\lfloor m/n \rfloor$，m/n 向下取整。一旦超过了$\lfloor m/n \rfloor$，就破坏了序列的非递减性。当 n=1 时，因为前面计算保证了序列的非递减性，因此是一定能够放下的。由此得到了以下递归算法。

代码 4.24 分类递归

```
int place(int m,int n,int start)   //start 表示该袋子中最少放置的小球数
{
    if(n==1){ return 1; }
    int sum = 0;
    for(int j=start; j<=m/n; j++)
        sum+=place(m-j,n-1,j);          // 下一个袋子中起始的小球数为当前袋子中
                                        // 的小球数
    return sum;
}

int main()
{
    int m,n;
    cin>>m>>n;
    int sum=0;
    for(int i=1; i<=min(m,n); i++)// 遍历非空袋子的可能性
        sum+=place(m,i,1);          // 第一个袋子从 1 个小球开始考虑
    cout<<sum<<endl;
    return 0;
}
```

知识点：T463

索引	要　点	正链	反链
T463	分类递归就是先分类，在不同类别上执行递归，如何划分类别需要仔细思考	T462	

4.7 经典循环问题

4.7.1 整数分解和倒序重组

代码 4.25 整数分解和倒序重组

```
int reverse(int n)
{
    int ret=0;
    while(n){                    // 如果 n 大于 0 则循环
        ret = ret*10+n%10;// 取出 n 的个位数，并添加到最终结果 ret 中
        n/=10;                   //n 整除 10，通过循环不断减少，最终变为 0 退出循环
    }
    return ret;
}
```

随堂练习 4.8

若一个数（首位不为零）从左向右读与从右向左读都一样，将其称为回文数。对于任意的正整数，判断其是否为回文数。

随堂练习 4.9

给你一个 32 位的有符号整数 x，返回将 x 中的数字部分反转后的结果。如果反转后整数超过 32 位的有符号整数的范围 $[-2^{31}, 2^{31}-1]$，就返回 0。假设环境不允许存储 64 位整数（力扣 7 题）。

★ 提示：

为了防止数据溢出，要提前进行判断，符合要求的才能组合。

知识点：T471

索引	要　点	正链	反链
T471	通过循环达成整数分解和倒序重组，实质上就是除 10 取余法	T225, T265	T477
	洛谷：U270864(LX407), U270866(LX408)		

4.7.2 素数判断

解决思路：对于一个整数 n，如果在 2~n−1 范围内都没有因子，则该数为素数。

代码 4.26 标记法素数判断

```
int prime(int n)
{
    bool flag=true;             // 定义一个标记变量
    for(int i=2;i<n;++i)
        if(n%i==0){             // 如果能整除，则不是素数
            flag=false;         // 修改标记变量
            break;              // 有一个整除，则表示 n 不是素数，退出循环
        }
    return flag;                // 必须循环结束之后，才能判定 n 没有因子
}
```

代码 4.27 循环次数法素数判断

```
int prime(int n)
{
    int i=2;            //i 一定要定义在循环前，因为在循环后要使用
    for(;i<n;++i)       //for 的循环变量初始化可以为空，但是 ; 不可省略
        if(n%i==0)      // 如果能整除，则不是素数
            break;      // 有一个整除，则表示 n 不是素数，退出循环
    return i==n; //i 与 n 相等，表示循环正常退出。如果执行了 break，则 i 一定小于 n
}
```

代码 4.28 return 法素数判断

```
int prime(int n)
{
    for(int i=2;i<n;++i)
        if(n%i==0)              // 如果能整除，则不是素数
            return false;       // 有一个整除，则表示 n 不是素数，退出函数
    return true;                // 如果程序能执行到这里，表示 n 肯定没有因子
}
```

实际上，从数学角度，循环次数可以进一步优化。如果 2~n/2 范围内没有因子，则 n/2~n−1 范围内肯定没有因子。更进一步，如果 2~$\sqrt{n}$ 范围内没有因子，则 $\sqrt{n}$~n−1 范围内肯定没有因子。

例题 4.13

证明：假定 a×b=n，如果 b=$\sqrt{n}$ 则 a 一定等于 $\sqrt{n}$，如果 b>$\sqrt{n}$ 则 a 一定小于 $\sqrt{n}$。

因为开方计算的复杂度较高，另外开方结果也会产生浮点数，造成不精确比较的问题。因此可以用平方进行代替。素数判断的最优方式如下。

代码 4.29 素数判断最优方法

```
int prime(int n)
{
    for(int i=2;i*i<=n;++i)    // 优化循环次数
        if(n%i==0)             // 如果能整除，则不是素数
            return false;      // 有一个整除，则表示 n 不是素数，退出函数
    return true;               // 如果程序能执行到这里，表示 n 肯定没有因子
}
```

知识点：T472、T473

索引	要　　点	正链	反链
T472	了解素数判断原理，重点掌握解题模板：一种结果在循环中，一种结果在循环后	T451	
	洛谷：U270862(LX405), U270874(LX412)		
T473	循环次数的优化是循环控制的重中之重		T475,T478
	洛谷：U270849(LX410)		

4.7.3 穷举法

对于多个变量，多个等式进行求解时，通常使用解方程的方法。但是对于计算机而言，解方程是无法接受的。但是计算机的特点就是运算速度快，因此可以用穷举法遍历所有的可能解，从而找到答案。穷举法是计算机求解的基本方法之一，它的基本架构是：

穷举法基本架构

```
循环所有的可能解
{
    if( 候选解满足题目要求 )
    { 输出答案 }
}
```

例题 4.14

用 50 元钱买了三种水果。各种水果加起来一共 100 个。西瓜 5 元一个，苹果 1 元一个，橘子 1 元 3 个，设计一个程序输出每种水果各买了几个。

代码 4.30 穷举法

```
#include<iostream>
using namespace std;

```

```
4. int main()
5. {
6.     int  melon, apple, orange; // 分别表示西瓜数、苹果数和橘子数
7.     for(melon=0; melon<=10; melon++){ // 对每种可能的西瓜数
8.         for( apple=0; apple <=50-5*melon; apple++){
9.             orange = 3*(50-5*melon-apple);  // 剩下的钱全买了橘子
10.            if(melon+apple+orange == 100)
11.                cout<<"melon:"<<melon<<",apple:"<<apple<<",orange:"
                    <<orange<<endl;
12.        }
13.    }
14.}
```

样例输入	样例输出
（无）	melon:0,apple:25,orange:75 melon:1,apple:18,orange:81 melon:2,apple:11,orange:87 melon:3,apple:4,orange:93

这是一个非常经典的穷举法题目。双重循环，每重循环遍历所有的可能值。西瓜最多有 50/5=10 个；计算苹果最大可能个数时，排除掉已经购买西瓜的金额；而由于等式约束，橘子的数量直接计算，不需要循环。既完成了穷举，也根据实际情况和数学表达，最大可能地减少遍历的次数。

第 9、10 行的表达式体现了计算思维，计算机中无法精确表达浮点数，因此这里不用除法，采用扩大倍数达到了相同的目的，避免了除法可能产生的浮点结果。

知识点：T474

索引	要　点	正链	反链
T474	穷举法遍历所有可能解，是计算思维的主要特征之一	T431,T441	
	洛谷：U270862(LX405)		

4.7.4 对称数判断

例题 4.15

输入一个正整数 n，求该数是否为对称数。如果 n 只有 1 位，则为对称数，否则要求前后对应位上数值相同。

样例输入	样例输出
22	true
123	false

因为涉及每个数位上值的判断，因此需要进行整数分解。但考虑到字符串中每个字符是自然分解的，因此可以用字符串的方式进行对称判断，简化程序逻辑。

代码 4.31 简化方法

```
1. #include<iostream>
2. #include<string>
3. using namespace std;
4. int main(){
5.     string n;
6.     cin>>n;
7.     for(int i=0,j=n.size()-1;i<j;i++,j--){
8.         if(n[i]!=n[j]){
9.             cout<<boolalpha<<false<<endl;
10.            return 0;
11.        }
12.    }
13.    cout<<boolalpha<<true<<endl;
14.    return 0;
15.}
```

- 第 7 行中采用了两个变量，分别指向字符串的头和尾，然后向中间靠拢。这是典型的多变量循环的写法。
- 一个结果在循环中产生，另外一个结果在循环后产生，这与素数问题的判断逻辑相同。

知识点：T475—T477

索　引	要　点	正　链	反　链
T475	掌握对称判断的方法	T245, T473	T524
T476	掌握多变量循环的方法		T524
T477	掌握利用字符串达成整数自然分解的方法	T265, T471	

4.7.5 二进制中 1 的个数

例题 4.16

输入一个整数，输出该数二进制表示中 1 的个数。（Leetcode 剑指 Offer15）

样例输入	样例输出
22	3

因为涉及二进制形式的运算，因此位运算是非常好的方法。以下两种方法分别通过左

移位和右移位达到相同的目的。左侧代码第 8 行通过两次取反将一个非 0 数转换为 1，形成一次简洁的判断。

代码 4.32 左移位

```
1. #include<iostream>
2. using namespace std;
3. int main(){
4.     int n;
5.     cin>>n;
6.     int num = 0;
7.     for(int flag=1;flag<=n;flag<<=1)
8.         num += !!(n&flag);
9.     cout<<num<<endl;
10.    return 0;
11.}
```

代码 4.33 右移位

```
1. #include<iostream>
2. using namespace std;
3. int main(){
4.     int n;
5.     cin>>n;
6.     int num = 0;
7.     for(;n>0;n>>=1)
8.         num += n&1;
9.     cout<<num<<endl;
10.    return 0;
11.}
```

以上方法无论对应位置上是 1 还是 0，都要进行一次判定，当位数较多时，会增加循环次数。可以用数学方法简化这个过程。2^m 和 2^{m-1} 进行位与操作，结果一定为 0；而且 n 和 n-1 只在 n 的二进制形式中最右侧一个 1 向右的部分不同，因此形成了以下方法，每次消除 n 中最右侧的一个 1。

代码 4.34 简化方法

```
1. #include<iostream>
2. using namespace std;
3. int main(){
4.     int n;
5.     cin>>n;
6.     int num = 0;
```

```
    for(;n>0;n&=n-1)
        ++num;
    cout<<num<<endl;
    return 0;
}
```

以 22=0b10110为例，22&21=0b10110&0b10101=0b10100=20，消除了0b10110 中最右侧的 1；然后 20&19=0b10100&0b10011=0b10000=16 再次消除最右侧的 1，最后16&15=0b10000&0b1111=0。从这个过程中可以看到，n 的二进制形式中有几个 1，循环就会执行几次。

知识点：T478

索引	要　　点	正链	反链
T478	掌握循环与位运算的结合，理解二进制的处理方法	T26A,T473	T479
	洛谷：U270849(LX4010)		

4.7.6 乘法的加法实现 *

计算机中只有加法器，减法是通过补码实现的，而乘法和除法是通过反复调用加法器实现的，下面以乘法为例给出其实现方式。

代码 4.35 乘法的实现方式

```
#include<iostream>
using namespace std;

int multi(int x, int y) {
    int result = 0;
    while (y) {
        if(y & 1)
            result += x;
        x <<= 1;
        y >>= 1;
    }
    return result;
}
int main(){
    cout<<multi(3,11)<<endl;
}
```

样例输入	样例输出
（无）	33

- 为了简化运算过程，这里假定 x 和 y 大于 0。
- 3×11 可以分解为 3×1+3×2+3×8，即 3<<0+3<<1+3<<3，第 10 行计算被乘数 3 移动相应位数后的值，第 10 行循环将每一位都变成个位，第 7~8 行判断如果个位上为 1，就累加到最后的结果中，从而用加法实现了乘法操作。

例题 4.17

用上述类似方法实现幂函数 x^n。

幂函数 x^n 是一个用途非常广泛的函数，其实现方式与上面代码中用加法器实现乘法的方式类似。

代码 4.36 实现 x^n 计算

```
1. double pow(double x, int n) {
2.     double result = 1;
3.     int minus = 1;
4.
5.     if(n < 0) {
6.         minus = -1;
7.         n = -n;
8.     }
9.
10.    if(0 == n) {
11.        return 1;
12.    } else if(0 == x) {
13.        return 0;
14.    }
15.
16.    while(n) {
17.        if(n & 1)
18.            result *= x;
19.        x *= x;
20.        n >>= 1;
21.    }
22.
23.    return minus<0?1.0/result:result;
24.}
```

- 第 2~3 行进行初始化工作。
- 第 5~8 行、第 23 行对 n 为负数进行了特殊的处理。
- 第 10~14 行对 n 和 x 的特殊值进行了处理。

- 第 16~21 行的实现理解有一定难度。以 3^{11} 为例，$3^{11}=3^8\times3^2\times3^1$，这样就比较好理解了。第 19 行循环计算每位的权重，第 17 行如果 n 的个位为 1，表示对应的权重有效，在第 18 行中将其累乘到结果中，每次计算后 n 向右移动一位。

知识点：T479

索引	要　点	正链	反链
T479	以加法实现乘法，以乘法实现幂运算，发挥位运算的计算效率优势	T26A, T478	

4.8 循环与输入

4.8.1 输入重定向

cin 从标准输入 stdin 中读取数据，cout 将结果写入标准输出 stdout 进行显示。cin 与 stdin 总是保持同步的，也就是说这两种方法可以混用，而不必担心文件指针混乱，同时 cout 和 stdout 也一样，两者混用不会输出顺序错乱。正因为这个兼容性的特性，导致 cin 有许多额外的开销。解决方法是在所有 cin 之前添加一条控制语句 cin.sync_with_stdio(false);，解除 cin 与 stdin 的同步，这样读取速度将会极大加快，对于大批量数据读入的问题，可以解决运行超时错误。

此外，因为循环可以大批量处理数据。如果测试样例的数据比较多，在进行测试的时候会非常不方便，可以通过 freopen(" 文件名 ","r",stdin); 的方式，将输入进行重定位，不再从 stdin 中读取数据，而是要求程序从指定文件读取数据。但将代码提交到在线测试平台前，要将 freopen 语句注释掉，否则在线测试平台会找不到用户指定的问题。初学者在使用 freopen 时，提交时经常忘记注释，从而产生莫名其妙的问题。进一步可以采用 ONLINE_JUDGE 宏的判断，解决这个问题。

具体解决步骤如下：

（1）在与源代码相同的目录下，新建一个文本文件，例如 data.txt。如果使用 CodeBlocks，可以选择 File → New → Empty File 菜单，在弹出的文件保存框中，输入一个自定义的文件名，例如 data.txt，然后单击 save 按钮，然后单击 OK，在左侧的文件管理窗口中，就会出现 data.txt 文件。

（2）双击打开这个文件，粘贴上程序需要输入的数据，例如：

样例输入	样例输出
3 1 2 3	6

（3）仿照以下代码书写程序。

代码 4.37 输入重定向

```
1. #include<iostream>
2. using namespace std;
3.
4. int main()
5. {
6.      cin.sync_with_stdio(false); //cin和stdin解除同步，在输入数据量比
                                    // 较小时不需要
7. #ifndef ONLINE_JUDGE
8.      freopen("data.txt","r",stdin);
9. #endif // ONLINE_JUDGE
10.     int sum=0;
11.     int n;
12.     cin>>n;
13.     for(int i=0; i<n; ++i)
14.     {
15.         int num;
16.         cin>>num;
17.         sum += num;
18.     }
19.     cout<<sum<<endl;
20.}
```

- 第 8 行的 freopen 用 data.txt 文件代替 stdin 进行数据输入传递给 cin。其中 data.txt 表示文件名，这里使用了相对路径，即输入数据文件和源代码文件在相同的目录下。r 表示“读”，stdin 表示标准输入。
- 第 7 行的 ifndef 中 n 表示 not，def 表示 define，因此 ifndef 表示如果没有定义。第 9 行的 endif 与 ifndef 相对应，构成一个宏定义块。整体来说，如果程序预先没有定义宏 ONLINE_JUDGE，则第 8 行被编译，否则第 8 行将会被忽略。
- 所有的宏都是以 # 开头，末尾不加 ;，因为宏不是语句。由此推导，#include 也是宏，表示将对应的库文件的内容在此位置展开。
- 正常来说，在用户电脑上一般都没有定义 ONLINE_JUDGE 宏，但是所有的在线评测系统上都定义了宏 ONLINE_JUDGE。因此在本机运行时，第 8 行将会被编译执行，但是提交到在线评测系统上，第 8 行语句将会被自动忽略。这就自动解决了用户再向在线评测系统提交时，忘记注释 freopen 语句的尴尬。

知识点：T481

索引	要　点	正链	反链
T481	掌握输入重定向的方法，了解如何用输入重定向解决大数据量输入的问题，特别注意当输入数据量比较大时，需要用 cin.sync_with_stdio(false); 解除同步，防超时		

4.8.2 数量不确定输入

在线评测中，有一类题目并没有告知用户输入的确定数量，例如每行输入两个整数，但是没有告诉共有多少行。

实际上，在线评测系统中，所有的输入数据都是以文件形式存在的，如 4.8.1 节所示，使用了输入重定向功能，把特定的文件作为输入，代替了 stdin。这样才有了以上类型题目的产生。对于这样的题目，可以通过 cin 不断读取，当 cin 能正确读取数据时，返回 true；当读取到文件尾，会遇到一个特殊的文件结束符 EOF，这时 cin 返回 false，表示读取的结束。

例题 4.18

有多行数据，每行有两个整数，输出每行两个整数的和。

样例输入	样例输出
3 5 7 9 12 8	8 16 20

代码 4.38 不确定数据的输入

```
1. #include<iostream>
2. using namespace std;
3. int main()
4. {
5. #ifndef ONLINE_JUDGE
6.     freopen("data.txt","r",stdin);
7. #endif // ONLINE_JUDGE
8.     int a,b;
9.     while(cin>>a>>b){
10.         cout<<a+b<<endl;
11.     }
12.}
```

- 如果没有第 5~7 行，也就是说没有使用文件重定向，而是用户通过键盘进行标准输入，那么在最后一行时，Windows 用户需要输入 Ctrl+z，然后回车，这样也会产生一个结束符号；在 UNIX/Linux/mac OS 系统中，Ctrl+d 代表输入结束。否则以上程序会一直运行下去。

对于数据的输入，有 3 种方法：

（1）给定循环的次数 n，用 for 或 while(n--) 方式进行输入；

（2）不确定输入数量，用 while+break 的方式，用特殊值终止输入；（知识点：T451）

（3）不确定输入数量，利用 OJ 系统中，文件结束符的方式终止输入。

知识点：T482

索引	要　　点	正链	反链
T482	掌握数量不确定输入问题的解决方法，了解文件结束符发挥的作用		T483
	洛谷：U270870(LX411)		

4.8.3 多级数量不确定输入

因为空格和回车都是空白符，都可以作为 cin 的分割符，所以每行的数据量不确定时，不能一体化输入，要区分为两个层次：行和行内数据。可以用 getline 将输入分割为多行，但对字符串内的数据进行分割时，依旧非常复杂。建议采用 istringstream 将字符串转换为流，采用流的方式将数据进行自然分割，可极大地降低处理的复杂度。

例题 4.19

现在为若干组整数分别计算平均值。已知这些整数的绝对值都小于 100，每组整数的数量不少于 1 个，不多于 20 个。

【输入】

每一行输入一组数据（至少有一组数据），两个数据之间有 1 到 3 个空格。

【输出】

对于每一组数据，输出数据均值。输出的均值只输出整数部分，直接忽略小数部分。

样例输入	样例输出
10 30 20 40 -10 17 10 10 9	25 5 9

代码 4.39 多级数量不确定输入

```
#include<iostream>
#include<string.h>
#include<sstream>
using namespace std;
int main() {
    string line;
    while(getline(cin,line)){
```

```
        istringstream iss(line);
        int i=0,num,sum=0;
        for(;iss>>num;++i)
            sum+=num;
        cout<<sum/i<<endl;
    }
}
```

知识点：T483、T484

索引	要　　点	正链	反链
T483	掌握多级数量不确定输入的方法	T482	
	洛谷：U270876(LX414)		
T484	掌握用流的方式分解字符串	T271	T543, T546
	洛谷：U270876(LX414)		

4.9 程序优化案例

本节通过一个例题，从循环优化和代码书写等多个不同的角度，对程序进行优化。一方面，通过程序优化提高程序的执行效率；另一方面，对一个问题进行多角度思考，可以深入理解并将知识融为一体。

例题 4.20

计算 l, l+1, l+2, …, r 的异或和，即 l^(l+1)^(l+2)^…^r。

【输入】

输入包括两个整数 l 和 r，空格分隔，$1 \leqslant l<r \leqslant 10^{18}$。

【输出】

输出题目描述中的异或和。

样例输入	样例输出
3 6	4

这是一道非常简单的题目，将求和中的加法运算改成异或运算，就能得到结果。注意给定的数值范围，数据类型应该定义为 long long 型。

代码 4.40 基础解法

```
#include<iostream>
using namespace std;

```

```
int main()
{
    long long n1,n2,sum=0;
    cin >> n1 >> n2;
    for(long long i=n1;i<=n2;i++)
        sum ^= i;
    cout << sum << endl;
    return 0;
}
```

如果给定范围比较小，以上代码能够完成题目需求。但是题目给定的数值范围为 10^{18}，循环次数过多，在线评测系统中将会引发运行超时。

考虑异或操作的特点可以获知，任何偶数 n 和 n+1 异或将会得到 1，而 1^1 为 0，进一步得到任意偶数 n 和 n+1, n+2, n+3 的异或结果为 0。也就是说，从任意一个偶数开始连续 4 个整数的异或结果为 0，对于连续数值的异或和计算，绝大部分的计算都是毫无意义的耗时。因此可以寻找 4 的倍数，只对两端多出来的部分进行异或操作即可。

代码 4.41 利用 4 的倍数

```
1. #include<iostream>
2. using namespace std;
3. int main()
4. {
5.     long long n1,n2,sum=0;
6.     cin >> n1 >> n2;
7.     long long a = 4 - n1%4,b = n2 %4;
8.     for(long long int i = n1; i < n1 + a; i++)
9.         sum = i ^ sum;        //对于头部多出来的部分进行异或
10.    for(long long int i = n2 - b; i <= n2; i++)
11.        sum = i ^ sum;        //对于尾部多出来的部分进行异或
12.    cout << sum << endl;
13.    return 0;
14. }
```

- 以上程序寻找头尾两端 4 的倍数，第 7 行中的 a 表示到头部第一个 4 的倍数的距离，b 表示尾部到最后一个 4 的倍数的距离。
- 第 8 行循环时不包括第一个 4 的倍数，最多循环 3 次；第 10 行循环时包括尾部最后一个 4 的倍数，最多循环 4 次。但是如果是循环次数为 4 时，实际尾部的计算结果为 0，第 2 个循环没有意义。
- 如果 n1 等于 n2，以上程序依旧会循环 5 次，其中的 4 次为 4 的倍数开始的连续 4 个数，没有意义，最终结果会与 n1 和 n2 相等。这是因为 4 的倍数具有周期性而形成的结果。

代码 4.42 while 优化

```
1. #include<iostream>
2. using namespace std;
3. int main()
4. {
5.     long long n1,n2,sum=0;
6.     cin >> n1 >> n2;
7.     while(n1<=n2 && n1&3)        //n1&0b11 或 n1%4
8.         sum ^= n1++;
9.     while(n1<=n2 && (n2+1)&3)    //(n2+1)&0b11 或 (n2+1)%4
10.        sum ^=n2--;
11.    cout << sum << endl;
12.    return 0;
13.}
```

- 第 7 行和第 9 行中的 &3 操作与对 4 取余等价，因为 3 的二进制为 0b11，进行“位与”操作，相当于取二进制中的最后两位，也就是对 4 取余的结果。
- 第 7、8 行的循环也是对第一个 4 的倍数前的部分进行异或操作，但是因为有 n1<=n2 判断，即使 n1 与 n2 相等，也不会产生额外操作。
- 第 9、10 行的循环也是从最后一个 4 的倍数开始向后进行运算，巧妙地使用了 n2+1 操作，这样即包含了最后一个 4 的倍数，但循环次数最多为 3 次。

代码 4.43 计数 while

```
1. #include<iostream>
2. using namespace std;
3. int main()
4. {
5.     long long n1,n2,sum=0;
6.     cin >> n1 >> n2;
7.     if(n1&1)                    //n1&0b1 或 n1%2
8.         sum ^= n1++;
9.     int k=(n2-n1+1)&3;          //(n2-n1+1)&0b11 或 (n2-n1+1)%4
10.    while(k--)
11.        sum ^= n2--;
12.    cout << sum << endl;
13.    return 0;
14.}
```

- 事实上，只要从偶数开始即可，不需要一定从 4 的倍数开始，因此第 7 行判定如果为奇数，则将 n1 加到异或和中，并将 n1 加 1，这样保证 n1 为偶数。第 7 行用 n1&1 计算 n1 的奇偶性，位操作的速度更快。

- 第二个循环采用了计数方式。第 9 行计算了 n2 与 n1 之间刨除以偶数开始的连续 4 个整数之后剩余数值的数量，第 10~11 行对这些数值进行了异或计算。

代码 4.44 偶奇对计数

```
1. #include<iostream>
2. using namespace std;
3. int main()
4. {
5.     long long n1,n2,sum=0;
6.     cin >> n1 >> n2;
7.     if(n1&1)
8.         sum^=n1++;
9.     if(n2&1){
10.         sum ^=((n2+1-n1)>>1)&1;            //或((n2+1-n1)/2)%2
11.     }else{
12.         sum ^=((n2-n1)>>1)&1;              //或((n2-n1)/2)%2
13.         sum ^=n2;
14.     }
15.     cout << sum << endl;
16.     return 0;
17.}
```

- 从偶数开始的 n 和 n+1 构成一对偶奇对，异或结果为 1，因此中间部分的偶奇对数量为奇数则和为 1，为偶数则和为 0。
- 第 9 行如果 n2 为奇数，则表示尾部没有冗余。首先计算区间内数字的数量(n2+1−n1)，然后对区间内数字的数量除 2 并判定奇偶性。如果偶奇对的数量为奇数，则让结果与 1 异或，否则与 0 异或。这里用右移 1 位代替除 2 操作，二者是等价的。
- 第 11 行如果 n2 为偶数，尾部有一个冗余。同样计算偶奇对的数量，并对最后一个元素进行异或操作。此外，第 12 行时 n2 和 n1 都是偶数，因此(n2−n1)>>1 和(n2+1−n1)>>1 的结果是相同的，右移 1 位后，多加的 1 会被自动忽略掉。也就是说，第 10 行和第 12 行的代码可以完全相同，提取到选择结构外部。变成如下所示。

代码 4.45 简化选择结构

```
1. #include<iostream>
2. using namespace std;
3. int main()
4. {
5.     long long n1,n2,sum=0;
6.     cin >> n1 >> n2;
7.     if(n1&1)
8.         sum^=n1++;
9.     sum ^=((n2+1-n1)>>1)&1;
```

```
    if(!(n2&1))
        sum ^=n2;
    cout << sum << endl;
    return 0;
}
```

在并行运算中，如果每个子进程中都没有选择结构，将会进一步提高程序性能。代码 4.46 展示了如何去除简单的条件语句。

代码 4.46 去除简单条件语句

```
1. #include<iostream>
2. using namespace std;
3. int main()
4. {
5.     long long n1,n2,sum=0;
6.     cin >> n1 >> n2;
7.     bool odd1 = n1&1;
8.     sum^=n1*odd1;
9.     n1+=odd1;
10.     sum ^=((n2+1-n1)>>1)&1;
11.     sum ^=n2*!(n2&1);
12.     cout << sum << endl;
13.     return 0;
14.}
```

- 第 7 行计算了条件的布尔值，利用这个结果，第 8 行和第 11 行用乘法、第 9 行用加法控制了相关单元是否参与运算，取代了条件语句。

/ 题 单 /

本章练习题来源于洛谷：https://www.luogu.com.cn/training/265061#problems。

序号	洛谷题号	题目名称	知识点	序号	洛谷题号	题目名称	知识点
LX401	U270844	斐波那契数列	T411,T431,T224,T221	LX402	U270846	区间异或	T411,T431,T26C
LX403	U270847	求阶乘	T411,T431,T224,T221	LX404	U270859	库洛牌	T411,T431
LX405	U270862	解方程	T441,T451,T472,T474	LX406	U270863	a+b+c+d=?	T412,T224
LX407	U270864	自守数	T411,T432,T245,T471	LX408	U270866	水仙花数	T411,T432,T245,T471
LX409	U270868	替换加密	T411,T241,T242	LX410	U270849	递归求 1 的个数	T462,T478,T473,T26A
LX411	U270870	若干行	T482	LX412	U270874	哥德巴赫猜想	T472,T331
LX413	U270875	考拉兹猜想	T432	LX414	U270876	计算平均值	T483,T484
LX415	U270878	星号三角形	T442	LX416	U270879	圆周率山	T442

第5章　数组与字符串

5.1　一维数组的定义和初始化

5.1.1 一维数组的定义

在程序设计中，为了便于程序处理，通常把具有相同类型的若干变量按有序的形式组织在一起，这些按序排列的同类数据元素的集合称为数组。其中，集合中的每一个元素都相当于一个与数组同类型的变量；集合中的每一个元素用同一个名字（数组名）和它在集合中的序号（下标）来区分引用。语法格式如下：

数据类型 数组名 [元素数量];

代码 5.1 一维数组的定义

```
1. int a[10];   // 语法格式：// 定义了长度为 10 的整型数组
```

- 第 1 行定义了一个包含 10 个 int 型元素的数组，数组名为 a，这 10 个元素分别是 a[0],a[1],…,a[9]。
- 特别强调，C/C++ 中区分定义语句和非定义语句。同样的符号，在定义语句和非定义语句中表达的含义可能完全不同。[] 在数组定义时表示数组中元素的个数，而在数组使用时表示下标，即第 n 个元素。
- 下标从 0 开始，以 int a[10]; 为例，第一个元素是 a[0]，最后一个元素是 a[9]。a[10] 并不存在，对其访问存在下标越界错误。

知识点：T511

索引	要　点	正链	反链
T511	掌握数组的基本定义，索引从 0 开始，中括号在定义语句和非定义语句中的含义		T531,T541
	洛谷：U270927(LX501)		

5.1.2 一维数组的初始化

定义后用大括号中的数值对各个元素依次进行赋值。数值个数不能超过数组定义时的元素数量。如果用全部数值进行了初始化，元素数量在定义时可以省略。

代码 5.2 一维数组的初始化

```
1. int main(){
2.     int a[5] = {1, 2, 3, 4, 5};
3.     double b[] = {7.1, 8.2, 9.3};
4.     double c1[10] = {0.5,1.0,1.5,2.0};
5.     long long c2[100] = {0};
6.     long long c3[100] = {};
7.     int d[50];
8. }
```

- 数组 b 根据初始化数值的数量确定元素个数为 3。
- 数组 c1 的前 4 个数据与初始化列表对应，根据 C/C++ 的规则，部分初始化时，未赋值元素为 0，因此 c1[4] 及其以后的元素为 0，如图 5.1 所示。

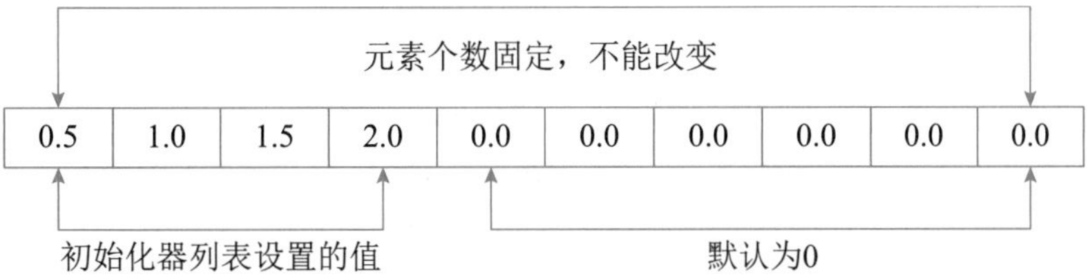

图 5.1　部分初始化时的数组 c1

- 根据部分初始化规则，可以用第 5 行的方法将所有数值初始化为全 0。这是利用了规则，并不存在全 1 或其他数值的全部初始化操作。
- 采用第 6 行的方式，也可以将数组全部初始化为 0。
- 但是如果没有初始化，数值中所有元素的值是不确定的。变量定义时，只会分配空间，没有自动赋值为 0 的操作。例如数组 d 中的所有值是不确定的。

元素数量必须是非负整数，可以是常量，也可以是变量。如果定义数组时元素数量为常量，称为静态数组，在编译时分配存储空间，因为存储空间确定，所以可以进行初始化；但是如果元素数量是变量，称为动态数组，在运行时分配存储空间，编译时不能确定存储空间的大小。

代码 5.3 定义动态数组

```
int main(){
    int n;
    cin>>n;
    int arr[n]={1,2};        //动态数组，从 C++11 开始支持初始化
    for(int i=0;i<n;i++)
        cout<<arr[i]<<' ';
}
```

样例输入	样例输出
5	1 2 0 0 0

知识点：T512

索引	要　　点	正链	反链
T512	掌握数组的初始化方法，尤其是部分初始化的作用；理解动态数组		
	洛谷：U271197(LX503)		

5.1.3 一维数组的内存模型

从数组的定义中可以获知，一个数组中所有元素的数据类型必须相同。从存储角度，当定义一个数组 a 时，编译器根据指定的元素个数和元素的类型分配确定大小（元素类型大小 × 元素个数）的一块内存，并把这块内存的名字命名为 a，名字 a 一旦与这块内存匹配就不能再改变。由此可知，一个数组中所有元素的存储空间是连续的。对于一个数组 float a[]={1.2, 2.3, 3.4, 4.5, 5.6}，sizeof(a)=20=sizeof(float)*5，各元素的相关数据如表 5.1 所示。

表 5.1　数组各元素的相关数据

下标	a[0]	a[1]	a[2]	a[3]	a[4]
值	1.2	2.3	3.4	4.5	5.6
地址	0x61fe00	0x61fe04	0x61fe08	0x61fe0c	0x61fe10
a+i	0x61fe00	0x61fe04	0x61fe08	0x61fe0c	0x61fe10

代码 5.4 数组元素的地址

```
#include<iostream>
using namespace std;
```

```
3. int main()
4. {
5.     float a[]={1.2, 2.3, 3.4, 4.5,5.6};
6.     cout<<" 下标 ";
7.     for(int i=0;i<5;i++)
8.         cout<<"\ta["<<i<<']';
9.     cout<<endl;
10.    cout<<" 值 ";
11.    for(int i=0;i<5;i++)
12.        cout<<'\t'<<a[i];
13.    cout<<endl;
14.    cout<<" 地址 ";
15.    for(int i=0;i<5;i++)
16.        cout<<'\t'<<&a[i];
17.    cout<<endl;
18.    cout<<"a+i";
19.    for(int i=0;i<5;i++)
20.        cout<<'\t'<<a+i;
21.    cout<<endl;
22.}
```

- 从输出结果中可以看出，第 5 行相当于同时定义了 5 个变量，下标从 0 开始，每个变量存储对应的值。
- 从表格第 3 行可以看到，所有元素的内存地址连续，间隔为 sizeof(float)。
- 从 a+i 的输出结果中可以看出，a+i 与 &a[i] 相同，都是表示第 i 个元素的地址。这是因为数组名代表了数组首元素的地址，简称首地址，即 a+0=a=0x61fe00，a+1 中的 1 不代表一个字节，而是表示一个元素的空间，即 sizeof(float)。因此第 i 个元素的地址为 a+i*sizeof(float)。

总而言之，数组可以通过偏移快速定位第 i 个元素。偏移在计算机中是一个非常快速的基本运算，这也是数组能够进行快速访问的根本原因。

知识点：T513

索引	要　　点	正链	反链
T513	数组的连续内存分配模型，通过偏移快速定位元素是数组的突出优势。理解数组的物理空间和有效元素个数是不同的	T341	T521,T525,T528,T542,T621

5.1.4 数组的基本运算

C/C++ 中的数组虽然可以看作一个整体，但并不是一种独立存在的数据类型。按照语法规定，不能整体赋值、整体比较、整体输入输出。当需要进行赋值或比较或输入输出时，需要通过循环逐个元素进行。

例题 5.1

输入 n 个同学的成绩，输出其中低于平均分的成绩。

样例输入	样例输出
5 7 6 5 3 1	3 1

代码 5.5 数组的输入和比较

```
1. #include<iostream>
2. using namespace std;
3. int main()
4. {
5.     int n;
6.     cin>>n;
7.     int score[n];
8.     double sum=0;
9.     for(int i=0;i<n;++i){
10.        cin>>score[i];
11.        sum += score[i];
12.    }
13.    for(int i=0;i<n;++i)
14.        if(score[i]<sum/n)
15.            cout<<score[i]<<' ';
16.}
```

- 数组毕竟占据较多存储空间，如果能用简单变量解决，可以尽量避免使用数组。本例题中所有元素要使用两遍，当得到平均值后，必须第二次遍历数组，因此必须使用数组记录每个元素。
- 数组在第 7 行定义时，元素数量是变量，因此是一个动态数组，只能通过第 9~12 行的循环，逐个进行赋值。
- 当需要对每个元素与平均值进行比较时，必须逐个元素进行比较，C/C++ 中没有提供整体比较的语法支持。

知识点：T514

索引	要　　点	正链	反链
T514	只有多个数据反复利用时，才需要数组；单次使用多个数据尽量不用数组。 数组不能整体赋值、整体比较、整体输入 / 输出，必须与循环结合		
	洛谷：U270929(LX502), U271201(LX504), U271200(LX505)		

5.1.5 数组作为函数参数

当定义一个数组 int a[10]; 时，根据前文所述内容可知，同时分配了 10 个 sizeof(int) 大小的空间。a 存储了首地址，但并不存储元素的数量，只是从首地址开始，通过偏移访问各个元素。因此当把数组作为函数的参数时，实参数组会把它的地址传递给形参数组，但数组的元素数量并不会被传递。因此数组作为函数的参数时，通常需要同时传递数组地址和数组中元素的数量，否则无法知道数组的有效范围。

代码 5.6 最小值下标

```
1. #include<iostream>
2. using namespace std;
3.
4. int argmin(int n,int arr[]){          //数组的元素数量 n 和数组的首地址
5.     int min = 0;                      //默认下标为 0 的元素最小
6.     for(int i=1;i<n;++i)
7.         if(arr[i]<arr[min])           //当前元素和最小值元素进行比较
8.             min = i;                  //min 保留最小值的下标
9.     return min;
10.}
11.
12.int main()
13.{
14.    int n;
15.    cin>>n;
16.    int a[n+10];
17.    for(int i=0;i<n;++i)
18.        cin>>a[i];
19.    cout<<argmin(n,a)<<endl;
20.    return 0;
21.}
```

样例输入	样例输出
5 7 3 8 1 9	3

- 由代码 5.6 可以看出，把数组作为函数的参数时，必须同时传递元素的数量和数组的地址。
- 关注第 4 行的形参 arr，可以看到 [] 为空。数组定义时，理论上 [] 中应该注明元素的数量。但是 arr 是形参，在 argmin 函数被调用之前，它没有存储空间。在 argmin 函数被调用之后，它的作用就是存放实参的首地址，因此元素数量对它没有任何意义。[] 在此仅仅表明 arr 是一个数组，即整型数组类型；更准确地说，arr 只是为了存储一

个 int 型的地址。因此 [] 为空，或者写成 [0] 或其他任何整数，对程序运行都没有任何影响。甚至可以将 int arr[] 改写成 auto arr，根据实参赋值决定形参 arr 的数据类型，也是可以的。由此可以进一步了解，数组名不包含任何的元素数量信息。

知识点：T515、T516

索引	要　点	正链	反链
T515	数组作为函数的参数，只是传递首元素地址，与实参共享存储空间		T625
	洛谷：U271215(LX512)		
T516	掌握求数组极值及极值对应下标的方法		
	洛谷：U271202(LX506)		

5.2 一维数组的应用

5.2.1 数组的插入与删除

因为数组的存储空间一定是连续的，因此对于非尾部数据的插入和删除是无法物理实现的，只能通过逻辑方式满足需求。删除时，将被删除元素右侧的所有元素向前平移，插入时将所有元素向后平移，留出插入空间。

代码 5.7 删除和插入元素

```
#include<iostream>
using namespace std;
bool remove(int n,int arr[],int pos){// 删除长度为 n 的数组的第 pos 个元素
    if(pos<0 || pos>=n)  return false;
    for(int i=pos;i<n-1;++i)       // 正序遍历
        arr[i]=arr[i+1];           // 删除位置右侧的值向左移动
    return true;
}
bool insert(int n,int arr[],int pos,int val){
                                  // 在长度为 n 的数组的第 pos 个位置插入新元素 val
    if(pos<0)  return false;
    if(pos>n)    pos = n;       // 如果插入位置过大，把数据添加到数组的末尾
    for(int i=n-1;i>=pos;--i)// 必须倒序循环，保证数据不被覆盖
        arr[i+1] = arr[i];   // 插入位置右侧的值向右移动
    arr[pos] = val;          // 将新值放到空白处
    return true;
}
void print(int n,int arr[]){
```

```
18.     for(int i=0;i<n;++i)
19.         cout<<arr[i]<<(i<n-1?' ':'\n');// 控制输出间隔
20.}
21.int main()
22.{
23.     int n,index;
24.     cin>>n>>index;
25.     int values[n];
26.     for(int i=0;i<n;++i)
27.         cin>>values[i];
28.     n-=remove(n,values,index);
29.     print(n,values);
30.     n+=insert(n,values,index,37);
31.     print(n,values);
32.}
```

样例输入	样例输出
5 2 1 2 3 4 5	1 2 4 5 1 2 3 37 4 5

- 利用元素左移模拟删除，利用元素右移模拟插入。插入时一定要倒序移位，因为正序移位会出现元素覆盖和数据丢失。请自行尝试体验。
- 插入或删除成功返回 true，否则返回 false，借助 true/false 和 1/0 的对应关系，对数据总元素进行修正（第 28 行和第 30 行）。也就是说，数组的物理存储空间不会改变，只是从逻辑上认为元素的总量发生变化。
- 对于插入而言，一定要保证物理存储空间足够用，不要在插入时发生下标超上限的现象。
- 第 18、19 行对数据分隔显示做了一个示范。从视觉上一个元素加一个空格是没有问题的，但是对于在线评测系统，多出一个空格，可能会导致整个题目被判错，一定严格遵守题目的输出规范和要求。

知识点：T521

索引	要　点	正链	反链
T521	数组只能对单个元素做逻辑插入和删除，注意循环移位时的元素覆盖问题	T513	

5.2.2 数组与循环的联动

有时在题目中没有明显需要数组的提示，可以采用数组记录已知的数据，利用数组可以和循环联动的特点，极大地简化程序。

在例题 5.2 中，由于每月天数的不规律性，导致无法直接使用循环，只能通过多分支进行逐条处理，代码非常冗余。但是通过把每月天数预置到数组中，让循环与数组形成联动，对程序书写进行了极大的简化，降低了出错的概率。

例题 5.2

把 1 月 1 日当作第 1 天，当用户输入年份和第 n 天时，输出第 n 天是几月几日？

样例输入	样例输出
2022 33	2 月 2 日

代码 5.8 数组与循环的联动

```
1. #include<iostream>
2. using namespace std;
3.
4. int main()
5. {
6.     int year,n;
7.     cin>>year>>n;
8.     int month[12]={31,28,31,30,31,30,31,31,30,31,30,31};
9.     auto leapyear = [](int year){return year%400==0||(year%4==0 && year%100!=0);};
10.    month[1]+=leapyear(year);
11.    int i=0;
12.    while(n>month[i])
13.        n-=month[i++];
14.    cout<<i+1<<"月"<<n<<"日"<<endl;
15.    return 0;
16.}
```

- 第 8 行定义了一个数组，记录了每个月的天数。
- 第 9 行赋值号右侧是一个匿名函数，[] 表示后面定义了一个函数，参数和函数体的写法和普通函数定义相同。将定义后的匿名函数赋值给 auto 变量 leapyear，此时的 leapyear 就是一个函数。auto 表示根据赋值号右侧的内容自动解析变量的类型。此处的 leapyear 就被解析为函数。对于简单的函数，或只需要使用一次的函数，可以采用匿名函数的方式进行定义。
- 第 10 行将二月增加是否为闰年，因为闰年的二月比其他年份的二月多一天，同样是利用了 true/false 和 1/0 的对应关系。
- 第 12、13 行，利用数组和循环的联动，快速简单地定位了月份和日期。
- 第 13 行的 ++ 在 i 后面，表示先执行当前表达式的运算，然后再对 i 进行加 1 操作。即先执行 n-=month[i]，再执行 i++。将两条语句简化成了一条语句，但是功能完全相同。初学者如果掌握不好这种技巧，可以将第 13 行的表达式拆成两条语句，保证代码理解的清晰度。

知识点：T522、T523

索引	要　　点	正链	反链
T522	单循环与数组搭配使用，嵌套循环与二维数组搭配使用		T874
	洛谷：U271204(LX507), U271209(LX508)		
T523	掌握匿名函数的基本使用方法，理解这种形式，不做重点掌握		

5.2.3 尺取法

尺取法又称双指针法，用来解决序列的区间问题，是一种常见的优化技巧。分为反向扫描法和同向扫描法。

反向扫描法又称为左右指针法，即设定两个指针 i 和 j，分别指向数组的头和尾，i 和 j 方向相反，i 从头向尾，j 从尾向头，在中间集合。虽然设定两个指针，但是对同一个数组同时遍历，算法复杂度为 O(n)。初学者由于对语法的不熟悉，容易写成嵌套循环，这样算法复杂度变为 $O(n^2)$，造成了大量无效的遍历。

例题 5.3

给定一个数组 arr，判断数组是否对称。

代码 5.9 数组的多变量遍历

```
1. bool sym(int n,int arr[])
2. {
3.     for(int i=0,j=n-1;i<j;++i,--j)
4.         if(arr[i]!=arr[j])
5.             return false;
6.     return true;
7. }
```

■ 注意第 3 行两个变量同时变化遍历数组的方法。

同向扫描法同样是设定两个指针 i 和 j，同时指向数组的头或尾，i 和 j 移动方向相同，但偏移速度不同，因此又称为快慢指针法。关键是一个指针处的修改不能影响另外一个指针的遍历。

随堂练习 5.1

给定一个数组，采用尺取法将数组逆序。

★ 提示：

注意交换要在数组的中间停止，否则会把已经逆序的数组重新修改为正序。

例题 5.4

给定一个数组 arr，要求删除其中的指定值 val。

【题目解析】

方案一：基于 5.2.1 节中的删除元素方法，每次删除一个值，算法复杂度为 $O(n^2)$。

方案二：新建一个数组，将原数组中的有效值添加到新数组中。以空间换时间，算法复杂度降为 O(n)。

显然第二种方法更好一些。但在一些特殊情况下，要求在原数组上删除指定元素，不允许建立新数组。仔细分析可以发现，一个删除后的数组，元素的数量一定小于或等于原数组，因此可以设置两个索引 i 和 index，i 遍历原数组，index 遍历保留的元素。因为 index 小于或等于 i，因此 index 处的赋值不会影响 i 的遍历。具体如下：

代码 5.10 删除指定元素

```
1. int remove(int n,int arr[],int val)
2. {
3.     int index = 0;
4.     for(int i=0;i<n;++i){
5.         if(arr[i]!=val){
6.             arr[index] = arr[i];
7.             index++;
8.         }
9.     }
10.    return index;
11.}
```

- index 一定小于或等于 i，因此第 6 行的赋值操作对第 4 行正在进行的遍历操作不会造成任何影响。
- 一次性删除所有指定的值 val。函数最后返回 index，代表了保留元素的个数。
- 第 8 章将要提到的 STL 的 remove 算法与以上代码的想法完全一致。既不需要创建新空间，算法复杂度也降低到 O(n)。

随堂练习 5.2

移除一个数组中的重复元素。

★ 提示：

依次遍历每个元素，删除其后续元素中与其值相同的元素。

例题 5.5

给定两个按非递减顺序的整数数组 nums1 和 nums2，元素数量分别为 m 和 n 。合并 nums2 到 nums1 中，使合并后的数组同样保持非递减顺序。nums1 的初始长度为 m+n，其中前 m 个元素表示应合并的元素。

【题目解析】

方案一：将 nums2 直接拼接到 nums1 的尾部，然后采用快速排序，重新达成非递减顺序，算法复杂度为 O((m+n)log(m+n))。并没有用到原数组已经有序的条件。

方案二：新建一个数组，依次将两个数组中符合条件的数据添加到新数组中。以空间换时间，算法复杂度降为 O(m+n)。

如果不允许建立新空间呢？主要存在的问题是一个数据可能未被处理前，就被新数据覆盖。但是如果倒序遍历，先让一个索引 p 指向最后一个元素的位置 m+n−1，这样 p 一定大于或等于 m 或 n，因此可以得到以下方法：

代码 5.11 合并有序数组 Ⅰ

```
1. void merge(int nums1[], int m, int nums2[], int n) {
2.     int p=m--+(--n);
3.     while(m>=0&&n>=0){          // 或 while(m+1&&n+1)
4.         nums1[p--] = nums1[m]>nums2[n]?nums1[m--]:nums2[n--];
5.     }
6.     while(n>=0){            // 或 while(n+1)
7.         nums1[p--] = nums2[n--];
8.     }
9. }
```

- 第 2 行将 p 指向数据尾部，注意 m-- 和 --n 的使用，之所以使用 --n，是因为 p 应该等于 m+n−1，所以要先减 1。（知识点：T268）
- p 一定大于或等于 m 或 n，因此第 4 行的赋值操作对第 3 行正在进行的遍历操作不会造成任何影响。
- 第 6~8 行的循环是为了处理 nums1，如果 nums1 已经被处理完毕，但是 nums2 还有残留数据，那么这些数据必须迁移到 nums1 中；如果 nums1 还有残留，那么正好处于应有的位置，不需要处理。
- 如果 nums1 已经处理完毕，可以只处理 nums2，因此可以将以上代码中的两个循环简化成一个循环。

代码 5.12 合并有序数组 Ⅱ

```
void merge(int nums1[], int m, int nums2[], int n) {
    int p=m--+(--n);
```

```
    while(n>=0){       //或 while(n+1)
        nums1[p--] = m>=0&&nums1[m]>nums2[n]?nums1[m--]:nums2[n--];
    }
}
```

知识点：T524

索引	要点	正链	反链
T524	掌握尺取法多指针反向或同向扫描法，掌握多变量方式对序列的遍历，能够把对称判断、原地删除和合并等方法作为解题模板	T475,T476	T547

5.2.4 空间换时间

有时需要在两个以上的多维度上对数据进行遍历，或对单一维度进行多重遍历时，计算复杂度高。通过把数组作为中间媒介，可以实现降维，把嵌套循环简化为并列循环，甚至单循环，能够极大地降低算法的复杂度。这是一种用空间换时间的思路。嵌套循环体现了乘法的思想，并列循环体现了加法的思想，嵌套循环简化为并列循环计算效率会极大地提升。

例题 5.6

长度为 L 的长江路上有一排树。如果把长江路看成一个 0~L 的数轴，则数轴上的每个整数 0,1,2,⋯,L 都种有一棵树。由于长江路部分区域要建地铁，这些区域用它们在数轴上的起始点（整数）和终止点（整数）表示，区域之间可能有重合的部分。现在要把建地铁区域的树（包括区域端点）移走，计算移走后路上还有多少棵树。

样例输入	样例输出
10 3 6 5 7 10 10	5

【题目解析】

从简单的思维出发，判断每棵树是否在给定的所有范围里。这样需要遍历所有的树 L，对于每棵树，再次遍历所有范围（假定共有 R 个范围），树和范围两个维度进行嵌套遍历，时间复杂度为 O(L×R)，其中 O 为算法复杂度表示方法。这种嵌套循环复杂度高，而且容易出错。仔细分析，每棵树只有保留或移走两种状态，可以通过数组记录状态变化。更重要的是，以数组为媒介，可以将嵌套循环拆解为并列循环，时间复杂度降为 O(L+R)。

代码 5.13 空间换时间

```
#include<iostream>
```

```
2. using namespace std;
3.
4. int main()
5. {
6.     int L;
7.     cin>>L;
8.     bool tree[L+1];
9.     for(auto &e:tree)     e = 1;
10.    int left,right;
11.    while(cin>>left>>right)
12.        for(int i=left;i<=right;++i) //将删除区域的值修改为0
13.            tree[i] = 0;
14.    int sum = 0;
15.    for(auto e:tree)
16.        sum += e;
17.    cout<<sum<<endl;
18.    return 0;
19.}
```

- 因为第 8 行定义的 tree 是一个动态数组，不能进行直接初始化。第 9 行用范围 for 的形式将数组全部初始化为 1。注意这里要改变每个元素的值，因此 e 必须采用引用形式。
- 第 14~16 行借助 true/false 和 1/0 的对应关系，不采用判断，直接将所有数值求和得到剩余树的数量。
- 第 9 行和第 15、16 行遍历所有的树，第 11~13 行遍历所有的范围。这两个遍历的中间媒介是数组 tree，两个遍历形成并列关系而不是嵌套关系。

例题 5.7

假设你正在爬楼梯。需要 n 阶你才能到达楼顶。每次你可以爬 1 或 2 个台阶。你有多少种不同的方法可以爬到楼顶呢？其中 $1 \leqslant n \leqslant 80$。（力扣 70）

【题目解析】

仔细分析题目，如果上到第 n−2 阶台阶共有 f(n−2) 种方法，上到第 n−1 阶台阶共有 f(n−1) 种方法，则 f(n)=f(n−1)+f(n−2)，这其实就是一个斐波那契数列。因此采用递归求解非常简单。

代码 5.14 递归求斐波那契数列 Ⅰ

```
#include<iostream>
using namespace std;
long long fib(int n){
    if(n==1||n==2)return n;
    return fib(n-1)+fib(n-2);
```

```
}
int main()
{
    int n;
    cin>>n;
    long long num = fib(n);
    cout<<num<<endl;
    return 0;
}
```

■ 整个程序一目了然，但是当输入为 50 时，在 codeblocks 上的运行时间较长。耗时长的主要原因是重复计算。n 越大，重复得越多，耗时就越长，如图 5.2 所示。

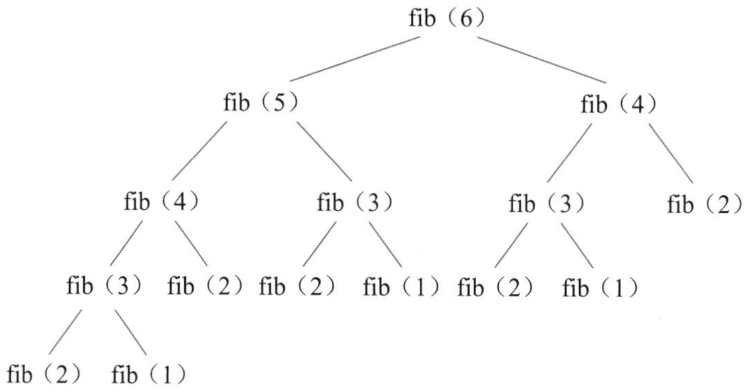

图 5.2　斐波那契数列的递归展开，以 fib(6) 为例

事实上，如果已经计算过 fib(n)，可以存储起来，下次用到的时候直接使用，就可以极大地加快计算速度。这是一个比较经典的以空间换时间的操作。这种方法称为带备忘录的递归方法，可以解决绝大部分递归超时问题。

代码 5.15 递归求斐波那契数列 II

```
#include<iostream>
using namespace std;
long long ret[100]={0,1,2};                  // 建立一个备忘录
long long fib(int n){
    if(n && !ret[n])                         // 如果需要更新备忘录
        ret[n]=fib(n-1)+fib(n-2);            // 更新备忘录
    return ret[n];                           // 返回备忘录中对应的值
}
int main()
{
    int n;
    cin>>n;
    long long num = fib(n);
```

```
14.     cout<<num<<endl;
15.     return 0;
16.}
```

- 第 3 行给定了一个全局变量数组，并初始化了 fib(1) 和 fib(2) 的值，其余默认为 0。全局变量的生命周期贯穿整个程序的运行，可以在任意位置使用。
- 第 6 行将每次计算的结果保存到数组 ret 中的对应位置上。计算时第 5 行先进行判断，如果 fib(n) 已经计算过（不为 0），则直接返回结果，这样极大地加快了计算速度。当输入为 50 甚至 90 时，运行时间在 codeblocks 上大约都为 3.5 秒，这还是因为包括了输入 / 输出的时间。

因为全局变量可以在任意处使用，可能会造成程序的混乱，因此并不建议使用。代码 5.16 采用 static 静态变量，其作用域在局部，但是生命周期与全局变量相同。初始化操作只会执行一次。

代码 5.16 递归求斐波那契数列 III

```
1. long long fib(int n){
2.     static long long ret[100]={0,1,2};   // 建立一个备忘录
3.     if(n && !ret[n])                     // 如果需要更新备忘录
4.         ret[n]=fib(n-1)+fib(n-2);        // 更新备忘录
5.     return ret[n];                       // 返回备忘录中对应的值
6. }
```

- 第 2 行定义的 ret 是静态变量，只能在函数内部使用。但是其生命周期与全局变量一致，贯穿整个程序的运行过程。第 2 行的代码在反复调用 fib 函数的过程中会多次执行到该位置，但是这条语句只在第一次执行的时候起作用，后续执行到该位置的时候，会自动忽略第 2 行语句，因此整个变量的定义和初始化只会执行一次，其效果与全局变量完全相同。

知识点：T525

索引	要　　点	正链	反链
T525	以空间消耗换取时间效率是算法优化的基本方法。 利用全局变量或静态变量构建数组，实现递归的快速计算，注意静态变量的使用	T513	T526，T528

5.2.5 打表法

在一些题目中，某些计算过程需要反复使用，这就造成了时间的严重消耗，可能造成超时问题。遇到这种情况，可以一次性计算所有可能输入对应的结果，并保存到数组中，

之后直接查询。这种方式主要对每个可能的计算只操作一遍，从而达到了节省时间的目的。这种利用数组的方式称为打表法。注意这个技巧只适用于输入的值域不大的问题，否则可能会导致内存超限、时间超限等问题。

例题 5.8

给定 n 个不同的非负整数，求这些数中有多少对整数的值正好相差 1。（CSP2014 年 9 月真题）

【输入】

第一行包含一个整数 n（$1 \leqslant n \leqslant 1000$），表示给定非负整数的个数。

第二行包含 n 个给定的非负整数，每个整数不超过 10000。

【输出】

这 n 个非负整数中有多少对整数的值正好相差 1。

样例输入	样例输出
6 10 2 6 3 7 8	3

【样例说明】

相差为 1 的整数对包括 (2,3), (6,7), (7,8)。

【题目解析】

朴素的方法是逐个枚举，使用双重嵌套循环，时间复杂度为 $O(n^2)$。也可以先排序，然后检测相邻元素是否符合题目规定，时间复杂度为 O(nlogn)，即排序的复杂度。根据题目说明，每个非负整数最大不超过 10000，因此最佳方式是创建一个元素个数为 10000 的数组，将所有数据标定出来，再进行向量元素检测。时间复杂度降为 O(n)。

代码 5.17 打表法

```
#include<iostream>
using namespace std;

int main()
{
    int n;
    cin>>n;
    bool cnt[10010]= {0};                    //给定一些冗余空间，防止边界错误
    int x,min=10000,max=0,ans=0;
    for(int i=0; i<n; ++i){
        cin>>x;
        if(x<min)    min = x;                //求最小值
        if(x>max)    max = x;                //求最大值
        cnt[x] = 1;                          //对应 x 的位置有数值
    }
```

```
16.     for(int i=min+1;i<=max;++i)   // 遍历所有有效数值
17.     ans += (cnt[i]+cnt[i-1]==2); // 如果相邻两个元素都有效，则相加必为 2
18.     cout<<ans<<endl;
19.     return 0;
20.}
```

- 本题目借助数组，虽然浪费了一定的空间，但是极大降低了算法的复杂度。当对 cnt 进行赋值后，实际上就是按空间顺序完成了排序，又不需要排序那么复杂。
- 第 8 行元素只有 10000 个，但是边界是最容易出问题的地方，因此额外定义了 10 个空间。
- 第 16 行的遍历，可以是 0~10000，但本算法在输入过程中求解了最大值和最小值，降低了遍历的范围。
- 第 17 行也可以修改为 ans += cnt[i]&&cnt[i-1]，同样表示两个相邻元素都为 1 时计数加 1。
- 第 17 行也可以修改为 ans += cnt[i]&cnt[i-1]，只有两个相邻元素都为 1 时，进行“位与”运算的结果才能为 1。位运算是底层运算，计算效率最高。

随堂练习 5.3

有 N 个非零且各不相同的整数。请你编一个程序求出它们中有多少对相反数（a 和 -a 为一对相反数）。（CSP2014 年 3 月真题）

【输入】

第一行包含一个正整数 N(1 ≤ N ≤ 500)。

第二行为 N 个用单个空格隔开的非零整数，每个数的绝对值不超过 1000，保证这些整数各不相同。

【输出】

只输出一个整数，即这 N 个数中包含多少对相反数。

样例输入	样例输出
5 1 2 3 -1 -2	2

例题 5.9

给定 n 个整数，求第 i~j 所有数据的和。

【输入】

第一行包含一个正整数 N(1 ≤ N ≤ 10000)。

第二行为 N 个用单个空格隔开的整数，每个数小于 105。

从第三行开始，每行输入两个整数 i 和 j，1 ≤ i ≤ j ≤ 10000。

【输出】

输出从输入第三行开始每行指定范围的所有整数的和。

样例输入	样例输出
6 10 2 6 3 7 8 2 4 3 6	11 24

【题目解析】

这个题目从表面上看就是一个简单的数据求和问题，但是求和范围可能有重叠，重叠部分如果范围较大、次数较多时，就会造成严重的时间浪费，从而出现超时问题。因此采用打表法解决该数据求和问题，如代码 5.18 所示。

代码 5.18 打表法求数据和

```
1. #include<iostream>
2. using namespace std;
3.
4. int main()
5. {
6.     int n,x;
7.     cin>>n;
8.     int table[10010]= {0};
9.     for(int i=0; i<n; ++i){
10.         cin>>x;
11.         table[i+1] = table[i]+x;
12.     }
13.     int i,j;
14.     while(cin>>i>>j)
15.         cout<<table[j]-table[i-1]<<endl;
16.     return 0;
17.}
```

- 第 8 行建立了一个数组，保存第 9~12 行中输入数据的累积和。
- 第 15 行中，对应范围的两个累积和相减，就得到了这个范围内所有数据的和。这种方法的最大优势就体现在对于重复的范围只计算了一次，去除了时间的反复消耗。

例题 5.10

计算小于给定非负整数 n 的所有素数的个数。$0 \leqslant n \leqslant 5\times10^6$，当 n 为 0 或 1 时，对应结果为 0。（力扣 204）

样例输入	样例输出
10	4

【样例说明】

小于 10 的所有素数分别为 2, 3, 5, 7。

【题目解析】

如果对范围内的每个数据都进行素数判断，会造成极大的时间浪费。利用打表法，把这个想法倒过来。从 2 开始向后遍历，将所有数据的倍数标记为非素数，这样统计起来非常简单。

代码 5.19 打表法求素数个数

```
1. #include<iostream>
2. using namespace std;
3.
4. int main()
5. {
6.     int n;
7.     cin>>n;
8.     int res = 0;
9.     bool prime[n+10];
10.    for(auto &e:prime)  e=true;
11.    for(int i = 2; i < n; ++i){
12.        if(prime[i]) {                    // 如果 i 是素数
13.            ++res;                        // 答案加 1
14.            for(int j = i+i; j < n; j+=i)// 将 i 的所有倍数设置为 false
15.                prime[j] = false;
16.        }
17.    }
18.    cout<<res<<endl;
19.    return 0;
20.}
```

- 第 9 行建立了一个数组保存所有可能的候选答案，通过第 10 行全部初始化为 true。
- 第 11~17 行从小到大遍历所有可能的候选答案，将素数 i 的所有倍数全部标记为 false。剩余的就全部为素数。
- 虽然从表面上看是一个嵌套循环，时间复杂度应该为 $O(n^2)$，但是仔细分析就可以知道，第 14 行的循环是跳跃的，整个程序执行完毕后，数组中的每个元素只被第 14 行的循环访问一次。

知识点：T526

索引	要　　点	正链	反链
T526	打表法是数组应用的最重要方法之一，需要重点掌握； 空间消耗不能过大，一般在 10^6 以内，如果题目中没有缩减范围则不能用打表法； 尽量减少数组遍历的范围	T525	T833,T871, T872,T873
	洛谷：U271211(LX509), U271212(LX510)		

5.2.6 排序

排序是多数值运算中的基本操作，一般分为升序和降序。排序的方法有很多，经典排序方法包括冒泡法、选择法、插入法和快速排序法等。这些算法的动画演示可以参见网站 https://visualgo.net/zh/sorting。

★ 提示：

visualgo 是一个非常好的算法动画演示平台，很多常用算法都在该网站有动画形式展现。

（1）冒泡法排序。

冒泡法排序是一种简单的排序算法，它也是一种稳定排序算法。重复遍历要排序的元素，依次比较两个相邻的元素，如果顺序错误就进行交换，直到没有相邻元素需要交换，完成排序。这个算法的名字由来是因为越小的元素会通过交换慢慢“浮”到数列的顶端（升序或降序排列），就如同碳酸饮料中二氧化碳的气泡最终会上浮到顶端一样，故名“冒泡排序”。

假设对待排序序列 (5,1,4,2,8) 进行升序排列，第一轮排序将最大元素置于最后，如图 5.3 所示。

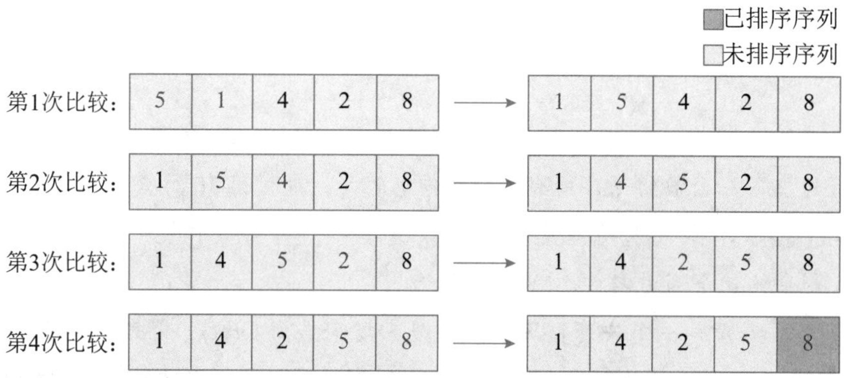

图 5.3　冒泡排序的第一轮排序

第二轮待排序序列只包含前 4 个元素，将其中最大元素放置在待排序序列尾部，如图 5.4 所示。

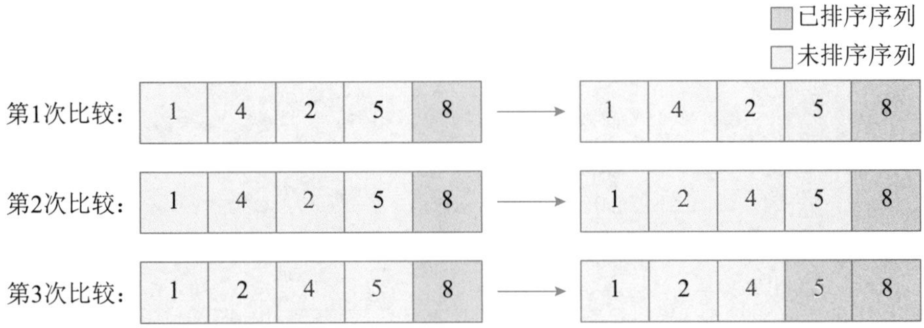

图 5.4　冒泡排序的第二轮排序

第三轮待排序序列只包含前 3 个元素，将其中最大元素放置在待排序序列尾部，如图 5.5 所示。

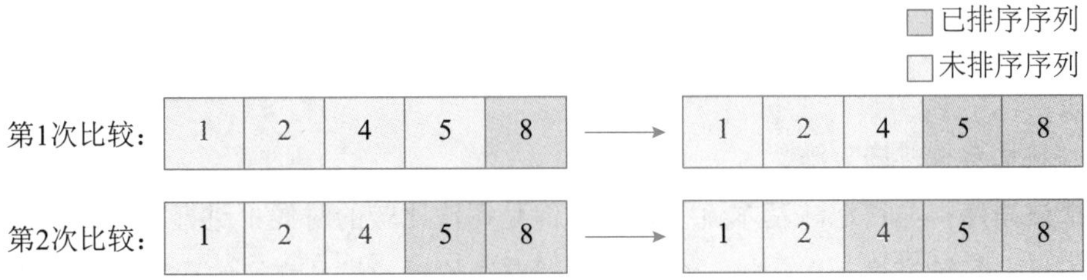

图 5.5　冒泡排序的第三轮排序

第四轮只剩下 2 个元素，对其进行顺序调整，完成排序，如图 5.6 所示。

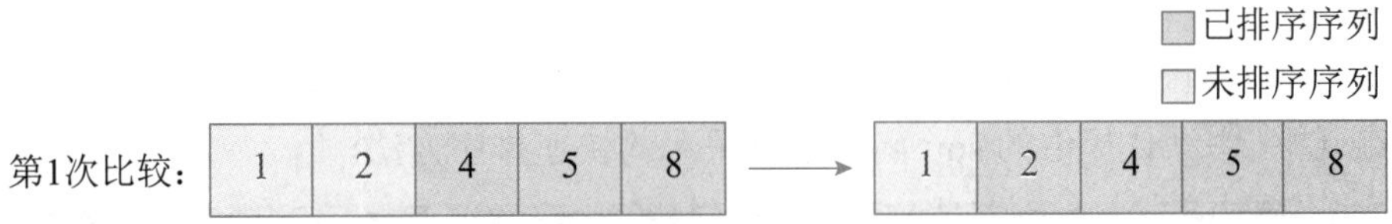

图 5.6　冒泡排序的第四轮排序

由此可以推导，对于 n 个元素的排序，需要比较 n-1 轮，对于第 i 轮排序，比较 n-i 次。该算法时间复杂度为 $O(n^2)$。

代码 5.20 冒泡排序

```
#include<iostream>
using namespace std;

void bubble_sort(int n,int a[]) {
    for(int i = 0; i < n; i++) {
        // 对待排序序列进行冒泡排序
        for(int j = 0; j + 1 < n - i; j++) {
            // 相邻元素进行比较，当顺序不正确时，交换位置
            if(a[j] > a[j + 1]) {
                int temp = a[j];
```

```
                a[j] = a[j + 1];
                a[j + 1] = temp;
            }
        }
        cout<<"第"<<i+1<<"轮排序：";
        for(int j = 0; j< n; ++j)
            cout<<a[j]<<' ';
        cout<<endl;
    }
}

int main(){
    int a[] = { 5,1,4,2,8 };
    bubble_sort(sizeof(a)/sizeof(int),a);
    return 0;
}
```

（2）其他典型排序方法。

选择法排序：与冒泡法基本流程相同，但是每次比较的时候不进行交换，只是记录最优值的下标，每轮交换一次，将一个极值放到有序位置。只是交换的次数比冒泡法少。

插入法排序：每次取出一个元素，放到已有有序数组的对应位置上。类似打牌时一边摸牌，一边排序。例如，山东流行的“保皇”等玩法，这种摸牌方法尤其通用。

快速排序：每轮随机选取一个元素作为基准，将所有元素分为比基准大和小两组，分别放到基准的左侧和右侧，然后分别对两组采用相同的方法进行处理。这样排序轮次降低为 $\log_2 n$ 。C++ 中默认提供的 sort 函数就是采用的快速排序方法。

代码 5.21 快速排序函数

```
#include<iostream>
#include<algorithm>
using namespace std;

bool cmp(int a,int b){
    return a>b;
}

int main()
{
    int n;
    cin >> n;
    int a[n+3];
    for(int i=0;i<n;++i){
        cin >> a[i];
    }
```

```
17.     sort(a,a+n);              // 升序
18.     //reverse(a,a+n);         // 逆序
19.     for(int i=0;i<n;++i){
20.         cout << a[i] << " ";
21.     }
22.     cout<<endl;
23.     sort(a,a+n,cmp);          // 按照 cmp 函数指定的规则进行排序，此处为降序
24.     for(int i=0;i<n;++i){
25.         cout << a[i] << " ";
26.     }
27.     return 0;
28.}
```

样例输入	样例输出
4 5 1 7 6	1 5 6 7 7 6 5 1

- sort 默认按照升序排列，如果需要降序，将排列好的数组调用 reverse 进行逆序即可。
- 注意第 5~7 行自定义的比较函数 cmp，要求返回值为布尔类型，两个参数的数据类型与数组中元素的数据类型相同。其中 a 和 b 代表数组中的两个元素。函数体中定义两个元素的比较规则。例如，第 6 行中定义当 a>b 时返回为 true，因此第 23 行的调用结果形成降序。

一般情况下，称某个排序算法稳定，指的是当待排序序列中有相同的元素时，它们的相对位置在排序前后不会发生改变。在 NOI 竞赛中，经常考查算法的稳定性，表 5.2 列出常用排序算法的时间 / 空间复杂度和稳定性。

表 5.2　常用排序算法的时间 / 空间复杂度和稳定性

类　别	排序方法	时间复杂度			空间复杂度	稳定性
		平均情况	最好情况	最坏情况	辅助存储	
插入排序	直接插入	$O(n^2)$	$O(n)$	$O(n^2)$	$O(1)$	稳定
	shell 排序	$O(n^{1.3})$	$O(n)$	$O(n^2)$	$O(1)$	不稳定
选择排序	直接选择	$O(n^2)$	$O(n^2)$	$O(n^2)$	$O(1)$	不稳定
	堆排序	$O(n\log_2 n)$	$O(n\log_2 n)$	$O(n\log_2 n)$	$O(1)$	不稳定
交换排序	冒泡排序	$O(n^2)$	$O(n)$	$O(n^2)$	$O(1)$	稳定
	快速排序	$O(n\log_2 n)$	$O(n\log_2 n)$	$O(n^2)$	$O(n\log_2 n)$	不稳定
归并排序		$O(n\log_2 n)$	$O(n\log_2 n)$	$O(n\log_2 n)$	$O(1)$	稳定
基数排序		$O(d(r+n))$	$O(d(n+rd))$	$O(d(r+n))$	$O(rd+n)$	稳定
注：基数排序的复杂度中，r 代表关键字的基数，d 代表长度，n 代表关键字的个数						

知识点：T527

索引	要　　点	正链	反链
T527	排序是基本算法，理解冒泡法、选择法、插入法和快速排序的基本思想和时间效率；能使用 algorithm 库中的 sort 函数对数组进行快速排序，能自定义比较规则	T312	
	洛谷：U271214(LX511)		

5.2.7 动态规划 *

动态规划（dynamic programming，DP）是求解多阶段决策问题最优化的一种算法技术。为了解决复杂问题，它将大问题分解为相对简单的子问题，大问题的最优解取决于子问题的最优解。

如果一个问题，能够把所有可能的答案穷举出来，并且穷举出来后，发现存在重叠子问题，就可以考虑使用动态规划。重叠子问题是指求解大问题时需要多次重复求解小问题，它曾在例题 5.7 中被提及。

下面以例题 5.7 为例，讲解使用动态规划解题的步骤。

第一步：穷举分析。

假设爬到第 n 级台阶共有 f(n) 种爬法。

当台阶数 n 为 1 时，只有一种爬法，f(1) = 1。

当台阶数 n 为 2 时，有两种爬法。第一种是直接爬两级，第二种是先爬一级然后再爬一级。f(2) = 2。

当台阶数 n 为 3 时，要么是先爬到第二级台阶然后再爬一级，要么是先爬到第一级台阶然后再直接爬两级。因此 f(3) = f(2) + f(1) = 3。

当台阶数 n 为 4 时，要么是先爬到第三级台阶然后再爬一级，要么是先爬到第二级台阶然后再直接爬两级。因此 f(4) = f(3) + f(2) = 5。

以此类推。

第二步：确定边界。

通过穷举分析，发现当台阶数 n 是 1 或 2 时，能够直接求得有多少种爬法，即 f(1) = 1, f(2) = 2。当台阶数 n ≥ 3 时，已经呈现出规律：f(n) = f(n−1) + f(n−2)。因此 f(1) = 1, f(2) = 2 就是爬楼梯问题的边界。

第三步：找规律，确定最优子结构。

最优子结构是指大问题的最优解可以由其子问题的最优解有效地构造出来。当台阶数 n ≥ 3 时，有 f(n) = f(n−1) + f(n−2)，因此 f(n−1) 和 f(n−2) 就是 f(n) 的最优子结构。

第四步：写出状态转移方程。

通过前面三个步骤，得到状态转移方程如下：

$$f(n)=\begin{cases}1, & n=1\\ 2, & n=2\\ f(n-1)+f(n-2) & n\geqslant 3\end{cases}$$

使用动态规划解题的模板如代码 5.22 所示。

代码 5.22 动态规划解题的模板

```
// 动态规划解题的模板
// dp[0][0][...] = 边界值；
// for(状态 1：所有状态 1 的值){
//      for(状态 2：所有状态 2 的值){
//          for(...){
//           状态转移方程；
//          }
//      }
// }
#include<iostream>
using namespace std;
int main()
{
    int n;
    cin>>n;
    int a[n] = {1,2};                     //设定边界值
    for(int i=2;i<n;i++)                  //遍历所有状态 1 的值
        a[i] = a[i-1]+a[i-2];             //转移方程
    cout<<a[n-1];
    return 0;
}
```

例题 5.11

给你一个整数数组 nums，找到其中最长严格递增子序列（longest increasing subsequence，LIS）的长度。

子序列是由数组派生而来的序列，删除（或不删除）数组中的元素而不改变其余元素的顺序。例如，[3,6,2,7] 是数组 [0,3,1,6,2,2,7] 的子序列。（力扣 300）

【输入】

第一行，整数数组 nums 的元素个数。

第二行，整数数组 nums，整数之间用空格分隔。

$1 \leqslant nums.length \leqslant 2500$，$-10^4 \leqslant nums[i] \leqslant 10^4$

【输出】

最长严格递增子序列的长度。

样 例 输 入	样 例 输 出
8 10 9 2 5 3 7 101 18	4

【题目解析】

第一步：穷举分析。

以样例输入中的数组 [10, 9, 2, 5, 3, 7, 101, 18] 为例，进行穷举分析。

当 nums 只有一个元素 10 时，最长严格递增子序列是 [10]，长度是 1。

当 nums 加入一个元素 9 时，最长严格递增子序列是 [10] 或 [9]，长度是 1。

当 nums 再加入一个元素 2 时，最长严格递增子序列是 [10] 或 [9] 或 [2]，长度是 1。

当 nums 再加入一个元素 5 时，最长严格递增子序列是 [2, 5]，长度是 2。

当 nums 再加入一个元素 3 时，最长严格递增子序列是 [2, 5] 或 [2, 3]，长度是 2。

当 nums 再加入一个元素 7 时，最长严格递增子序列是 [2, 5, 7] 或 [2, 3, 7]，长度是 3。

当 nums 再加入一个元素 101 时，最长严格递增子序列是 [2, 5, 7, 101] 或 [2, 3, 7, 101]，长度是 4。

当 nums 再加入一个元素 18 时，最长严格递增子序列是 [2, 5, 7, 101] 或 [2, 3, 7, 101] 或 [2, 5, 7, 18] 或 [2, 3, 7, 18]，长度是 4。

分析以上过程可得，在以数组每个元素结尾的最长严格递增子序列组成的集合中，元素最多的即为数组的最长严格递增子序列。因此原问题转为先求出以每个元素结尾的最长严格递增子序列集合，再求最大长度。创建一个整型数组 dp，用 dp[i] 表示以 nums[i] 结尾的最长严格递增子序列的长度，得到表 5.3。

表 5.3　nums[i] 和 dp[i] 的取值

下标 i	0	1	2	3	4	5	6	7
nums[i]	10	9	2	5	3	7	101	18
dp[i]	1	1	1	2	2	3	4	4

事实上，只要在前面找到 nums[j]<nums[i]，以 nums[j] 结尾的严格递增子序列加上 nums[i] 即可得到以 nums[i] 结尾的严格递增子序列。显然，可能形成多种新的子序列，选择最长的子序列，即为以 nums[i] 结尾的最长严格递增子序列。

第二步：确定边界。

对于某个数组，dp[0] = 1，dp[1] = 2 或 1，因此边界就是 dp[0] =1。

第三步：找规律，确定最优子结构。

根据穷举分析，发现如下规律：

对于 j<i 并且 nums[j]<nums[i]，有 dp[i]=max(dp[j])+1。

其中，max(dp[j]) 就是最优子结构。

第四步：写出状态转移方程。

通过前面三个步骤，得到状态转移方程如下：

$$dp[i]=\begin{cases} 1, & i=0 \\ \max(dp[j])+1 & 0\leqslant j<i \text{且} nums[j]<nums[i] \end{cases}$$

因此数组 nums 的最长严格递增子序列的长度为 max(dp[i])。

代码 5.23 动态规划求最长递增子序列的长度

```
1. #include<iostream>
2. using namespace std;
3.
4. int lengthOfLIS(int array[], int length){
5.         if(length == 0) return 0;
6.         int dp[length];
7.         int ans = 1;
8.         for(int i = 0; i < length; ++i){
9.             dp[i] = 1;
10.            for(int j = 0; j < i; ++j)
11.                if(array[j] < array[i])
12.                    dp[i] = max(dp[i], dp[j] + 1);
13.            ans = max(ans, dp[i]);
14.        }
15.        return ans;
16.}
17.
18.int main(){
19.    int length;
20.    cin>>length;
21.    int nums[length];
22.    for(int i = 0; i < length; ++i)
23.        cin>>nums[i];
24.    cout<<lengthOfLIS(nums, length);
25.    return 0;
26.}
```

- 第 4 行，数组作为函数的参数时，必须同时传递数组地址和数组中元素的数量，否则无法知道数组的有效范围。详细内容见 5.1.5 小节。
- 第 11、12 行，只有 array[i]>array[j]，才能将 array[i] 放在 array[j] 后面以形成更长的严格递增子序列。
- 第 12 行用于计算 max(dp[j]+1)，从而确定最终的 dp[i]，这与 max(dp[j])+1 是等价的。

- 第 13 行用于计算所有 dp[i] 中的最大值。
- 分析 lengthOfLIS 函数可知，该函数先解决子问题再递推到大问题，具体过程为使用多个 for 循环填写数组，根据已计算的结果，逐步递推出大问题的解决方案。这便是动态规划的解题思路。

知识点：T528

索引	要　　点	正链	反链
T528	动态规划将大问题分解为子问题，求解时从子问题递推到大问题	T513，T525	

5.3 二维数组

C++ 支持多维数组。多维数组声明的基本语法规则如下：

type name[size1][size2]...[sizeN];

type 可以是任意有效的 C++ 数据类型，name 是一个有效的 C++ 标识符。例如，创建一个三维 5×10×4 整型数组的声明如下：

int threedim[5][10][4];

一个二维数组可以被认为是一个带有 x 行和 y 列的表格。图 5.7 是一个二维数组，包含 3 行和 4 列。

	Column 0	Column 1	Column 2	Column 3
Row 0	a[0][1]	a[0][2]	a[0][3]	a[0][4]
Row 1	a[1][1]	a[1][2]	a[1][3]	a[1][4]
Row 2	a[2][1]	a[2][2]	a[2][3]	a[2][4]

图 5.7　二维数组的示意图

多维数组可以通过在括号内为每行指定值来进行初始化。例如，一个带有 3 行 4 列的数组的初始化如下：

```
int a[3][4] = {{0, 1, 2, 3} , /* 初始化索引号为 0 的行 */
{4, 5, 6, 7} , /* 初始化索引号为 1 的行 */
{8, 9, 10, 11} /* 初始化索引号为 2 的行 */ };
```

内部嵌套的括号是可选的，下面的初始化与上面是等同的。

```
int a[3][4] = {0,1,2,3,4,5,6,7,8,9,10,11};
```

多维数组如果被进行初始化，或作为函数参数时，紧挨变量名的第一个维度的长度可以省略，其余的元素数量必须明确定义。否则编译器无法获知每个维度的长度。

编程时，无论是输入 / 输出还是遍历，多维数组通常是和嵌套循环搭配使用的。

代码 5.24 二维数组遍历

```
#include<iostream>
using namespace std;

int main()
{
    int a[2][5] = { {3,5,7,6,8}, {1,8,2,5,3}};
    cout<<" 行 \\ 列 ";
    for( int j = 0; j < 5; j++ )
        cout<<'\t'<<j;
    cout<<endl;
    for( int i = 0; i < 2; i++ ){
        cout<<i;
        for( int j = 0; j < 5; j++ ){
            cout <<'\t'<< a[i][j];
        }
        cout<<endl;
    }
    return 0;
}
```

样例输入	样例输出
（无）	行 \ 列 0 1 2 3 4 0 3 5 7 6 8 1 1 8 2 5 3

例题 5.12

旋转是图像处理的基本操作，在这个问题中，你需要将一个图像逆时针旋转 90°。计算机中的图像可以用一个矩阵来表示。为了旋转一个图像，只需要旋转对应的矩阵即可。（CSP2015 年 3 月真题）

【输入】

输入的第一行包含两个整数 n、m，分别表示图像矩阵的行数和列数。

接下来 n 行，每行包含 m 个整数，表示输入的图像。

$1 \leqslant n,m \leqslant 1000$，矩阵中的数都是不超过 1000 的非负整数。

【输出】

输出 m 行，每行包含 n 个整数，表示原始矩阵逆时针旋转 90° 后的矩阵。

样例输入	样例输出
2 3 1 5 3 3 2 4	3 4 5 2 1 3

代码 5.25 旋转矩阵

```
#include<iostream>
using namespace std;
int a[1005][1005];
int main()
{
    int n,m;
    cin>>n>>m;
    for( int i = 0; i < n; i++ ){
        for( int j = 0; j < m; j++ ){
            cin>>a[i][j];
        }
    }
    for( int j = m-1; j >=0; j-- ){
        for( int i = 0; i < n; i++ ){
            cout<<a[i][j]<<' ';
        }
        cout<<endl;
    }
    return 0;
}
```

在二维数组中，最重要的是对角线、上三角和下三角的概念。对角线上行列坐标相等，上三角中的行坐标小于列坐标，下三角中列坐标小于行坐标，如图 5.8 所示。

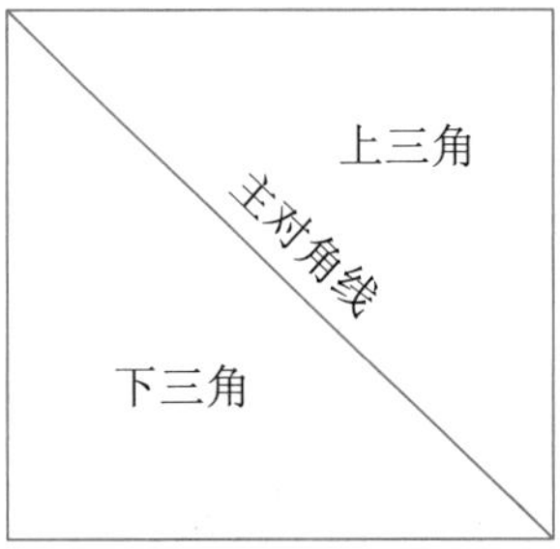

图 5.8　二维数组的主对角线和上三角、下三角

代码 5.26 对角线图案

```
#include<iostream>
```

```
using namespace std;

int main()
{
    int n;
    cin>>n;
    int a[n][n];
    for( int i = 0; i < n; i++ ){
        for( int j = 0; j < n; j++ ){
            a[i][j]=abs(i-j);
            cout<<a[i][j]<<' ';
        }
        cout<<endl;
    }
    return 0;
}
```

样例输入	样例输出
5	0 1 2 3 4 1 0 1 2 3 2 1 0 1 2 3 2 1 0 1 4 3 2 1 0

知识点：T531

索引	要 点	正链	反链
T531	掌握二维数组的基本使用方法，掌握主对角线、上三角、下三角的概念	T511	T623

5.4 C++ 的字符串

5.4.1 字符串的基本操作

字符串是常见的基本类型，在 C++ 中提供了 string 型进行字符串处理。可以将字符串理解成一个数组，其中每个元素都是一个字符，可以按照数组的形式进行访问。

代码 5.27 以数组的形式访问字符串

```
#include<iostream>
#include<string>
```

```
using namespace std;
int main(){
    string s = "1234567890";
    for(int i=0,len=s.length(); i<len; i++){// 采用数组形式进行遍历
        cout<<s[i]<<" ";
    }
    cout<<endl;
    s[5] = 'a';                              // 修改字符串中某个字符
    cout<<s<<endl;
    return 0;
}
```

样例输入	样例输出
(无)	1 2 3 4 5 6 7 8 9 0 12345a7890

字符串在 C 语言中是用 '\0' 结尾的字符数组进行表达的，但是操作和理解上都比较复杂，按照数组的基本规定，一般不能进行整体赋值，不能进行整体比较。因此在 C++ 中将字符数组封装成了一个类 string，通过成员函数和操作符重载等一系列面向对象的处理，string 类在处理上变得非常简单。例如，当需要将两个字符串进行拼接时，只需要用 + 进行完成。此外 string 还提供了增删改查等基本操作。

代码 5.28 string 类提供的基本操作

```
#include<iostream>
using namespace std;

int main(){
    cout<<" 字符串拼接: "<<endl;
    string s1 = "first ";
    string s2 = "second ";
    cout<<s1+s2<<endl<<s1+"third"<<endl;
    cout<<" 插入子字符串: "<<endl;
    s1.insert(3,"aaa");
    cout<<s1<<endl;
    cout<<" 删除子字符串: "<<endl;
    s1.erase(3);
    s2.erase(3,2);
    cout<<s1<<endl<<s2<<endl;
    cout<<" 抽取子字符串: "<<endl;
    s1 = "first third second";
    s2 = s1.substr(6, 5);
    cout<<s2<<endl;
    cout<<" 字符串查找: "<<endl;
```

```
21.     s1 = "first second third second";
22.     s2 = "second";
23.     size_t index = s1.find(s2,7);
24.     if(index < s1.length())
25.         cout<<"Found at index : "<< index <<endl;
26.     else
27.         cout<<"Not found"<<endl;
28.     index = s1.rfind(s2,7);
29.     if(index < s1.length())
30.         cout<<"Found at index : "<< index <<endl;
31.     else
32.         cout<<"Not found"<<endl;
33.     cout<<" 查找子字符串任意字符在字符串中首次出现的位置: "<<endl;
34.     index = s1.find_first_of(s2);
35.     if(index < s1.length())
36.         cout<<"Found at index : "<< index <<endl;
37.     else
38.         cout<<"Not found"<<endl;
39.     return 0;
40.}
```

样例输入	样例输出
（无）	字符串拼接： first second first third 插入子字符串： firaaast 删除子字符串： fir secd 抽取子字符串： third 字符串查找： Found at index : 19 Found at index : 6 查找子字符串任意字符在字符串中首次出现的位置： Found at index : 3

- insert() 函数可以在 string 字符串中指定的位置插入另一个字符串，第一个参数表示要插入的位置，也就是下标；第二个参数表示要插入的字符串。第 10 行表示在下标为 3 的位置插入了一个子串 "aaa"。
- erase() 函数可以删除 string 中的一个子字符串。第一个参数表示要删除子字符串的起始下标，第二个参数表示要删除子字符串的长度。如果没有第二个参数，那么直接删

除到字符串结束处的所有字符。

- substr() 函数用于从 string 字符串中提取子字符串。第一个参数为要提取的子字符串的起始下标，第二个参数为要提取的子字符串的长度。
- find() 函数用于在 string 字符串中查找子字符串出现的位置。第一个参数为待查找的子字符串，第二个参数为开始查找的位置（下标）；如果不指明，则从第 0 个字符开始查找。最终返回的是子字符串第一次出现在字符串中的起始下标。如果没有查找到子字符串，那么会返回一个无穷大值。第 23 行表示从下标 7 开始查找，因此返回的是第二个 second 出现的位置 19。
- rfind() 函数与 find() 类似，但是它最多查找到第二个参数处，如果到了第二个参数所指定的下标还没有找到子字符串，则返回一个无穷大值。
- find_first_of() 函数不把子串作为一个整体，而是查找子串中任意字符在字符串中第一次出现的位置。第 34 行进行查找时，'s' 出现在 second 中，并且它在 s1 中的下标为 3，因此返回结果为 3，并不是 second 的 6。
- 在 string 的众多函数中，涉及位置、长度信息时，使用的数据类型都是 size_t，在 64 位系统中 size_t 定义为 long long unsigned int，在 32 位系统中定义为 unsigned int，也就是一个无符号的整型。

知识点：T541

索引	要　点	正链	反链
T541	掌握 string 字符串增删改查的基本操作和对应的函数	T243,T511	T832,T842
	洛谷：U271216(LX513), U271219(LX514)		

5.4.2 字符串的长度和容量 *

字符串的长度和存储容量是两个概念，二者并不一致。长度指字符串中实际有效的字符数量，而存储容量是指对该字符串分配的存储空间大小。长度可以用 size() 或 length() 函数获取，两个函数是完全等价的；存储容量用 capacity() 获取。长度和容量为什么会不相等呢？因为字符串本质上是一个字符构成的数组，数组中所有元素在内存中必须连续分配。当字符串长度发生变化，已有空间不能满足需求时，就需要重新分配空间，而为了保证空间的连续性，只能进行全部存储空间的重新分配。字符串作为常用数据类型，其基本操作增删改都会涉及长度变化，如果每次都全部重新分配内存空间，运行效率将会变得非常低。因此通常字符串的容量都要大于有效字符的长度，这样当字符串长度进行小范围变化时，不需要重新分配空间。而当出现空间不足的情况时，重新分配的新空间还是会有一定的冗余度。至于新空间具体是多少，是由操作系统提供的策略进行保障的，用户不需要过多了解。

代码 5.29 字符串的容量和长度

```
1. #include<iostream>
2. using namespace std;
3.
4. int main(){
5.     string s;
6.     cout<<s.empty()<<endl;
7.     cout<<s.size()<<' '<<s.capacity()<<endl;
8.     s="abcdefghijklmnopqrstuvwxyz";
9.     cout<<s.size()<<' '<<s.capacity()<<endl;
10.    s="abcdefghijklmnopqrstuvwxyzabcdefg";
11.    cout<<s.size()<<' '<<s.capacity()<<endl;
12.    s.resize(20);
13.    cout<<s.size()<<' '<<s.capacity()<<endl;
14.    s.resize(70);
15.    cout<<s.size()<<' '<<s.capacity()<<endl;
16.    s.reserve(80);
17.    cout<<s.size()<<' '<<s.capacity()<<endl;
18.    s.reserve(50);//或 s.reserve()
19.    cout<<s.size()<<' '<<s.capacity()<<endl;
20.    return 0;
21.}
```

样例输入	样例输出
（无）	1 0 15 26 30 33 60 20 60 70 120 70 80 70 70

- 实际输出结果与执行环境有关，可能会有所差异，但是原理上相同。
- 可以通过 resize() 函数调整字符串的长度（size），通过 reserve() 函数调整字符串的容量（capacity）。size 调整时会导致 capacity 跟随发生变化，但是 capacity 调整时，size 不会发生变化。
- empty 可以判断一个字符串是否为空，其效率比 size() 函数要高。
- 第 7 行看到空字符的 size 为 0，但是其容量并非为 0，也就是说，当字符数量小于 15 时，不需要为该字符串重新分配空间。

- 第 8 行因为新字符串长度超过 15，size 变为实际长度 26，但是 capacity=30>26，第 10 行 size 再次打破 capacity 的限制变成 33 后，capacity 被调整为 60。第 12 行通过 resize 函数将 size 变小后，capacity 不会发生变化，但第 14 行将 size 变大后超过了当前的 capacity，capacity 被再次扩容。可以确定，capacity 会一直大于或等于 size，但具体的值是根据操作系统的策略进行动态调整的。
- string 可以调用 reserve() 缩减实际容量。但用一个“小于现有容量”的参数调用 reserve()，是一种非强制性请求。也就是说可能想要缩减容量至某个目标，但不保证一定达成。string 的 reserve() 参数默认值为 0，所以调用 reserve() 并且不给参数，就是一种“非强制性适度缩减请求”。第 18 行缩减目标小于 size 的值，但新的 capacity 变为 70，并没有按照目标指示变成 50 或 0。

例题 5.13

完成函数 string str_remove(string s, char ch)，从 s 中删除指定的字符 ch，并将剩余字符串作为返回值。

样例输入	样例输出
s="abbce", ch='b'	ace

代码 5.30 删除指定字符

```
1. string str_remove(string s, char ch)
2. {
3.     size_t j=0;
4.     for(size_t i=0; i<s.size(); i++)
5.         if(s[i]!=ch)
6.             s[j++]=s[i];
7.     s.resize(j);
8.     return s;
9. }
```

string 在本质上是由字符组成的数组。不能做物理删除，只能形成逻辑删除。比较自然的思路是，每次遇到指定字符时，都进行前移操作，形成逻辑上的删除效果。但这种方法需要嵌套循环，算法复杂度为 $O(n^2)$。代码 5.30 中，借助了复制形成新字符串的想法，将留存的字符形成新的字符串。因为删除后的字符串长度一定小于或等于原字符串，即 i>=j，因此可以在原字符串的空间上完成复制操作。j 只有在找到符合要求的字符后，才执行加 1 操作。这种想法将算法复杂度降为 O(n)，并且不需要开辟新的空间。

- 第 3~4 行中 i 和 j 的数据类型定义为 size_t，无论是 size() 还是 length() 返回的数据类型都是 size_t，保证数据类型的兼容性。size_t 依赖于编译器，在 32 位编译器下等同于 unsigned int，在 64 位编译器下等同于 unsigned long long，其值永远非负。

- 第 7 行中用 resize() 重新调整了 s 的长度，否则删除处理后 s 的长度保持不变。

知识点：T542

索引	要　　点	正链	反链
T542	明确区分字符串的物理空间和逻辑上的有效空间，新建立的字符串一定要重新 resize，否则逻辑空间长度不正确	T513	T825

5.4.3 字符串与整型的相互转换

（1）字符串转数值。

cin 可以从标准输入流中读取整型或其他类型的数据，因此可以将字符串首先转换为流数据，然后从流中读取相应类型的数据，这就是转换的第一种方法；此外，C 语言的库函数中存在字符串转换其他标准数据类型的函数。例如，字符串转整型 atoi，字符串转浮点数 atof 等。但 C 语言中不存在 string 型，需要先调用 string 的 c_str() 函数将 string 转换为 C 语言风格字符串，即以 \0 结尾的字符串，才能得到正确的结果。

代码 5.31 字符串转数值

```
#include<iostream>
#include<cstdlib>        //atoi,atof
#include<sstream>         //istringstream
using namespace std;

int main()
{
    string a="1234";
    // 使用字符串流将字符串转换为整型
    istringstream is(a);// 构造输入字符串流，流的内容初始化为 "1234" 的字符串
    int i;
    is >> i; // 从 is 流中读入一个 int 整数存入 i 中
    cout<<i+1<<endl;  //i 已经是整型，可以进行数学运算
    //atoi 和 atof 的使用方式
    cout<<atoi(a.c_str())-1<<endl;// 注意一定要使用 c_str 函数将 string 转换为 C 风格字符串
    cout<<atof("1212.34")+1<<endl; // 双引号构成的字符串是 C 风格字符串
    return 0;
}
```

样例输入	样例输出
（无）	1235 1233 1213.34

- atoi 和 atof 是 C 语言函数，只支持 C 语言风格字符串。如果用到 string 型，必须通过 c_str 函数转换为 C 风格字符串。

知识点：T543、T544

索引	要　　点	正链	反链
T543	掌握字符串转数值的常用方法。istringstream 虽然使用上比较烦琐，但是好用	T484	
T544	了解 string 与 C 语言风格字符串的不同，以及通过 c_str 完成转换		

（2）数值转字符串。

C++ 中的 std 提供了标准的函数 to_string() 可以将基础数据类型转换为字符串，而不需要任何头文件。函数 to_string() 可以满足绝大多数情况下的转换需求，但是如果有精度和宽度限制，或其他特殊需求时，处理比较烦琐。这时可以使用 sprintf 函数将需要的内容转换为 C 风格字符串，然后再将 C 风格字符串转换为 string 型。sprintf 函数与 printf 函数的使用方法几乎完全类似，只是 printf 将结果打印到标准输出中，而 sprintf 将结果打印到一个 C 风格的字符串中。

代码 5.32 数值转字符串

```
#include<iostream>
#include<sstream>          //ostringstream 的头文件
using namespace std;

int main()
{
    //to_string 方式
    cout<<to_string(1234)<<endl;
    cout<<to_string(1234.56)<<endl;
    //sprintf 方式转换为 C 风格字符串
    char str[1000];        //C 风格的字符数组用来存储 C 风格的字符串
    sprintf(str,"%.2f",1.2345);
    //C 风格字符串转换为 string 型
    string s=str;          // 初始化
    string s1(str);        // 构造函数
    string s2 {str};       // 初始化
    cout<<s<<endl;
    cout<<s1<<endl;
    cout<<s2<<endl;
```

```
    ostringstream oss;
    oss<<3.14;
    oss<<" ";
    oss<<55555555;
    cout<<oss.str();
    return 0;
}
```

样例输入	样例输出
（无）	1234 1234.560000 1.23 1.23 1.23 3.14 55555555

知识点：T545

索引	要　点	正链	反链
T545	掌握数值转字符串的基本方法，最重要的方法是 to_string。 ostringstream 是 C++ 中拼接字符串的重要方法		T546

5.4.4 字符串分割

字符串分割是常见操作，在 Python、Java 等语言中，可以通过简单地调用 split 完成分割，但是 C/C++ 中不存在这样的函数。C 语言中可以采用“循环 +strtok”的方式完成分割，但代码比较烦琐。本节提供两种基于字符串数据流的方法，简单有效地完成分割操作。

代码 5.33 字符串分割

```
#include<iostream>
#include<sstream>  //ostringstream 的头文件
using namespace std;



int main()
{
    string str = "good good study day day up";
    istringstream in(str);                    //将字符串转换为数据流
// 方法 1：借助数据流以空白符分割的特性，形成字符串的分割
```

```
    string s;
    while(in >> s){
        cout<<s<<' ';
    }
    cout<<endl;

    str = "good,good,study,day,day,up";
    istringstream in2(str);   // 将字符串转换为数据流
// 方法 2：利用自定义分割符的 getline 函数，达到采用任意字符分割的效果
   while (getline(in2, s, ',')){// 这里单引号要注意，第 3 个参数可以是任意字符
        cout<<s<<' ';
    }
}
```

样例输入	样例输出
（无）	good good study day day up good good study day day up

- 如果分割符为空白符，采用方法 1 更加简单；如果分割符为任意字符，只能采用方法 2。
- 采用 ostringstream 对字符串进行拼接，采用 istringstream 对字符串进行分割。

知识点：T546

索引	要点	正链	反链
T546	掌握用数据流对字符串进行分割的方法	T271,T484,T545	T547
	洛谷：U271219(LX514), U271222(LX515)		

5.4.5 子串问题

例题 5.14

昕哥有一串很长的英文字母，可能包含大写和小写。在这串字母中，有很多是连续重复的。昕哥想了一个办法将这串字母表达得更短：将连续的几个相同字母写成字母＋出现次数的形式。例如，连续的 5 个 a，即 aaaaa，简写成 a5。对于这个例子：aaaaaCCeeelHH，昕哥可以简写成 a5C2e3lH2。为了方便表达，昕哥不会将连续的超过 9 个相同的字符写成简写的形式。请帮助昕哥完成简写。

【输入】

输入一行为一个由大写字母和小写字母构成的字符串，长度不超过 100000。

【输出】

输出为一行字符串，表示简写后的字符串。

代码 5.34 子串问题

```
1. #include<iostream>
2. using namespace std;
3. void print(const string& s){
4.     if(s.size()==1||s.size()>9)
5.         cout<<s;
6.     else
7.         cout<<s[0]<<s.size();
8. }
9. int main() {
10.    string a;
11.    cin>>a;
12.    size_t left=0;
13.    a += '$';
14.    for(size_t j=1;j<a.size();j++){
15.        if(a[j]^a[left]){                    //或写成 if(a[j]!=a[left])
16.            print(a.substr(left,j-left));
17.            left = j;
18.        }
19.    }
20.    return 0;
21.}
```

样例输入	样例输出
aaaaaCCeeelHH	a5C2e3lH2

- 对于每个子串的缩写，是一个相对比较独立的过程。以上代码中将其独立成一个函数 print，这样能有效降低程序的复杂度，强烈建议使用。
- 用变量 left 记录每个子串的起点，然后用 substr 截取每个子串，分别送到 print 中去进行缩写。这是子串拆分的经典方法。其本质上就是采用尺取法的同向扫描，利用快慢指针形成字符完全相同的“移动窗口”，然后对移动窗口做出相应的简写处理。尺取法是处理子串分隔的一种基本方法。
- 第 15 行用异或操作判断两个元素不相等，它与直接书写不等于是等价的。
- 特别注意第 13 行的操作。因为循环是对有效部分进行操作，当第 14 行循环结束时，最后一个子串并未得到相应的处理。因此在第 13 行中插入一个原有字符串中不可能出现的字符，保证原字符串中的最后一个子串被处理，同时对题目要求的结果没有任何影响。这种方法也称为边界填充法。这是一个非常便捷的技巧。如果没有这行处理，必须在循环结束时对最后一个子串进行处理。这也是一个非常容易产生错误的地方。

知识点：T547、T548

索引	要　点	正链	反链
T547	掌握使用尺取法进行子串分隔，特别注意最后一个子串的处理，掌握边界填充法	T524,T546	
	洛谷：U271223(LX516)		
T548	将相对独立的功能抽取为函数，将极大减轻程序书写逻辑	T331	

5.4.6 高精度计算

例题 5.15

输入两个不超过 100 位的位数相等的正整数，求其和。

【题目解析】

C++ 中提供的最大整数类型为 long long，为 64 位，大概表示 10^{18} 量级，显然无法表示题目所述的整数。因此需要用字符串表达这两个 100 位的整数，通过小学所学的逐位计算的方法计算加法。

代码 5.35 大数计算

```
1. #include<iostream>
2. using namespace std;
3. string myplus(const string& s1,const string& s2){
4.     string r=s1;
5.     int carry = 0;
6.     for(size_t i=r.size()-1;i<r.size();i--){
7.         int temp = s1[i]-'0'+s2[i]-'0'+carry;
8.         r[i] = temp%10+'0';
9.         carry = temp/10;
10.     }
11.     return carry?"1"+r:r;
12.}
13.int main() {
14.     string s1,s2;
15.     cin>>s1>>s2;
16.     cout<<myplus(s1,s2)<<endl;
17.     return 0;
18.}
```

样例输入	样例输出
686897979708804564328634 475825687845753588322687	1162723667554558152651321

■ 这是一个模拟加法计算过程的算法，第 4 行让结果 r 有一个初始长度，然后第 6 行

的循环逐位执行加法操作。注意循环条件有点不合常规，这是因为 size_t 是 unsigned 型，-1 是该类型的最大值，一定大于字符串长度。

- 按照加法计算规则，每位的结果都是对应两位相加，并且加上进位。设置初始进位为 0。
- 第 11 行是为了防止最高位有进位，根据加法规则，进位只能是 1。

随堂练习 5.4

如果两个大数相加，且位数不相等，应该如何处理？

知识点：T549

索引	要　　点	正链	反链
T549	掌握大数计算的基本方法	T242	
	洛谷：U271006(LX517)		

5.5 C 风格的字符串

5.5.1 C 风格字符串的定义和初始化

C 语言并没有提供“字符串”这种复杂数据类型，它借助字符类型的数组来存储一个串的内容，以特殊字符 '\0' 作为串的结束标志。从存储结构上来说，C 语言的字符串就是“以 '\0' 结尾的字符数组”，长度指串中位于 '\0' 之前的字符个数。字符串一定是一个字符数组，但字符数组未必是字符串，关键看是否包含 '\0'。一个字符数组可以存储多个 '\0'，但它存储的字符串内容到第一个 '\0' 出现的位置就结束了。字符串的查找、求长度、复制、比较等常见算法都是紧紧围绕“以 '\0' 结尾”这一特性，对字符数组进行操作。

定义字符串类型的变量其实就是定义字符数组类型的变量，必须保证数组大小足够容纳末尾的 '\0'，如代码 5.36 所示。

代码 5.36 C 风格字符串的定义和初始化

```
#include<iostream>
using namespace std;
int main()
{
    char s1[10]; // 数组 s1 是一维数组，它可以存放 10 个字符，或者一个长度不
                 // 大于 9 的字符串
    char s2[6]="China";                               // 用字符串常量赋值
```

```
7.      char s3[6]= {'C', 'h', 'i', 'n', 'a', '\0'}; // 用字符常量赋值
8.      char name[3][10];// 数组 name 是二维数组，存放 3 个长度不大于 9 的字符串
9.      char w_day[ ][10]={"Sunday","Monday", "Tuesday",
10.             "Wednesday","Thursday","Friday", "Saturday" };
                                                    // 二维字符串初始化
11.     int num;
12.     cin>>num;
13.     cout<<s2<<' '<<s3<<endl;
14.     s2[3]='\0';
15.     cout<<s2<<' '<<w_day[num]<<endl;
16.}
```

样例输入	样例输出
3	China China Chi Wednesday

- C 风格字符串分为两个长度：物理长度和逻辑长度。定义时字符数组的长度为其物理长度，表示该字符数组能够存储字符的数量。而字符串要求至少有一个 '\0'，第一个 '\0' 前的字符数量为其逻辑长度，也是字符串的长度。物理长度至少要比逻辑长度大 1，用于存储 '\0'。
- 第 6 行和第 9 行用字符串常量进行初始化，会自动在尾部添加一个 '\0'，表示字符串的结束。
- 第 14 行将字符串 s2 的第 3 个字符设置为 '\0'，因此其逻辑长度修改为 3，第 15 行只输出 Chi 三个字符。
- 第 8 和第 9 行定义了两个二维字符串，用于存储多个字符串，每个字符串都要以 '\0' 结束。

知识点：T551

索引	要　点	正链	反链
T551	掌握 C 风格字符串的定义和初始化，理解物理长度和逻辑长度		

5.5.2 C 风格字符串的基本操作

C 风格字符串本质上是字符数组，因此不能整体赋值和整体比较。对于字符串的常见操作，都存放在头文件 <cstring> 中，有求长度函数 strlen、赋值函数 strcpy、比较函数 strcmp、连接函数 strcat。

代码 5.37 C 风格字符串的常见函数

```
1. #include<iostream>
2. #include<cstring>
3. using namespace std;
4. int main()
5. {
6.     char source[30] = "Why always me?",target[20];
7.     cout<<strlen(source)<<' '<<sizeof(source)<<endl;
8.     strcpy(target, source);
9.     cout<<strlen(target)<<' '<<target<<endl;
10.    char other[] = "Why not he?";
11.    cout<<strcmp(source,other)<<endl;
12.    cout<<strcat(source,other)<<endl;
13.}
```

样例输入	样例输出
（无）	14 30 14 Why always me? -1 Why always me?Why not he?

- 第 7 行输出结果显示，source 的逻辑长度为 14，物理长度为 30，strlen 的返回结果为字符串的逻辑长度。
- 第 8 行将 source 的内容赋值给 target，这里特别注意 C 风格字符串是数组，不能进行整体赋值，因此绝对不能写成 target=source，只能采用 strcpy 对字符串进行赋值。
- 第 11 行进行字符串的大小比较，比较结果为：0（相等），正数（第一个字符串大），负数（第二个字符串大）。这里的大小指字典序，即单词在字典中的排列顺序。从左到右依次遍历字符，当遇到第一个不相同的字符时，该字符的 ASCII 码比较结果就是两个字符串的大小关系。例如：strcmp("abcd","abck")<0，strcmp("abc","ab")>0，strcmp("abc","b")<0。
- 第 12 行对两个字符串进行了连接，并将连接的结果放在第一个字符串 source 中，函数的返回值也是连接的结果。

为了更好地从基础操作中理解 C 风格字符串的使用，代码 5.38、5.39、5.40、5.41 采用库函数将 C 风格字符串中的常见操作进行了具体的代码实现。

代码 5.38 字符串串长

```
int my_strlen(char s[])
{
    int len=0; //len 计算串长
```

```
4.     while(s[len]!='\0') len++; //统计 '\0' 前的字符数
5.     return len;
6. }
```

- 根据 C 风格字符串的特点，求串长就是统计 '\0' 前的字符数。
- 第 4 行用 while 循环实现，这使得代码的可读性更强；在熟练使用 for 循环后也可以写成 for (len = 0; s[len]!='\0'; len++);，注意不要遗漏了末尾的分号，这表示循环条件成立时执行空语句，仅改变计数变量 len 的值。

代码 5.39 字符串复制

```
1. void my_strcpy(char target[], char source[])
2. {
3.     int i=0; //两个字符串从首位开始复制
4.     while((target[i++]=source[i])); //将 source 字符串中 '\0' 及之前的
                                       //字符复制给 target
5. }
```

- 根据 C 风格字符串的特点，字符串复制就是将 source 字符串中 '\0' 及之前的字符复制给 target。常规的写法有很多种，这里采用了尽量简洁的写法。
- 该函数使用时注意一定要保证 target 数组的大小足够保存 source 字符串，必要的话可以在上面函数中添加一段长度验证程序（略）。
- 第 4 行用到了几个知识点：① C 语言用 0 代表 false，非 0 代表 true；②赋值表达式的终值是赋值符左边的数值；③变量 i 的自加运算符 ++ 在后，先取 i 的值进行运算，然后自增 1。因此整个执行过程为：先将 source[i] 赋值给 target[i]，然后 i 自增 1，然后判断条件表达式结果是否为 true，当 source[i] 为 '\0' 时结束循环。
- 特别注意，source 字符串末尾的 '\0' 一定也要复制过来，或者手动添加。

代码 5.40 字符串比较

```
1. int my_strcmp(char str1[], char str2[])
2. {
3.     int res,i=0 ; //res 保存第一个出现的不同字符的 ASCII 码差值
4.     while((res = str1[i] - str2[i]) == 0 && str1[i]) i++;
       //字符相同且 str1 未到末尾时 i 下移
5.     return res;
6. }
```

- 根据 C 风格字符串的特点，字符串比较就是依次对比 str1 和 str2 的同位置字符的 ASCII 码数值，直到不同为止，结果为：0（相等），正数（str1 大），负数（str2 大）。常规的写法有很多种，这里采用了尽量简洁的写法。

- 第 4 行的条件逻辑是 str1 未到末尾（不是 '\0'），且同位置字符不相同时，位移变量 i 下移一位；不用判断 str2 是否到末尾，因为如果 str1 长度大于 str2，str2 先到末尾，那么此处字符是 '\0'，必然小于 str1 同位置字符。
- res 返回的结果是 str1 和 str2 首次出现不同字符时，两个字符的 ASCII 码差值。
- 随堂练习 5.5 期望的返回值为：0（相等），1（str1 大），-1（str2 大），即将任意正值变成 1，任意负值变成 -1。这里提供一个解法：将上述代码第 5 行改为 return (res>0)-((-res)>0)。

随堂练习 5.5

如何让 my_strcmp 的返回值为 -1,0,1，即正数返回 1，负数返回 -1。

★ 提示：

知识点 T267。

代码 5.41 字符串串联

```
1. void my_strcat(char target[], char source[])
2. {
3.     int  lt=strlen(target),i=0;  //lt 保存 target 串长，i 标记 source 串
                                    // 下标
4.     while((target[lt++]=source[i++]));  // 将 source 字符串中 '\0' 及之
                                           // 前的字符串联到 target 末尾
5. }
```

- 该函数实现思想类似于字符串复制，只是运算位置从 target 末尾的 '\0' 处开始。
- 该函数使用时注意一定要保证 target 数组的大小足够保存串联后的字符串，如果必要可以在上面函数中添加一段长度验证程序（略）。
- 第 3 行求 target 串长时用到了 strlen 函数，也可以自己写个循环代替，参考求串长代码。上述算法考虑运算效率，不希望每次调用 strlen 函数重新计算 target 串长，因此用了临时变量 lt 记录 target 初始长度，这也是空间换时间的思想体现。
- 其他知识点参考 my_strcpy 的实现，第 4 行代码在复制 source 的 '\0' 后结束循环。
- 特别注意，source 字符串末尾的 '\0' 一定也要复制过来，或者手动添加。

知识点：T552

索引	要　点	正链	反链
T552	掌握 C 风格字符串的基本操作以及实现方式，通过代码示例掌握 C 风格字符串的基本操作，掌握字典序		

5.5.3 C 风格字符串的应用

例题 5.16

从字符串 str 中查找字符 ch 第一次出现的位置。

【输入】

输入一个字符串 str 和字符 ch，以空格分隔。

【输出】

输出 ch 在 str 中第一次出现的位置。

代码 5.42 查找字符

```
1. #include<iostream>
2. using namespace std;
3. int main()
4. {
5.     char str[100],ch;
6.     int i=0;
7.     cin.getline(str,100); //读入字符串 str
8.     cin.get(ch); //读入要查找的字符 ch
9.     while(str[i]!='\0' && str[i]!=ch) i++;//未到串尾且未找到 ch 时，下标下移
10.     //找到则输出位置，否则提示未找到
11.     str[i] == ch ? cout<<"at position: "<<i<<endl : cout<<"not found!"<<endl;
12.     return 0;
13.}
```

样例输入	样例输出
asdsf1234567 6	at position: 10

- 第 9 行将找到或找不到的条件合并在一起。
- 第 11 行用了条件运算符输出结果，注意不要遗漏了找不到的情况。

例题 5.17

从字符串 str 中查找第一个只出现一次的字符，如果没有找到，输出“-1”。

【输入】

输入一个字符串 str，可能包含空格。

【输出】

如果找到符合条件的字符，则输出该字符；否则，输出“-1”。

代码 5.43 查找第一个只出现一次的字符

```
1. #include<iostream>
2. #include<cstring>
3. using namespace std;
4. int main()
5. {
6.     char str[100];
7.     int a[128] = {0};// 记录字符串 str 中每个字符的出现次数
8.     cin.getline(str,100); // 读入字符串 str
9.     int len = strlen(str); // 保存字符串长度
10.    int i;
11.    for(i=0; i<len; i++) // 统计字符串 str 中每个字符的出现次数
12.        a[str[i]] ++;
13.    for(i=0; i<len; i++) // 按出现顺序查找只出现一次的字符
14.        if(1 == a[str[i]]) break;
15.    i<len ? cout<<str[i]<<endl : cout<<"-1"<<endl;
16.    return 0;
17.}
```

样例输入	样例输出
asdf fdsa 123	1

- 该程序也是一个比较经典的以空间换时间的操作，比较自然的思路是对每个字符统计出现次数，这需要用到嵌套循环，算法复杂度比本程序高。
- 第 7 行定义的数组 a 记录字符串 str 中每个字符的出现次数，因为 ASCII 码表有 128 个字符，因此数组大小至少定义为 128。
- 第 9 行变量 len 保存字符串 str 的长度，因为要多次使用，所以用变量保存下来，节约调用 strlen 函数的次数。
- 第 14 行将常量 1 放在 == 左边，这是一个良好的习惯，当粗心将 == 误写为 = 时编译器会报错。
- 如果查找到，则 str 字符串中 i 的位置就是符合条件的字符；如果查找不到，则最终 i 的值等于 len。

例题 5.18

输入若干单词，将它们从小到大排列后输出。

【输入】

输入数字 n（单词数），在接下来的 n 行，每行输入一个单词，每个单词无空格。

【输出】

输出排序后的单词，每行一个单词。

代码 5.44 单词排序

```
1. #include<iostream>
2. #include<cstring>
3. using namespace std;
4. int main()
5. {
6.     int n;
7.     cin>>n;// 首先读入第一行的整数，即单词数
8.     cin.ignore();// 清除残留的回车符
9.     char str[n][100], t[100];//str 保存读取的 n 个单词
10.    for(int i=0; i<n; i++) cin.getline(str[i],100);
11.    for(int i=0; i<n-1; i++)// 交换法排序
12.        for(int j=i+1; j<n; j++)
13.            if(strcmp( str[i], str[j]) > 0 )
14.            {
15.                strcpy( t, str[i]);
16.                strcpy(str[i], str[j]);
17.                strcpy(str[j], t);
18.            }
19.    for(int i=0; i<n; i++)  cout<<str[i]<<endl;
20.    return 0;
21.}
```

样例输入	样例输出
5 word work homework job good	good homework job word work

- 程序用一个字符串数组保存单词，在 C 语言中存储结构用二维字符数组描述。
- 第 8 行不要忘了用 cin.ignore() 清除读走整数后缓冲区中残留的回车符，否则接下来读到的第一个单词是空串。当然也有其他解决方法，例如用 cin.get() 读走单个字符、用 getline 读走空行等。
- 第 11~18 行是交换法排序，需要注意的是，字符串的比较、赋值要用专用的处理函数 strcmp、strcpy，而不是用于简单变量的运算符。

/ 题 单 /

本章习题来源于洛谷：https://www.luogu.com.cn/training/265461#problems。

序号	洛谷	题目名称	知识点	序号	洛谷	题目名称	知识点
LX501	U270927	逆序输出数组	T511	LX502	U270929	数组求和	T514
LX503	U271197	昨天	T512	LX504	U271201	求最值	T514
LX505	U271200	平均之上	T514	LX506	U271202	编程团体赛	T516
LX507	U271204	光棍串	T522	LX508	U271209	小写数转大写	T522
LX509	U271211	最小正整数	T526	LX510	U271212	建国的难题	T526
LX511	U271214	排序	T527	LX512	U271215	矩阵运算	T515
LX513	U271216	字符串测试	T541	LX514	U271219	字符串跨距	T541,T546
LX515	U271222	首字母大写	T546	LX516	U271223	交替 01 串	T547
LX517	U271006	大数加 1	T549				

第6章 指针

6.1 指针的概念与指针变量的定义

6.1.1 指针与指针变量

在很多经典的 C/C++ 教材中，都会提到指针是灵魂。正确灵活地运用它，可以有效地表达一些复杂的数据结构，比如动态分配内存、消息机制、任务调度、灵活矩阵定时等，掌握指针可以使程序更加简洁、紧凑、高效。但是因为指针在理解上有些抽象，对于很多初学者而言，指针是一场噩梦。其实关键是要理解地址的概念，而指针只是一个存储地址的变量。也就是说，指针也是一个变量，其中存储的“值”是一个地址，而这个地址是某个普通变量的地址，通过地址可以间接地找到需要处理的普通变量。

指针变量：专门存放变量地址的变量。

如图 6.1 所示：变量 a 的地址是 0x61FE1C，指针变量 p 存放的是变量 a 的地址。此时说 p 指向了 a。

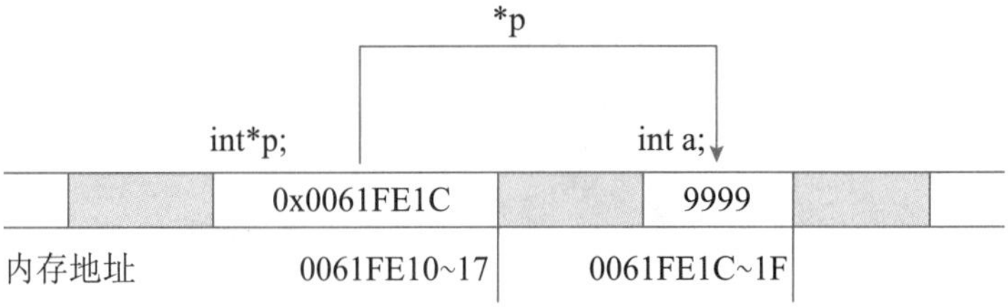

图 6.1　指针变量

知识点：T611

索引	要　　点	正链	反链
T611	掌握指针基本概念，它是一个存储地址的变量，关键是要理解地址的概念	T341	

6.1.2 指针变量的定义

指针变量的语法规则为：数据类型 * 指针名；

如：int *p,*q,a,b,c; char *s,ch,t; float *y,*w,x;。

其中：p,q,s,y,w 为指针变量，a,b,c,ch,t,x 为普通变量。

数据类型是指针变量的目标类型，即它所指变量的类型。此处的 * 是告诉计算机，其后的变量为指针变量，不包含任何的运算。

★ 提示：

很多初学者也会为定义的书写形式而苦恼，到底是应该在 * 的左侧加空格，还是右侧？这就要了解空格在程序中的本质含义。实际上，空格在程序中所起到的最大作用是分隔，当书写 int a; 时，空格将数据类型和变量名进行了分隔。而在指针定义时，* 可以起到同样的分隔作用，因此可以在左侧写空格，也可以在右侧写空格，也可以左右都不写空格，都是正确的。

两个有关的运算符：

（1）&：取地址运算符，只能作用于变量。

（2）*：取内容运算符（或称“间接访问”运算符）。

例如：&a 为取变量 a 的地址，*p 为取指针 p 所指向的存储单元的内容。

代码 6.1 取地址与取内容运算符

```
#include<iostream>
using namespace std;
int main()
{
    int a=97;
    int *p;
    p=&a;
    cout<<(&a)<<' '<<p<<endl;
    cout<<a<<' '<<*p<<endl;
    *p=65;
    cout<<a<<' '<<*p<<endl;
    return 0;
}
```

样 例 输 入	样 例 输 出
（无）	0x61fe14 0x61fe14 97 97 65 65

- 第 6 行定义了一个指针，为了与变量 a 进行绑定，其类型必须与 a 保持一致，因此定义为整型指针。
- 第 7 行将变量 a 的地址赋值给 p，指针变量只能用地址进行赋值，而且跟其他变量一样，指针必须先赋值再使用。
- 第 8 行的输出结果显示，p 中存放了变量 a 的地址。
- 第 9 行使用了取内容运算符 *，可以看到 a 和 *p 的输出内容相同。这是因为 p 指向了 a，即 p 中存放了变量 a 的地址，*p 表示通过地址定位了变量 a，然后将 a 的值进行了打印。
- 第 10~11 行显示当修改 *p 后，a 的值同时进行了改变。因为 *p 和 a 完全等价，它们操作的是同一块内存区，即变量 a 的内存区。

★ 提示：

再次强调相同运算符在定义语句和非定义语句中含义是完全不同的。第 6 行中的 * 表示 p 是一个指针变量，第 9~11 行中的 * 表示取指针所指向区域的内容，即取 a 的值。

知识点：T612、T613

索引	要　　点	正链	反链
T612	掌握指针变量的定义方式，区分取地址运算符 & 和取内容运算符 *，理解 * 在定义语句和非定义语句含义的不同	T277	
T613	指针与所指向变量共享存储空间，如果把指针作为函数参数，则形参与实参共享存储空间。因此很多时候把指针作为形参是为了获取函数中的计算结果，也就是达到了多返回值的目的	T336	
	洛谷：U271096(LX601), U271106(LX603), U271101(LX602), U271110(LX604), U271128(LX606)		

6.1.3 指针的两个“值”

一个指针包含了两个“值”，这是最容易让初学者迷惑的地方。指针作为一个变量，它存储了一个“值”，其实就是一个地址；但通过操作符 *，它可以得到它指向变量的值，称为间接取值。地址相当于一个 ID，帮助指针找到对应的变量。对于这个地址，不需要关心它具体的值是多少，重点关注它所指向的内容。例如，当去图书馆找一本书时，每本书都有编号，代表哪个房间几号柜第几层。通过这个编号，可以快速找到书，书是我们关注的实体，但编号的具体内容对于我们没有使用价值，只是一个帮助定位的媒介。

代码 6.2 指针的两个“值”

```
1. #include<iostream>
```

```
2. using namespace std;
3. int main()
4. {
5.     int a=10, b=20, *p1=&a, *p2=&b;
6.     cout<<a<<'\t'<<*p1<<endl<<b<<'\t'<<*p2<<endl<<endl;
7.     int *p = p1;
8.     p1 = p2;
9.     p2 = p;
10.    cout<<a<<'\t'<<*p1<<endl<<b<<'\t'<<*p2<<endl<<endl;
11.    a=10, b=20, p1=&a, p2=&b;
12.    int temp = *p1;
13.    *p1 = *p2;
14.    *p2 = temp;
15.    cout<<a<<'\t'<<*p1<<endl<<b<<'\t'<<*p2<<endl<<endl;
16.    return 0;
17.}
```

样例输入	样例输出
（无）	10 10 20 20 10 20 20 10 20 20 10 10

- 第 5 行将 p1 指向了 a，p2 指向了 b，因此 *p1 和 a 等价，*p2 和 b 等价。
- 第 7~9 行将两个指针所存储的地址发生了交换，即让 p1 指向了 b，p2 指向了 a，因此 *p1 和 *p2 显示的内容发生了交换，但是 a 和 b 并没有发生任何改变。
- 第 12~14 行将两个指针所指向的内容进行了交换，即交换了 a 和 b，但 p1 仍旧指向了 a，p2 仍旧指向了 b。

知识点：T614

索引	要　点	正链	反链
T614	注意区分指针包含的两个“值”：存储的地址以及访问地址所指向空间的值		

6.1.4 强大的指针

既然可以通过变量简单直观地访问内存，为什么需要用指针间接访问内存呢？这是因为在很多情况下，是找不到变量的，但是所有程序运行后都会加载到内存上，可以通过一些方法定位到所需要处理的内容在内存上的地址。例如，在打游戏的时候，只能运行安装的 exe 文件启动游戏，加载到内存中畅玩，但是并没有游戏的源代码，因此不能通过变量访问内存。但是可以通过一些方法找到我们需要处理的内容在内存中的地址。例如，控制游戏中的角色受到一些伤害，血量发生变化（尽量控制不要让其他内容发生变化）。对比受伤前后两块内存区域，找到变化的地方，也就找到了代表血量的内存区。这时候你就可以自己写一个程序，用指针修改找到的内存区域的值，让你的英雄“满血复活”。再举一个例子，很多系统中存储真实密码的变量和存储你输入密码的变量是连续定义的，这样它们的内存区是相邻的。通过改变输入，很快就可以定位输入密码的内存位置，将其相邻内存区域的内容复制过来，就可以通过密码验证了。

从以上案例可以看出，通过指针可以直接访问内存区，形成了指针的强大功能，这是 Java、Python 等没有指针的编程语言所无法办到的。但是指针也是一把双刃剑，对不确定内存区域进行修改，会造成程序的错误，甚至系统的崩溃。因此使用指针一定要特别小心，保证指针一定要指向正确的内存区。只要对内存分布、地址编码有了充分的了解，就可以发挥指针的强大功能。

对于在线评测的算法试题而言，即使完全不懂指针，也不影响题目求解。例如，当需要一个函数返回多个值时，C 语言只能通过将参数设定为指针进行解决，其实就是让形参访问实参的内存区；但 C++ 中提供了引用功能，可以同样解决问题，但书写和理解上却得到了极大简化，因此在程序设计时不需要必须使用指针。C 语言中用字符数组表示字符串，用指针可以更加灵活地进行访问，但是 C++ 中的 string 型对字符串的使用进行了良好的封装，也完全可以不使用指针就得到良好的性能。

无论如何，指针是 C/C++ 中一个强大的功能。了解指针，就能对计算机的基本存储结构有深层次的理解，对提高程序的性能会有很大帮助。

知识点：T615

索引	要　点	正链	反链
T615	理解指针的优势和弊端，使用指针的时候要保证指针指向正确的内存区		

6.2 数组与指针

6.2.1 一维数组与指针

数组名不是指针，但大多数使用到数组名的地方，编译器都会把数组名隐式转换成一个指向数组首元素的指针常量来处理。也就是说，数组名被解释为存放地址的变量，但却是常变量，其中保存的地址不可以被修改。

除了存储的地址不可以被修改外，数组名就是一个指针。数组通过下标访问元素，跟指针进行偏移进行元素访问完全相同。这种对于连续空间的数据，通过偏移访问任意元素的方式，也称为随机访问。以 int a[5],*p=a; 为例，表 6.1 中前 4 列完全等价，后 3 列完全等价。

表 6.1　数组元素的值与地址

元素的值				元素的地址		
a[0]	*a	*p	p[0]	a	p	&a[0]
a[1]	*(a+1)	*(p+1)	p[1]	a+1	p+1	&a[1]
a[2]	*(a+2)	*(p+2)	p[2]	a+2	p+2	&a[2]
a[3]	*(a+3)	*(p+3)	p[3]	a+3	p+3	&a[3]
a[4]	*(a+4)	*(p+4)	p[4]	a+4	p+4	&a[4]

有两种特例情况数组名不会被转换为指针，以 int a[10]; 为例：

（1）对数组名使用 sizeof 运算符，则 sizeof(a) 代表整个数组所占的内存大小，a 是长度为 10 的 int（4 字节）数组，运算结果是 40。用数组的总字节长度除以单个元素的字节长度得到元素个数，例如 sizeof(a)/sizeof(*a)。

（2）对数组名取地址，&a 表示数组的地址。注意，数组的地址和数组首元素的地址是不同的概念，尽管二者存储的值相同，但它们的跨度是不同的。这就像山东省的省政府在济南，但是济南的市政府也在济南，地址相同，但是代表的意义完全不同。

代码 6.3 数组取地址

```
int main()
{
    int a[10];
    cout<<a<<' '<<&a<<endl;
    cout<<a+1<<' '<<&a+1<<endl;
    return 0;
}
```

样 例 输 入	样 例 输 出
（无）	0x61fdf0 0x61fdf0 0x61fdf4 0x61fe18

a 和 &a 的存储地址相同。a 指向首元素，右移一位，地址增加了 4 字节，也就是一个

int 的长度；&a 指向数组，右移一位，地址增加了 40 字节，相当于指向了下一个数组（可能并不存在），这在 C++ 里称为尾后指针。

除了上面说的两种外，其他情况下编译器都将数组名隐式转换成指针常量。比如使用下标引用数组元素 a[3]，它将会自动转换成表达式 *(a+3)。因为第一种写法会自动转换成第二种，这个过程需要一些开销，所以第二种写法通常效率会高一些。但是毕竟第一种写法更方便，通常代码里不会有太多的下标引用数组，因此这种效率提高可以忽略。

由上可知，数组和指针在 C/C++ 中可以认为是相同内容的两种不同书写形式，除了数组名是常指针不可被修改外，二者是完全一样的。数组可以写成指针形式，同样指针也可以用数组方式进行访问。

代码 6.4 数组与指针

```
#include<iostream>
using namespace std;

int main()
{
    int a[5]={1,2,3,4,5};
    int*p = a+2;
    p[1] = 7;
    for(auto e:a)
        cout<<e<<' ';
    return 0;
}
```

样例输入	样例输出
（无）	1 2 3 7 5

- 指针 p 指向 a[2] 的地址，p[1]=*(p+1)=*((a+2)+1)=a[3]。因此 a[3] 对应的值被修改。

指针可以进行类型转换，然后按照新的数据类型访问空间。以 memset 为例，它可以对大块内存进行赋值，但是只能以字节为单位，因此无论任意类型的数组，在使用 memset 时都是以字节为单位进行赋值的。memset 函数需要头文件 <memory.h> 或 <string.h>，函数原型是 extern void *memset(void *buffer, int c,int count)，其中 buffer 为指针或是数组，c 是赋给 buffer 的值，count 是 buffer 的长度。

代码 6.5 数组与指针

```
#include<bits/stdc++.h>
using namespace std;
int main(){
```

```
4.      int arr[5];
5.      memset(arr,0,sizeof(arr));
6.      for(auto i:arr)      cout<<i<<" "; cout<<endl;
7.      memset(arr,255,sizeof(arr));
8.      for(auto i:arr)      cout<<i<<" "; cout<<endl;
9.      memset(arr,1,sizeof(arr));
10.     for(auto i:arr)      cout<<i<<" "; cout<<endl;
11.     cout<<bitset<32>(16843009)<<endl;
12.     char* s=(char*)arr;
13.     for(int i=0;i<sizeof(arr)/sizeof(char);i++)      s[i]=1;
14.     for(auto i:arr)      cout<<i<<" "; cout<<endl;
15.}
```

样例输入	样例输出
（无）	0 0 0 0 0 -1 -1 -1 -1 -1 16843009 16843009 16843009 16843009 16843009 00000001000000010000000100000001 16843009 16843009 16843009 16843009 16843009

- 第 5 行将整个数组全部赋值为 0，第 7 行将数组所有内存区间的每一个二进制位设置为 1，从第 6 行和第 8 行的输出结果可以证明。但第 10 行输出结果显示，并没有按照预期将 5 个元素设置为 1，这是因为 memset 以字节为单位，相当于将 arr 的整型地址转换为 char 型地址，然后对每个 char 用指定的第二个参数进行赋值，每个字节都被赋值为 1，从第 11 行的输出结果可以看到。第 12~14 行展示了与第 9 行执行的相同效果。
- 这里给出这个例子，并不是为了掌握使用 memset 赋初值的方法，这种赋初值的方法没有第 8 章的 STL 容器方便。主要希望学习者看到，指针的主要作用是访问空间，用不同类型的指针访问，就可以达到不同的效果。代码中的数组定义是整型，但是 memset 强制按照 char 型的指针进行访问，就可以达到按字节处理的目的。

知识点：T621、T622

索引	要　　点	正链	反链
T621	理解数组名和指针的异同，理解表 6.1 中各种方式的对应关系，对于一个数组空间，即使给出的是指针形式，也可以按照数组形式进行访问，更便于理解	T513	T626,T823
T622	通过显示转换指针的类型，就可以对空间采用不同的访问形式	T252	
	洛谷：U271144(LX609), U271101(LX602)		

6.2.2 二维数组与指针

二维数组及多维数组的存储原理与一维数组一样。以一个 5 行 4 列的二维数组 int a[5][4]; 为例，它在逻辑上是由行和列组成的，可以分为三层来理解，如图 6.2 所示。

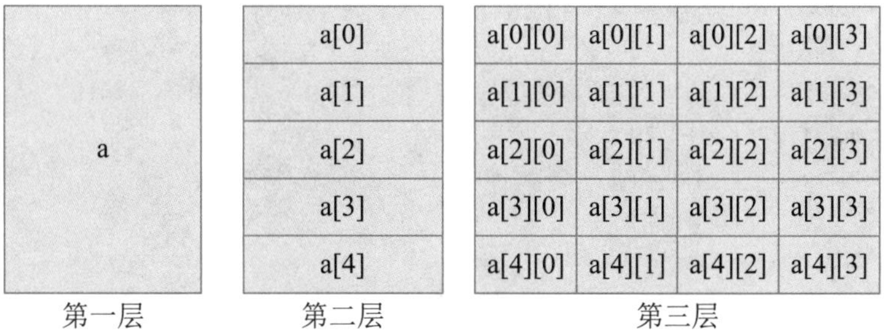

图 6.2　二维数组

第一层，将数组 a 看作一个变量，该变量的地址为 &a，长度为 sizeof(a)。因为数组的长度为元素数量乘以每个元素类型的大小，这里的二维数组 a 为 5 行 4 列共 20 个元素，每个元素占用 4 字节，所以变量 a 占用 80 字节。第二层，将数组 a 看作一个一维数组，由 a[0], a[1], a[2], a[3] 与 a[4] 等 5 个元素组成。数组的首地址为 a 或 &a[0]（即数组首地址和第一个元素的地址相同，而每个数组元素的地址相差为 16，表示每个数组元素的长度为 16），使用 sizeof(a[0]) 可得到数组元素的长度。第三层，将第二层中的每个数组元素看作一个单独的数组。第二层中的每一个元素又由 4 个元素构成，如 a[0] 又由 a[0][0], a[0][1], a[0][2] 与 a[0][3] 等 4 个元素组成，每个元素占用 sizeof(a[0][0])=4 字节。

代码 6.6 二维数组与指针

```
#include<iostream>
#include<typeinfo>
using namespace std;
#define type(obj) typeid(obj).name()

int main()
{
    int a[5][4];
    cout<<" 对象 \ta\ta[0]\ta[0][0]"<<endl;
    cout<<"类型"<<'\t'<<type(a)<<'\t'<<type(a[0])<<'\t'<<type(a[0]
    [0])<<endl;
    cout<<" 地址类型 "<<'\t'<<type(&a)<<'\t'<<type(&a[0])<<'\t'<<
    type(&a[0][0])<<endl;
    cout<<" 地址 "<<'\t'<<&a<<'\t'<<&a[0]<<'\t'<<&a[0][0]<<endl;
    cout<<" 空间 "<<'\t'<<sizeof(a)<<'\t'<<sizeof(a[0])<<'\t'<<
    sizeof(a[0][0])<<endl;
    cout<<" 地址 +1"<<'\t'<<&a+1<<'\t'<<&a[0]+1<<'\t'<<&a[0][0]+1
```

```
    <<endl;
15.     cout<<" 地址空间 "<<'\t'<<sizeof(&a)<<'\t'<<sizeof(&a[0])<<'\t'
        <<sizeof(&a[0][0])<<endl;
16.
17.     return 0;
18.}
```

样例输入	样例输出			
（无）	对象	a	a[0]	a[0][0]
	类型	A5_A4_i	A4_i	i
	地址类型	PA5_A4_i	PA4_i	Pi
	地址	0x61fdc0	0x61fdc0	0x61fdc0
	空间	80	16	4
	地址 +1	0x61fe10	0x61fdd0	0x61fdc4
	地址空间	8	8	8

- 将三层元素的相关信息进行输出比较，观察它们的异同。
- typeid(obj).name() 可以输出变量的类型，第 4 行将其定义为宏，简化后续代码中的书写。宏是一个替换的概念，所有出现 type(obj) 的内容都在机器代码中被编译器替换为 typeid(obj).name()。
- typeid(obj).name() 的输出中，i 表示 int，A 表示数组，P 表示指针。三层元素的首地址是相同的，但是它们的类型并不相同。进一步可以推导出地址也是类似的，相同的地址代表了不同的含义。第 3 章第 4 节局部变量的内存模型中提到过，65 和 'A' 在内存中的表示形式完全相同，但是因为类型不同代表了不同的含义。从表格的类型一行可以看出，a 是一个 5 行 4 列的整型数组，a[0] 是一个包含 4 个元素的一维整型数组，而 a[0][0] 是一个整数。它们对应的地址是指针类型。
- 每个类型占据的空间不同，a 占据 5×4×sizeof(int)=80 字节，而 a[0] 占据 4×sizeof(int)=16 字节，a[0][0] 只占据 4 字节，因此地址进行 +1 操作时，得到的结果完全不同。
- 最后一行让初学者非常迷惑。这是因为地址本身也需要占用空间，在 64 位系统中，每个地址占 64/8=8 字节，因此 64 位系统最大能管理 2^{64} 的内存空间。

知识点：T623

索引	要　　点	正链	反链
T623	掌握二维数组的存储原理，理解多级地址形成指针的区别	T531	T624
	洛谷：U271106(LX603)		

6.2.3 二维数组与一维数组

计算机中的内存是按照线性规划地址的，也就是说所有的地址都是一维的。因此二维以上的高维数组只是逻辑上的概念，在最终存储时，还是一维的。因为数组要求所有元素的存储空间必须是连续的，所以高维数组都是低维数据存储结束后，存储下一个低维的所有数据，所有数据在一维上是连续的。以二维数组 a[3][4] 为例，C/C++ 是行优先存储的，首先存储第 0 行的 4 个元素，然后继续存储第 1 行的 4 个元素，最后存储第 2 行的 4 个元素，这 12 个元素在地址空间上是连续的。也就是说，高维数组也可以转换为一维数组进行访问。

代码 6.7 二维数组与一维数组

```
1. #include<iostream>
2. using namespace std;
3.
4. int main()
5. {
6.     int a[3][4] = { {3,5,7,6}, {1,8,2,5},{7,6,2,9}};
7.     int *p=&a[0][0];
8.     for( int i = 0; i < 3; i++ ){
9.         for( int j = 0; j < 4; j++ ){
10.            cout <<' '<< p[i*4+j];
11.        }
12.        cout<<endl;
13.    }
14.    return 0;
15.}
```

样例输入	样例输出
（无）	3 5 7 6 1 8 2 5 7 6 2 9

第 7 行的一维指针 p 指向了二维数组首元素的地址，第 10 行显示可以用一维的形式遍历二维数组的数据，二维数组的所有元素在一维上是连续的。

知识点：T624

索引	要　　点	正链	反链
T624	所有数组的物理存储都是一维的，掌握高维数组和一维数组的逻辑对应关系	T623	
	洛谷：U271110(LX604)		

6.2.4 数组作为函数参数

将数组作为函数参数时，形式上虽然是数组，但是实际上是指针。

代码 6.8 数组作为函数参数

```
1. #include<iostream>
2. #include<typeinfo>
3. using namespace std;
4. #define type(obj) typeid(obj).name()
5.
6. void dummy(int b0[],int b[],int bb[][4])
7. {
8.     cout<<type(b0)<<'\t'<<type(b)<<'\t'<<type(bb)<<endl;
9.     cout<<b0[0]<<'\t'<<b<<'\t'<<bb<<endl;
10.     cout<<++b0<<'\t'<<++b<<'\t'<<++bb<<endl;
11.}
12.int main()
13.{
14.     int a0=3;
15.     int a[5];
16.     int aa[5][4];
17.     cout<<type(a0)<<'\t'<<type(a)<<'\t'<<type(aa)<<endl;
18.     cout<<&a0<<'\t'<<a<<'\t'<<aa<<endl;
19.     //a=a+1;//a++;
20.     dummy(&a0,a,aa);
21.     return 0;
22.}
```

样例输入	样例输出
（无）	i A5_i A5_A4_i 0x62fe0c 0x62fdf0 0x62fda0 Pi Pi PA4_i 3 0x62fdf0 0x62fda0 0x62fe10 0x62fdf4 0x62fdb0

- 第 19 行去掉第一个注释的话执行会报错，提示错误 incompatible types in assignment of : 'int* 'to' int [5]'，表示类型不匹配；如果改写为 a++，会提示错误 lvalue required as increment operand，意思是自增操作需要左值 (lvalue)，左值就是可以放在赋值号 = 左边的标识符，也就是要求必须是变量。引起这两个错误本质上的原因是数组名是常变量，不允许被修改。
- 从第 18 行获知 a0 是一个整数，a 是一维数组，aa 是二维数组。第 8 行输出结果说明对应的形参是指针类型。b0 是一个整型指针，b 也是一个整型指针，bb 是一个指向

长度为 4 的数组的指针。b 和 bb 的类型从 A 变成了 P，这也就是意味着数组类型的形参是指针变量，是可修改的。因此第 10 行可以正常执行。

- a0 和 a 虽然一个是整数，一个是整型数组，但是都可以用指针的形式传递给函数。地址加 1 后，分别增加了 4 字节，但 bb 是一个二维数组指针，加 1 后增加了 4×4=16 字节。
- a0 虽然是一个整数，也可以被长度为 1 的数组进行访问，见第 9 行。
- 第 18 行和第 9 行的输出结果中后两个完全相同，因为形参是指针变量，实参将其地址赋值给对应的形参。从实参对形参赋值的角度，就可以理解数组作为形参不能被解析为常变量。

知识点：T625

索引	要　　点	正链	反链
T625	掌握数组作为函数参数的基本用法，注意数组作为函数参数时实际上就是指针；单个变量也可以被认为是长度为 1 的数组	T515	
	洛谷：U271096(LX601), U271116(LX605), U271129(LX607), U271133(LX608)		

6.2.5 C 风格字符串与指针

C 风格字符串，实际上就是从第一个字符的地址开始向后遍历，到 '\0' 结束，构成字符串。以下代码将 C 风格字符串的基本操作用指针形式完成。通过这些代码，可以进一步理解 C 风格字符串与指针的关系，掌握指针的遍历、偏移等基本含义。

代码 6.9 字符串与指针

```
1. int ptr_strlen(char* s)
2. {
3.     char* p=s;
4.     while(*p)    ++p;
5.     return p-s;
6. }
```

- 结束字符 '\0' 的 ASCII 码为 0，代表 false，因此第 4 行不断 ++ 向后遍历，直到找到 '\0'。
- 第 5 行中指针 p 指向 '\0'，而 s 是首字符的地址，二者之间的减法表示了偏移量，即元素的个数。因此 p-s 代表了字符串的逻辑长度。

代码 6.10 字符串与指针

```
1. void ptr_strcpy(char* target, char* source)
2. {
3.     while(*source)
4.         *target++=*source++;
5.     *target='\0';            //或 *target=*source;
6.     // do{
7.     //      *target++=*source++;
8.     // }while(*source);
9. }
```

- 第 4 行通过 ++ 不断向后偏移，将对应的字符赋值给 target。
- 第 5 行时，target 指针已经指向尾部，必须赋值 '\0'，表示字符串的结束。也可以用 source 进行赋值，因为此时的 source 正好指向 '\0'。
- 第 3~5 行也可以替换为第 6~8 行，因为 do-while 循环先赋值再比较，因此能确保 '\0' 被赋值。（知识点：T421）

代码 6.11 字符串与指针

```
1. int ptr_strcmp(char* str1, char* str2)
2. {
3.     while(*str1&&*str1==*str2)
4.     {str1++;str2++;}
5.     return *str1-*str2;
6. }
```

- 第 3 行添加判断 str1 是否结束，是为了防止两个字符串相等，然后越过 '\0' 继续比较无效字符部分。但是因为等于比较 *str1==*str2，所以不需要判断 str2 是否结束。
- 第 5 行将对应的两个字符作差返回，如果两个字符不同，则反映了两个字符串的大小关系。如果两个字符串相同，则 str1 和 str2 同时指向 '\0'，返回结果为 0 表示相等。如果一个字符串结束而另一个字符串没结束，因为 '\0' 的 ASCII 码为 0，任何字符都会大于 '\0'。

代码 6.12 字符串与指针

```
1. char* ptr_strcat(char* target, char* source)
2. {
3.     char* p=target;
4.     while(*target)  target++;
5.     do{
6.         *target++=*source++;
7.     }while(*source);
```

```
8.     return p;
9. }
```

- 第 3 行保留 target 的首指针，为了最后返回。
- 第 4 行先让 target 指向尾部。
- 第 5~7 行将 source 的内容复制到 target 的尾部，包括 '\0'。

随堂练习 6.1

提取一个字符串中的所有数字字符（'0',…,'9'）并输出。

样例输入	样例输出
s0d34f0df21gh	034021

随堂练习 6.2

提取一个字符串中的所有数字字符（'0',…,'9'），并将其转换为一个整数输出。

样例输入	样例输出
s0d034f0df21gh	34021

★ 提示：

通过 aoti 将结果字符串转换为整数。（知识点：T543）

知识点：T626

索引	要　点	正链	反链
T626	掌握 C 风格字符串与字符指针的对应关系	T621	

6.3 堆内存与动态空间分配 *

内存分配分为静态分配和动态分配，二者不同体现在以下四方面。①分配时间：程序执行分为编辑、编译、连接、运行四个阶段，静态内存在编译开始阶段分配，动态内存在程序运行时分配，因而静态内存不占用 CPU 资源，而动态内存占用。②分配位置：静态内存分配在栈区，动态内存分配在堆区。③分配方式：静态内存由编译器自动分配，自动回收；动态内存由编程者手动分配，手动回收。④分配大小：静态内存大小明确，分配时就确定了。动态内存无法确定大小，需要指针来指示位置。

由此可知，局部变量的内存分配都属于静态内存分配，分配在栈中。因为栈通常比较小，所以局部变量不能申请太大空间。对于多线程的程序，每个线程都有自己的栈内存，栈中的内容不能跨线程调用。函数可以定义一些参数（形参），函数体里也可以定义局部变量。对于每一个函数来说，当前函数一旦返回，这些形参和局部变量就超出了作用域，占用的内存也就可以安全地释放。形参和局部变量的生命周期和函数调用的生命周期一致。一个函数所需要的内存大小在编译时就能知道，如果不考虑编译时优化，每个栈帧的大小等于当前函数的所有形参和局部变量的大小总和，外加一些元数据的大小。并且每个形参和局部变量在栈上的内存地址偏移量也都是固定的，所以只要有个变量名就可以直接获取到这个变量对应的内存地址。实际上，变量名被直接编译成偏移量，编译后的二进制代码不存在变量名。

堆内存是一种按需分配的动态内存管理机制。申请时才分配，申请多少给多少，而栈内存只要调了函数就直接把所有本次调用可能需要的内存都进行分配。动态内存分配机制能让数据一直存在，直到手工销毁，也能让多个线程共享同一个内存里的对象，任何线程只要拿到这片内存的地址和大小就能访问。但是由于它的动态，导致数据访问必须通过指针或引用。此外，堆内存分配耗时较多，对于有时间要求的程序，尽量减少使用动态内存分配。C++ 中采用 new 和 delete 进行堆内存的动态分配和释放，理论上要求 new 和 delete 一定要成对出现。因为堆内存分配必须要手动释放，否则会一直存在。如果只分配不释放，可用内存就会越来越少，造成内存泄漏。

代码 6.13 堆内存与动态空间分配

```
#include<iostream>
using namespace std;
int main()
{
    int *a = new int;                    // 动态申请一个 int 型空间
    int *a1 = new int(5);                // 动态申请一个 int 型的空间并且
                                         // 初始化为 5
    int *a2 = new int[5];                // 动态申请 5 个 int 型数组
    int *a3 = new int[5]{1, 2, 3, 4, 5};//C++11 开始支持动态数组的初始化
    *a = 7;
    cout << *a<<' ' << *a1<<' ' << a2[2]<<' ' << a3[2] << endl;
    cout << a[0] <<' '<< a[1] <<' '<< a1[0] << endl;
    delete a;
    delete a1;
    delete[] a2;
    delete[] a3;
    return 0;
}
```

样例输入	样例输出
（无）	7 5 14942544 3 7 0 5

- 动态内存分配就是分配了一块内存空间，用指针进行访问，第 6 行的形式表示对单个 int 型空间进行初始化为 5，而第 7 行表示同时申请了 5 个 int 型空间。
- 因为 a2 未初始化，因此输出的值是随机的。
- 第 11 行可以看出，指针就是按照地址进行访问，因此 *a 和 a[0] 的结果是一样的。也可以进行内存地址偏移，但是 a+1 地址处的内容是未知的，因此输出结果也是未知的。

知识点：T631

索引	要　　点	正链	反链
T631	理解静态分配和动态分配的区别，掌握动态内存分配和释放的基本写法		T721,T731

/ 题 单 /

本章练习题来源于洛谷：https://www.luogu.com.cn/training/265391#problems。

序　号	洛　谷	题目名称	知识点	序　号	洛　谷	题目名称	知识点
LX601	U271096	调和平均	T613,T625	LX602	U271101	IPv4 地址	T613,T622
LX603	U271106	创建二维数组	T613,T623	LX604	U271110	对角线置 1	T613,T624
LX605	U271116	逆置一维数组	T515,T625	LX606	U271128	指针数据交互	T613
LX607	U271129	排序函数	T515,T625	LX608	U271133	矩阵每行元素和	T515,T531,T625
LX609	U271144	空间内部结构	T545,T622				

第 7 章 面向对象

7.1 类和对象

表 7.1 是 NBA2022 年东部赛区的一些统计数据。

表 7.1 NBA2022 年东部赛区统计数据

排名	球队	胜	负	胜率	得分	失分	分差
1	热火	53	29	64.60%	110.02	105.57	4.45
2	凯尔特人	51	31	62.20%	111.76	104.48	7.28
3	雄鹿	51	31	62.20%	115.49	112.13	3.35
4	76 人	51	31	62.20%	109.94	107.33	2.61
5	猛龙	48	34	58.50%	109.39	107.1	2.29
6	公牛	46	36	56.10%	111.61	112	−0.39
7	篮网	44	38	53.70%	112.9	112.12	0.78
8	老鹰	43	39	52.40%	113.94	112.38	1.56
9	骑士	44	38	53.70%	107.79	105.67	2.12
10	黄蜂	43	39	52.40%	115.33	114.89	0.44
11	尼克斯	37	45	45.10%	106.48	106.6	−0.12
12	奇才	35	47	42.70%	108.62	112	−3.38
13	步行者	25	57	30.50%	111.46	114.94	−3.48
14	活塞	23	59	28.00%	104.83	112.55	−7.72
15	魔术	22	60	26.80%	104.23	112.23	−8

如果需要存储这些数据，可以每列建一个数组，因为只有一列的数据类型才是相同的。但是经过仔细观察可以发现，一行数据才是构成一个球队的整体，每列都是这个球队的一个属性，C++ 中可以通过“类”或“结构体”封装具有不同数据类型、多个属性的数据。结构体是 C 语言中提供的复合数据类型，因为类包含了结构体中的所有功能，因此只需要掌握类的使用方法即可。构造类的具体实现如代码 7.1 所示。

代码 7.1 类与对象样例

```
1. #include<iostream>
2. using namespace std;
3. class Team {
4. public:
5.     string name;
6.     int win, lose;
7.     double points, opoints;
8.     Team(const string &n, int w, int l, double p, double op) {
9.         name = n;
10.        win = w;
11.        lose = l;
12.        points = p;
13.        opoints = op;
14.    }
15.    double rate() {
16.        return win / double(win + lose);
17.    }
18.    double gap() {
19.        return points - opoints;
20.    }
21.};
22.int main()
23.{
24.    Team t1 = Team("Heat", 53, 29, 110.02, 105.57);
25.    Team t2 = Team("Bulls", 46, 36, 111.61, 112);
26.    cout << t1.name << ' ' << t1.rate() << ' ' << t1.gap() << endl;
27.    cout << t2.name << ' ' << t2.rate() << ' ' << t2.gap() << endl;
28.    return 0;
29.}
```

样例输入	样例输出
（无）	Heat 0.646341 4.45 Bulls 0.560976 -0.399

- 第 3~21 行构造了一个新的类 Team，从编程的角度讲，一个类相当于一个新的数据类

型，其具体使用方法与数据类型的调用完全相同。第 3 行的 Team 是类的名称，即新数据类型的名称。第 24、25 行用新的类构造了两个变量 t1 和 t2，也称为对象。类是抽象概念，表示一种类别，包含特定的属性和方法；对象是通过类实例化出一个带有具体数据的变量。例如，对象 t1 包含了热火队的数据，对象 t2 包含了公牛队的数据。用同一个类构造的多个对象具有相同的行为，但是数据相互独立。

- 第 5~7 行定义了 5 个属性，这些属性可以是各种数据类型。属性是一个类的数据成员。属性可以被类内的所有函数进行访问。
- 第 15~20 行定义了两个函数，属于一个类的函数称为这个类的成员函数，表示这个类所能执行的行为。
- 一个类的属性或行为可以通过运算符 . 进行调用，如第 26~27 行所示。
- 第 8~14 行定义了一个跟类同名的函数，称为构造函数。它在对象被定义时进行自动调用，如第 24、25 行所示。构造函数没有函数返回值，参数列表可以由用户自行指定，根据参数列表的不同，可以构造多个构造函数。如果用户没有显式定义构造函数，将会自动构建一个无参的缺省构造函数。

以对象为基础进行程序设计，叫作面向对象编程。C++ 是面向对象语言，但是因为对 C 语言的兼容，并不是纯粹的面向对象语言，而 Java 和 Python 都是纯面向对象语言，在纯面向对象语言中，一切都是对象。

知识点：T711

索引	要　　点	正链	反链
T711	掌握类、对象、构造函数、成员变量、成员函数		T791
	洛谷：U271231(LX701), U271233(LX702), U271234(LX703), U271235(LX704)		

7.2 动态对象和 this 指针

类就是一种新的数据类型，也可以用来创建动态对象，如代码 7.2、代码 7.3 所示。

代码 7.2 类的动态对象 1

```
int main()
{
    Team* t1 = new Team("Heat", 53, 29, 110.02, 105.57);
    Team* t2 = new Team("Bulls", 46, 36, 111.61, 112);
    cout << (*t1).name << '\t' << (*t1).rate() << '\t' << (*t1).gap() << endl;
```

```
6.     cout << t2->name << '\t' << t2->rate() << '\t' << t2->gap() << endl;
7.     delete t1;
8.     delete t2;
9.     return 0;
10.}
```

- 当访问指针变量的属性或方法时，也可采用第 5 行的写法，但是书写比较烦琐，因此 C/C++ 通常采用第 6 行的形式进行代替，即箭头符号 -> 产生了指针的含义。

在执行成员函数时，相同类型构造的多个对象都是执行同一个成员函数。类的每个成员函数（静态函数除外），包括构造函数，都包含一个隐藏的名为 this 的形参，这个 this 参数为指向该对象的指针，用于指明当前正在被处理的对象。

代码 7.3 类的动态对象 2

```
#include<iostream>
using namespace std;
class Team {
public:
    string name;
    Team(const string &n) {
        name = n;
    }
    void test(string name) {
        cout << this->name <<' '<< name << ' ' << this << endl;
    }
    void test1(string n) {
        cout << this->name <<' '<< name << ' ' << this << endl;
    }
};
int main()
{
    Team t1 = Team("Heat");
    Team t2 = Team("Bulls");
    cout << &t1 << ' ' << &t2 << endl;
    t1.test("t1");
    t2.test("t2");
    t1.test1("t1");
    t2.test1("t2");
    return 0;
}
```

样例输入	样例输出
（无）	0x64fda0 0x64fdc0 Heat t1 0x64fda0 Bulls t2 0x64fdc0 Heat Heat 0x64fda0 Bulls Bulls 0x64fdc0

- 第 20 行输出两个对象的地址，说明两个对象存放在两个不同的空间，存放了不同的数据。
- 第 21~24 行用两个不同的对象分别调用成员函数 test 和 test1 时，输出的 this 显示了不同的地址，分别对应 t1 和 t2，其实每个对象调用成员函数时，都隐含地把当前对象的地址传递给成员函数，成员函数通过 this 关键字访问这个地址。
- 第 13 行输出结果看出，当调用属性或成员函数时，可以添加 this 指针，也可以省略，二者作用相同。但是如果跟局部变量有命名冲突时，例如第 10 行的输出结果，省略时表示局部变量，有 this 指针时表示类的属性或成员函数。

知识点：T721

索引	要　点	正链	反链
T721	掌握动态对象和 this 指针的使用方法	T631	T791

7.3 动态属性和析构函数

当一个类中有指针数据成员时，这些成员的赋值需要通过动态内存分配。如前所述，动态分配的内存将会一直占用内存空间，直到手动释放。而当一个对象使用结束时，希望它所占用的所有内存都被释放。因此每个类都提供了一个析构函数，当对象生命周期结束，或被 delete 删除时，自动释放它的所有成员所占据的内存。此外，在对象生命周期结束时，如果有需要保存的文件，需要释放的网络链接等资源，也可以在析构函数中完成。析构函数与构造函数类似，没有返回值，与类名相同，前面加一个 ~ 运算符。析构函数都是无参的，一个类只能有一个析构函数，如代码 7.4 所示。

代码 7.4 析构函数的使用

```
#include<iostream>
using namespace std;
class Team {
public:
    int* score=NULL;
    Team(int n) {
        score = new int(n);
```

```
8.     }
9.     void test(string name) {
10.        cout << *score << endl;
11.    }
12.    ~Team() {
13.        if(score!=NULL)
14.            delete score;
15.    }
16.};
17.int main()
18.{
19.    Team *t1 = new Team(101);
20.    t1->test("t1");
21.    delete t1;
22.    return 0;
23.}
```

样例输入	样例输出
（无）	101

- 第 12~15 行就是析构函数。属性 score 在构造函数中被动态分配，当第 21 行清除对象 t1 时，自动调用析构函数，属性 score 所分配的堆内存被释放。

知识点：T731

索引	要　点	正链	反链
T731	掌握动态属性和析构函数使用方法	T631	

7.4 封　装

面向对象的三大基本特征是封装（encapsulation）、继承（inheritance）和多态（polymorphism）。封装的一个非常好的实践准则就是将所有的属性成员定义为私有，这样可以更好地控制数据，当数据访问发生变更时，只需要简单地修改一个地方，就可以满足需求的变更，而不需要大规模的修改代码，从而提高数据的安全性。C++ 中提供了三种访问控制符进行不同级别的访问控制，如代码 7.5 所示。

访问控制符	说　明
private	私有，说明该成员（数据 / 函数）仅允许在类的内部进行访问
protected	保护，该成员可以在类的内部访问，也运行在该类的继承类中访问
public	公有，该成员可以随意访问

代码 7.5 访问控制

```
1. #include<iostream>
2. using namespace std;
3. class Team {
4. private:
5.     int score;
6. public:
7.     int getScore() { return score; }
8.     void setScore(int score) { this->score = score; }
9. };
10.int main()
11.{
12.     Team t1 = Team();
13.     t1.setScore(101);
14.     cout << t1.getScore() << endl;
15.     //cout << t1.score << endl;
16.     return 0;
17.}
```

- 以上代码中将属性 score 设定为 private，这样类外就无法直接访问，例如第 15 行执行会报错。但是可以在类内进行访问，例如第 7、8 行函数体中所示。
- 设置了两个公有函数，分别对属性 score 进行读和写操作。这样一旦读写操作发生更改，例如将 score 改成百分制，只需要修改 getScore 和 setScore 两个函数的函数体即可，其他访问 score 的位置都不需要更改。这样对大型程序设计的维护和升级都很有帮助。

知识点：T741

索引	要　　点	正链	反链
T741	掌握对象的封装和属性的访问控制		T791
	洛谷：U271237(LX705), U271238(LX706), U271239(LX707)		

7.5 继　承

在 C++ 中，继承是一个对象自动获取其父对象的所有属性和行为的过程。这样可以重用、扩展或修改其他类中定义的属性和行为。在 C++ 中，继承另一个类成员的类称为派生类，其成员被继承的类称为基类。派生类是基类的专用类。C++ 支持 5 种形式的继承：①单继承；②多重继承；③分层继承；④多级继承；⑤混合继承，如代码 7.6 所示。

代码 7.6 类的继承

```
1. #include<iostream>
2. using namespace std;
3. // 基类
4. class Vehicle {
5.   public:
6.     string brand = "Ford";
7.     void honk() {
8.       cout << "Tuut, tuut! \n" ;
9.     }
10.};
11.// 派生类
12.class Car: public Vehicle {
13.  public:
14.    string model = "Mustang";
15.};
16.
17.int main() {
18.  Car myCar;
19.  myCar.honk();
20.  cout << myCar.brand + " " + myCar.model;
21.  return 0;
22.}
```

样例输入	样例输出
（无）	Tuut, tuut! Ford Mustang

- 从运行结果可以看到，派生类构造的对象 myCar 可以访问父类的属性 brand 和成员函数 honk，虽然它们在 Car 中并没有定义，但是因为 Car 在第 12 行定义时继承了基类（父类）Vehicle，因此父类的 public 和 protected 成员都会被继承，注意 private 成员是不能被继承的，protected 成员可以被继承，但是不能被外部变量访问。
- 父类中可以定义多个子类（派生类）中的公有属性或成员函数，相当于定义了一个标准的接口。子类中需要书写的代码也会大量减少。

知识点：T751

索　引	要　点	正　链	反　链
T751	掌握对象的继承的使用方法		T771
	洛谷：U271240(LX708)		

7.6 多　　态

多态意味着“多种形式”，当有许多通过继承相互关联的类时就会发生这种情况。继承是另一个类继承属性和方法。多态性使用这些方法来执行不同的任务，能够以不同的方式执行单个操作。多态按字面的意思就是多种形态。当类之间存在层次结构，并且类之间是通过继承关联时，就会用到多态。C++ 多态意味着调用成员函数时，会根据调用函数的对象的类型来执行不同的函数。C++ 中的多态主要使用关键字 virtual 实现，virtual 的使用方法如代码 7.7 所示。

代码 7.7　virtual 关键字的使用

```
#include<iostream>
using namespace std;

class base {
public:
    virtual void print() {
        cout << "print base class\n";
    }
    void show() {
        cout << "show base class\n";
    }
};

class derived : public base {
public:
    void print() {
        cout << "print derived class\n";
    }
    void show()  {
        cout << "show derived class\n";
    }
};

int main()
{
    base *bptr;
    derived d;
    bptr = &d;
    // Virtual function, binded at runtime
    bptr->print();
    // Non-virtual function, binded at compile time
    bptr->show();
```

```
    return 0;
}
```

样例输入	样例输出
（无）	print derived class show base class

- 派生类中如果重新定义了父类的成员函数，称为函数重载。通过函数重载，子类可以修改父类的同名函数。也就是说，子类和父类具有同名的访问接口（函数），但是可以具有不同的具体行为。以上例子中的 show 函数就是一个重载函数。
- print 函数的实现形式与 show 基本相同，但是加了关键字 virtual。运行时多态性只能通过基类类型的指针（或引用）来实现。此外，基类指针既可以指向基类的对象，也可以指向派生类的对象。在上面的代码中，基类指针 bptr 包含派生类的对象 d 的地址。
- 后期（运行时）绑定根据指针的内容（即指针指向的位置）进行，早期（编译时）绑定根据指针的类型进行，因为 print() 函数是用 virtual 关键字声明的，所以它将在运行时绑定（输出派生类内容，因为指针指向派生类的对象），而 show() 是非虚函数，因此它将在编译时绑定（输出基类内容，因为指针是基类类型）。
- 如果在基类中创建了一个虚函数，并且它在派生类中被覆盖，那么不需要在派生类中使用 virtual 关键字，函数在派生类中被自动视为虚函数。

下面讨论如何用 virtual 实现多态。例如，考虑一个名为 Container 的基类，它有一个名为 pop() 的方法。容器的派生类可以是队列（queue）或堆栈（stack），对于 pop() 这个行为，它们有各自不同的表现，实现了函数重载，如代码 7.8 所示。

代码 7.8 函数重载

```
#include<iostream>
using namespace std;
// 基类
class Container {
public:
    virtual void pop()=0;     // 纯虚函数，定义一个接口，没有具体实现
// virtual void pop(){    // 虚函数，可以有自己的定义实现
    //     cout << "Container Pop!\n" ;
    // }
};
// 派生类
class Queue : public Container {
public:
    void pop() {
```

```
15.         cout << "Queue: Pop the first element!\n" ;
16.     }
17.};
18.// 派生类
19.class Stack : public Container {
20.public:
21.     void pop() {
22.         cout << "Stack: Pop the last element!\n" ;
23.     }
24.};
25.
26.void polymorphism(Container* container){
27.     container->pop();
28.}
29.
30.int main() {
31.     Queue q;
32.     Stack s;
33.     q.pop();
34.     s.pop();
35.     Container* vq = &q;
36.     vq->pop();
37.     Container* vs = &s;
38.     vs->pop();
39.     polymorphism(vq);
40.     polymorphism(vs);
41.     return 0;
42.}
```

样例输入	样例输出
（无）	Queue: Pop the first element! Stack: Pop the last element! Queue: Pop the first element! Stack: Pop the last element! Queue: Pop the first element! Stack: Pop the last element!

- 第 6 行在基类中定义了一个纯虚函数 pop()，注意纯虚函数要 =0，这是语法规定。这个函数没有具体实现过程，只是要求其所有的派生类都必须定义 pop() 这个成员函数。如果派生类中没有定义成员函数 pop()，编译会报错。很多情况下，虚函数都是为了定义一个统一的接口，在父类上的实现没有意义，因此纯虚函数就发挥了它的作用。
- 也可以对父类的虚函数进行实现，如第 7~9 行所示。
- 第 33、34 行是正常的对象调用函数操作。

- 第 35~38 行显示不同派生类的对象会执行不同的行为。这里需要两个条件：①必须是指针，只有指针才能实现后期（运行时）绑定。基类指针既可以指向基类的对象，也可以指向派生类的对象。② pop() 函数必须是虚函数，否则父类指针调用的 pop() 函数将会是父类的 pop() 函数。只有虚函数才会调用具体指向对象的 pop() 函数。
- 最后看第 26~28 行定义了一个函数 polymorphism()，因为基类指针既可以指向基类的对象，也可以指向派生类的对象，所以 Container 以及其所有的子类都可以用指针的形式传入。从继承的角度，Container 所拥有的所有属性和方法，其子类也必然拥有，因此 polymorphism() 中可以定义基于 Container 的操作流程（语句块）。但是基于多态机制，当传入不同的对象时，会执行不同的操作。如第 39、40 行所示，虽然 vq 和 vs 都是 Container 类型的指针，但是指向不同的派生对象。相同类型的指针可以执行相同的操作，但执行的结果依赖于具体对象的具体定义。这是使用虚函数的最大作用。

知识点：T761、T762

索引	要　　点	正链	反链
T761	掌握 virtual 关键字的使用		
T762	掌握函数重载的实现		

7.7　操作符重载

用户可以重新定义或重载 C++ 中可用的大多数内置运算符，可以给运算符赋予新的自定义行为，并且书写和理解上都更加清晰。重载运算符是具有特殊名称的函数：关键字“operator”后跟正在定义的运算符的符号。与函数的语法一样，重载运算符具有返回类型和参数列表。操作符重载和普通成员函数重载的含义是完全相同的，只是在定义和使用上略有区别，如代码 7.9 所示。

代码 7.9 操作符重载

```
#include<iostream>
using namespace std;
class Box {
public:
    Box(double l, double b, double h) {
        length = l; breadth = b; height = h;
    }
    double getVolume(void) {
        return length * breadth * height;
```

```
10.     }
11.     // 重载操作符 +
12.     Box operator+(const Box &b) {
13.         return  Box(this->length+b.length,this->breadth+b.
            breadth,this->height+b.height);
14.     }
15.private:
16.     double length,breadth,height;  // 长宽高
17.};
18.int main()
19.{
20.     Box box1(6., 7., 5.);
21.     Box box2(12., 13., 10.);
22.     cout << "Volume of Box1 : " << box1.getVolume() << endl;
23.     cout << "Volume of Box2 : " << box2.getVolume() << endl;
24.     Box box3 = box1 + box2;
25.     cout << "Volume of Box3 : " << box3.getVolume() << endl;
26.     return 0;
27.}
```

- 第 12~14 行重载了操作符 +，两个操作数分别为当前对象 this 和参数 b，当第 24 行对 Box 对象执行 + 操作时，就会调用这个函数。C++ 中提供的操作符都可以进行重载。
- 通常对操作符重载时，参数都使用 const，防止用户对其进行修改，引用可以减少传值过程中复制对象浪费的时间和空间。

知识点：T771

索引	要　　点	正链	反链
T771	掌握操作符重载的使用	T751	T791
	洛谷：U271242(LX709), U271244（LX710）		

7.8 静态属性

在变量定义前加上关键字 static，就转换为静态变量。静态变量和全局变量都存储在全局静态数据区中，其生命周期都从定义开始持续到程序运行结束。静态变量的初始化只会被执行一次，静态变量的使用如代码 7.10 所示。

代码 7.10 静态变量的使用

```
#include<iostream>
using namespace std;
```

```
// 基类
class Container {
public:
    static int count;
    Container() { ++count; }
    ~Container() { --count; }
};
// 派生类
class Queue : public Container {
public:
    void pop() {
        cout << "Pop the first element!\n" ;
    }
};
int Container::count = 0;
int main() {
    Container c;
    cout << Container::count << endl;
    cout << c.count << endl;
    Container arr[10];
    cout << Container::count << endl;
    Container *p = new Container();
    cout << Container::count << endl;
    Container *pp = new Container[5];
    cout << Container::count << endl;
    delete p;
    cout << Container::count << endl;
    delete[] pp;
    cout << Container::count << endl;
    Queue q;
    cout << Container::count << endl;
    return 0;
}
```

样 例 输 入	样 例 输 出
（无）	1 1 11 12 17 16 11 12

- 第 6 行定义了一个静态成员属性，在第 17 行进行初始化。因为 count 是成员属性，调用时必须添加类修饰符，例如 Container::，或通过对象实例进行调用（第 21 行）。
- 静态属性的使用方法和作用范围与其他属性相同，但是其分配在全局静态数据区，因此不属于任何一个对象，只有唯一的存储空间。
- 第 19~31 行显示，无论是局部变量，还是动态变量，无论是单个变量，还是数组，其构建时都会调用构造函数，释放时都会调用析构函数。因为静态变量的唯一性，可以对对象的数量进行计数。
- 第 32、33 行的运行结果发现对派生类进行调用时，父类的构造函数也会被调用。按照 C++ 的语法规定，构建派生类时，如果没有明确指定父类构造函数，会默认调用父类的无参构造函数。一个类如果没有明确定义构造函数和析构函数，会自动生成一个默认的无参构造函数和一个空的析构函数。

知识点：T781

索引	要　点	正链	反链
T781	掌握静态属性的定义和使用	T335	
	洛谷：U271231(LX701)		

7.9 综合练习——构建链表

本节通过构建链表，练习类和对象的构造，动态对象和 this 指针、封装和操作符重载。更重要的是理解链表这种特殊的数据结构。链表可以形成一个序列，但是序列中的每个节点的存储空间都是不连续的。这样可以更加方便地插入和删除，但是不能进行随机访问。

首先，构建一个节点类，每个节点除了保存数据外，更重要的是形成一个指针，用于指向下一个节点，这样才能形成序列，如代码 7.11 所示。

代码 7.11 构建节点类

```
class Node
{
public:
    int val;                                    // 存储数据，此处以 int 为例
    Node *next;                                 // 用于存储下一个节点
    Node(int val, Node *next = nullptr)
    {
```

```
        this->val = val;        // 成员变量和形参同名，用 this 指针进行区分
        this->next = next;
    }
};
```

其次，构建一个迭代器，用于遍历节点。这里最重要的一个操作是将节点封装成 private，外部无法对其直接访问。因为链表的存储空间不连续，因此不能使用大于小于等比较，但是要重载等于和不等于操作。任何迭代器都要支持自加和取值操作。从代码 7.12 可以看出，迭代器就是一个封装后的指针，但是因为进行了封装，用户不能直接访问指针，因此只能使用 Iterator 中提供的方法对指针进行访问，限定了用户的访问权限，达成了安全访问。

代码 7.12 构建迭代器

```
class Iterator{
private:
    Node* ptr;                      // 构造私有节点指针
public:
    Iterator(Node* node){
        ptr = node;
    }
    // 拷贝赋值函数
    Iterator& operator=(const Iterator& it) {
        ptr = it.ptr;               // 对私有节点指针进行赋值
        return *this;               // 返回自己
    }
    // 等于运算符
    bool operator==(const Iterator& it) const {
        return ptr == it.ptr;       // 对私有节点指针进行比较
    }
    // 不等于运算符
    bool operator!=(const Iterator& it) const {
        return ptr != it.ptr;       // 对私有节点指针进行比较
    }
    //前缀自加
    Iterator& operator++() {
        ptr = ptr->next;            // 让私有指针指向下一个节点
        return *this;               // 返回自己
    }
    //后缀自加
    Iterator operator++(int) {
        Iterator tmp = *this;// 得到自己
        ++(*this);                  // 执行前缀自加操作，让私有指针指向下一个节点
        return tmp;
```

```
    }
    int operator*(){
        return ptr->val;        // 取值操作
    }
};
```

然后构建一个链表类，其中的 head 始终指向头节点。begin 和 end 操作能够得到迭代器。然后分别实现了尾部添加、插入和删除操作，如代码 7.13 所示。

代码 7.13 构建链表类

```
class List{
private:
    Node* head;
public:
    List(){
        head = nullptr;
    }
    Iterator begin(){
        return Iterator(this->head);      // 由头节点封装的迭代器
    }
    Iterator end(){
        return Iterator(nullptr);         // 尾结点是空指针
    }
    void push_back(int val){
        Node* node = new Node(val);       // 构造一个新节点
        if(!head)                         // 如果链表为空
            head = node;                  // 头节点就是新节点，构建了只
                                          // 有一个节点的链表
        else{
            Node* ptr = head;
            while(ptr->next)              // 如果没有到尾部
                ptr = ptr->next;          // 转入下一个节点
            ptr->next = node;             // 新节点作为尾节点
        }
    }
    bool insert(const Iterator& it,int val){
        Node* tmp = head;
        while(Iterator(tmp)!=end() && Iterator(tmp->next)!=it)
                                          // 以迭代器形式比较
            tmp = tmp->next;              // 转入下一个节点
        if(Iterator(tmp)==end())  return false;
                                          // 没有找到迭代器指向的位置
        Node* node = new Node(val);       // 构造一个新节点
        node->next = tmp->next;           // 新节点和下一个节点链接
```

```
        tmp->next = node;// 新节点和上一个节点链接，注意和上一行顺序不能变
        return true;
    }
    bool erase(const Iterator& it){
        Node* tmp = head;
        while(Iterator(tmp)!=end() && Iterator(tmp->next)!=it)
                                                // 以迭代器形式比较
            tmp = tmp->next;                    // 转入下一个节点
        if(Iterator(tmp)==end())  return false; // 没有找到迭代器指向
                                                // 的位置
        Node* node = tmp->next;                 // 保留要删除节点的指针
        tmp->next = node->next;// 让上一个节点直接执行下一个节点，形成删除
        delete node;                            // 删除节点
        return true;
    }
};
```

最后，利用以上的定义，演示了使用方法。这里可以看到，只能通过迭代器访问节点，用户不能直接对节点进行操作，从而实现了对链表的安全访问。因为 List 支持了 begin、end 和迭代器，因此可以执行 for(auto 变量 : 容器) 操作，进一步说明迭代器可以实现算法和具体数据的分离，如代码 7.14 所示。

代码 7.14 演示链表类的使用

```
#include<iostream>
using namespace std;

int main(){
    int m;
    cin>>m;
    List ls;
    for(int i=0;i<m;i++)
        ls.push_back(i+1);          // 构建链表的数据
    for(auto it = ls.begin();it!=ls.end();it++)
        cout<<*it<<' ';
    cout<<endl;
    auto it = ls.begin();           // 指向链表的开始
    it++;                           // 指向下一个节点
    ls.insert(it,10);               // 插入新节点
    for(auto e:ls)                  // 遍历
        cout<<e<<' ';
    cout<<endl;
    ls.erase(it);                   // 删除指定的节点，这时依旧指向 2 对应的节点
    for(auto e:ls)                  // 遍历
```

```
        cout<<e<<' ';
    cout<<endl;
    return 0;
}
```

样例输入	样例输出
5	1 2 3 4 5 1 10 2 3 4 5 1 10 3 4 5

知识点：T791

索引	要　点	正　链	反　链
T791	掌握空间不连续序列的使用，了解迭代器的作用	T711,T721,T741,T771	T822,T863

/ 题 单 /

本章练习题来源于洛谷：https://www.luogu.com.cn/training/265581#problems。

序　号	洛　谷	题目名称	知识点	序　号	洛　谷	题目名称	知识点
LX701	U271231	平均分计算	T711,T781	LX702	U271233	点圆	T711
LX703	U271234	统计数字	T711	LX704	U271235	三维坐标	T711
LX705	U271237	点圆关系	T741	LX706	U271238	Car 类	T741
LX707	U271239	角度的加法	T741	LX708	U271240	派生类构造	T751
LX709	U271242	时间的比较	T771	LX710	U271244	N 天以后	T771

第 8 章　模板和容器

8.1 泛型编程

泛型编程指在书写代码时，不考虑具体数据类型，而模板是泛型编程的基础。C++ 中的泛型编程主要分为模板函数和模板类。面向对象和泛型编程的目的就是提升复用性，C++ 的标准模板库（standard template library，STL）提供了六大组件，分别是容器、算法、迭代器、仿函数、适配器（配接器）、空间配置器。六大组件如表 8.1 所示。

表 8.1　六大组件

组　件	作　用
容器	各种数据结构，如 vector、list、deque、set、map 等 , 用来存放数据
算法	各种常用的算法，如 sort、find、copy、for_each 等
迭代器	扮演了容器与算法之间的胶合剂
仿函数	行为类似函数，可作为算法的某种策略
适配器	用来修饰容器或者仿函数或迭代器接口
空间配置器	负责空间的配置与管理

8.1.1 模板函数

模板函数提供一个抽象的函数，并不具体指定其中数据的类型，而是某个虚拟类型代替。只提供基本的功能。其具体的数据类型，只在其被调用时视具体情况实例化。代码 8.1 是一个具体样例。

代码 8.1 最大值模板函数

```
1. #include<iostream>
2. #include<string>
3. using namespace std;
4.
5. template <typename T>      //模板函数声明与定义
6. T const& Max (T const& a, T const& b)
7. {
8.     return a < b ? b:a;
9. }
10.int main()
11.{
12.    int i = 39, j = 20;
13.    cout << "Max(i, j): " << Max(i, j) << endl;
14.    double f1 = 13.5, f2 = 20.7;
15.    cout << "Max(f1, f2): " << Max(f1, f2) << endl;
16.    string s1 = "Hello", s2 = "World";
17.    cout << "Max(s1, s2): " << Max(s1, s2) << endl;
18.    return 0;
19.}
```

样例输入	样例输出
（无）	Max(i, j): 39 Max(f1, f2): 20.7 Max(s1, s2): World

- 第 5~9 行定义了一个模板函数 Max，实现了求两个数据最大值的操作。
- 第 5 行 template 表明以下定义的是一个模板，typename 指明 T 是一个虚拟类型，在第 13、15、17 行 Max 被调用时，根据传入数据的具体类型被具体化为实际的类型。也可以把 T 理解为一个类型的占位符。
- 第 6 行使用 T 定义了形参的类型和返回值的类型，const 表示为常量，不可被修改。
- 交换模板 swap 的函数定义为：template <class T> void swap(T& a, T& b)。可以看到，与目标函数 Max 的定义非常相似，只是因为要修改参数的值，没有加 const 常量约束。对于任意两个类型相同的变量，都可以调用 swap 模板函数进行交换。

虚拟类型可以有多个，代码 8.2 是另外一个样例。

代码 8.2 求和模板函数

```
#include<iostream>
using namespace std;
template <typename T1, typename T2> //模板函数声明与定义
```

```
4. T2 test(T1 tmp1, T2 tmp2) {
5.     T2 tmp = tmp1 + tmp2;
6.     return tmp;
7. }
8. int main(void) {
9.     cout << "test(10,5)=" << test(10,5) << endl;
10.    cout << "test(5,'A')=" << test(5,'A') << endl ;
11.    cout << "test(10,5.5) =" << test(10,5.5) << endl;
12.    cout << "test(5.5,10) =" << test(5.5,10) << endl;
13.    return 0;
14.}
```

样例输入	样例输出
（无）	test(10,5)=15 test(5, 'A')=F test(10,5.5) =15.5 test(5.5,10) =15

■ 因为返回类型为 T2，因此第 10 行的结果为字符类型，第 11 行结果为浮点型，第 12 行结果被取整。

知识点：T811

索引	要　点	正链	反链
T811	掌握模板函数，能够自定义简单的模板函数	T26B	T812

8.1.2 模板类 *

与模板函数类似，可以构建模板类，不指定具体数据类型。

代码 8.3 模板类

```
#include<iostream>
using namespace std;
template<class type> class Container {
private:
    type data;
public:
    Container(type d) { this->data = d; }
    type operator+(const Container<type>& t){
        return this->data + t.data;
    }
};
```

```
12.int main() {
13.     Container<int> ia(3), ib(5);
14.     cout << ia + ib << endl;
15.     Container<string> as("abc"), bs("def");
16.     cout << as + bs << endl;
17.     return 0;
18.}
```

样例输入	样例输出
（无）	8 abcdef

- 第 3 行定义了一个模板类，在第 13 行调用时，将数据类型指定为 int；第 15 行调用时，数据类型指定为 string。具体执行时，就会显示不同类型的具体操作，见第 14 行和第 16 行的输出结果。
- 在第 4~11 行类的具体定义中，与 data 的数据类型关联时，都用指定的虚拟类型 type 代替。
- 在 8.1.2 节中使用 class 指定虚拟类型，而在 8.1.1 节中使用 typename 指定虚拟类型，class 和 typename 在指定模板的虚拟类型时，是完全相同的。

知识点：T812

索引	要　点	正链	反链
T812	理解模板类，会用模板类执行基本操作。	T811	

8.2 STL 容器

参考文档链接：https://cplusplus.com/reference/stl/。

STL 容器就是将运用最广泛的一些数据结构实现出来，常用的数据结构有数组、链表、树、栈、队列、集合、映射表等。这些容器分为序列式容器和关联式容器（排序容器）两种。C++11 新加入 4 种容器，主要结构采用哈希函数，因此也称为哈希容器（无序容器）。STL 容器种类如表 8.2 所示。

表 8.2　STL 容器种类

容器种类	功　能
序列容器	主要包括 vector 向量容器、list 列表容器以及 deque 双端队列容器。之所以被称为序列容器，是因为元素在容器中的位置同元素的值无关，即容器不是排序的。将元素插入容器时，指定在什么位置，元素就会位于什么位置

续表

容器种类	功　能
关联式容器（排序容器）	包括 set 集合容器、multiset 多重集合容器、map 映射容器以及 multimap 多重映射容器。排序容器中的元素默认是由小到大排序好的，即便是插入元素，元素也会插入到适当位置。所以关联容器在查找时具有非常好的性能
哈希容器（无序容器）	分别是 unordered_set 哈希集合、unordered_multiset 哈希多重集合、unordered_map 哈希映射以及 unordered_multimap 哈希多重映射。和排序容器不同，哈希容器中的元素是未排序的，元素的位置由哈希函数确定

8.2.1 容器的分类

（1）序列容器。

所谓序列容器，即以线性排列（类似普通数组的存储方式）来存储某一指定类型（例如 int、double 等）的数据，每个元素均有固定的位置。需要特殊说明的是，该类容器并不会自动对存储的元素按照值的大小进行排序。需要注意，序列容器只是一类容器的统称，并不指具体的某个容器。序列容器大致包含以下几类容器，其对应的头文件与容器名相同。前三种容器可以进行随机访问，意味着底层存储结构为数组，存储空间连续；后面三种容器不可以随机访问，意味着每个节点都是独立存储，在空间上不具有连续性。序列容器如表 8.3 所示。

表 8.3　序列容器

容　器	描　述	增加或删除元素	随机访问
数组容器 array<T,N>	表示可以存储 N 个 T 类型的元素，是 C++ 本身提供的一种容器	长度固定，不能增加或删除元素	Y
向量容器 vector<T>	长度可变，即在存储空间不足时，会自动申请更多的内存	尾部增删效率 O（1） 其他位置增删效率 O（n）	Y
双端队列容器 deque<T>	和 vector 相似，头部和尾部插入和删除元素都非常高效	头部尾部增删效率 O（1） 其他位置增删效率 O（n）	Y
链表容器 list<T>	长度可变，由 T 类型元素组成的序列，以双向链表形式组织元素	任意位置增删效率 O（1）	N
正向链表容器 forward_list<T>	以单链表的形式组织元素，它内部的元素只能从第一个元素开始访问，比链表容器快、更节省内存	任意位置增删效率 O（1）	N
堆栈 stack<T>	在 deque<T> 的基础上形成，只能在尾部进行增加删除，实现先进后出	尾部增删效率 O（1） 其他位置不能增删	N
单向队列 queue<T>	在 deque<T> 的基础上形成，只能在尾部新增，头部弹出，实现先进先出	尾部增加效率 O（1），头部弹出效率 O（1），其他位置不能增删	N

（2）关联式容器。

关联式容器底层采用二叉树结构，更确切地说是红黑树结构，各元素之间没有严格的物理顺序关系。与序列容器不同，关联式容器在存储元素值的同时，还会为各元素额外再配备一个值（又称为“键”，其本质也是一个 C++ 基础数据类型或自定义类型的元素），它的功能是在使用关联式容器的过程中，如果已知目标元素的键的值，则直接通过该键就可以找到目标元素，而无须再通过遍历整个容器的方式。关联式容器可以快速查找、读取或者删除所存储的元素，同时该类型容器插入元素的效率也比序列式容器高。

也就是说，使用关联式容器存储的元素，都是“键值对”(<key,value>)，这是和序列式容器最大的不同。除此之外，序列式容器中存储的元素默认都是未经过排序的，而使用关联式容器存储的元素，默认会根据各元素的键值的大小做升序排序。关联式容器如表 8.4 所示。

表 8.4　关联式容器

关联式容器名称	特　　点
map	定义在 <map> 头文件中，使用该容器存储的数据，其各个元素的键必须是唯一的（即不能重复），该容器会根据各元素键的大小，默认进行升序排序（调用 std::less<T>）
set	定义在 <set> 头文件中，使用该容器存储的数据，各个元素键和值完全相同，且各个元素的值不能重复（保证了各元素键的唯一性）。该容器会自动根据各个元素的键（其实也就是元素值）的大小进行升序排序（调用 std::less<T>）
multimap	定义在 <map> 头文件中，和 map 容器唯一的不同在于，multimap 容器中存储元素的键可以重复
multiset	定义在 <set> 头文件中，和 set 容器唯一的不同在于，multiset 容器中存储元素的值可以重复（一旦值重复，则意味着键也是重复的）

（3）无序容器。

无序容器只是一类容器的统称，仅是在前面提到的 4 种关联式容器名称的基础上添加了“unordered_”。关联式容器会对存储的键值进行排序，但是无序容器不会。如果涉及大量遍历容器的操作，建议首选关联式容器；反之，如果更多的操作是通过键获取对应的值，则应首选无序容器。因为无序容器底层采用 hash 结构，其随机获取键值对的性能为常量级，即 O(1)。无序容器如表 8.5 所示。

表 8.5　无序容器

无 序 容 器	功　　能
unordered_map	存储键值对 <key,value> 类型的元素，其中各个键值对键的值不允许重复，且该容器中存储的键值对是无序的
unordered_multimap	和 unordered_map 唯一的区别在于，该容器允许存储多个键相同的键值对
unordered_set	不再以键值对的形式存储数据，而是直接存储数据元素本身（当然也可以理解为，该容器存储的全部都是键 key 和值 value 相等的键值对，正因为它们相等，因此只存储 value 即可）。另外，该容器存储的元素不能重复，且容器内部存储的元素也是无序的
unordered_multiset	和 unordered_set 唯一的区别在于，该容器允许存储值相同的元素

知识点：T821

索引	要　　点	正链	反链
T821	了解 STL 容器的分类		T823

8.2.2 迭代器

如前所述，不同容器内部结构各不相同，但它们都用于存储大量数据。因此也都需要对数据进行大量的遍历操作。为了满足排序、查找、求和等通用算法的需求，需要将遍历操作与具体的存储结构分离开，因此就产生了迭代器。迭代器隐藏了不同存储结构的内部差异，具备对容器进行遍历读写数据的能力。迭代器是 C++ 程序中常用的一种设计模式，它最重要的作用是为访问容器提供了统一的接口。

迭代器的底层实际就是一个指针，通过迭代器可以指向容器中的某个元素。* 迭代器名就表示迭代器指向的元素。通过非常量迭代器还能修改其指向的元素。但很多迭代器对指针进行了封装，其功能与原生指针相比受到一定限制，不同容器的迭代器功能强弱程度也有所不同。主要分为前向迭代器、双向迭代器和随机访问迭代器。

- 前向迭代器的功能被所有类型迭代器兼容，包括 ++ 操作，即一次前向移动一个位置；复制或赋值；还可以用 == 和 != 运算符进行比较。C++ 中采用 begin() 指向首元素，用 end() 指向尾后元素，即最后一个有效元素后面的元素。
- 双向迭代器比正向迭代器多支持一个 -- 操作，即一次后向移动一个位置。
- 随机访问迭代器支持的功能最多，除了以上提到的功能，它还支持加上任意偏移量并得到新的迭代器；通过下标形式访问元素；用 <、>、<=、>= 运算符进行比较；另外，两个迭代器的减法操作表示二者所指向元素的序号之差。

各容器支持的迭代器类型如表 8.6 所示。

表 8.6　各容器支持的迭代器类型

容　　器	对应的迭代器类型
array	随机访问迭代器
vector	
deque	
list	双向迭代器
set / multiset	
map / multimap	
forward_list	前向迭代器
unordered_map / unordered_multimap	
unordered_set / unordered_multiset	
stack	不支持迭代器
queue	

- array、vector 和 deque 由于其存储的顺序性，可以将所有的指针存储在一个数组中，因此可以采用随机访问迭代器，其实就是具备了数组的通过偏移访问元素的能力，同时也就具备了指针间的减法操作和大小比较等功能。
- list、set 和 map 等容器的元素存储不具有顺序性，因此只能通过迭代方式进行访问，所以是双向迭代器。
- forward_list 顾名思义，通过封装限制了反向遍历的能力，是为了保障特定算法的实现；哈希容器也支持了前向指针，单向迭代访问各个元素，无法通过偏移实现跳跃访问。
- stack 的先进后出和 queue 的先进先出机制，只能访问栈顶或队列头部的元素，不允许出现遍历操作，因此不能支持迭代器，否则会破坏其固有的机制。

迭代器从本质上就是一个指针，但是根据不同容器的特点，采用类封装的方式，对功能进行了限制。随机访问迭代器支持底层结构为数组的容器，借助数组空间连续分配，可以随机访问的特性，因此功能最全面。而双向迭代器和前向迭代器所支持的容器，每个元素的存储空间是不连续的，在一个元素中，通过指针间接访问下一个元素，因此只能依次遍历。也是因为其空间不连续性，因此迭代器的值和元素的顺序没有关系，不具有大小关系，也就是说，不能采用小于尾结点的方式进行终止判断，只能采用不等于尾结点的方式。这些功能都是通过类封装（知识点：T751）和函数重载（知识点：T771）实现的。

要特别注意，迭代器可能存在失效问题。失效的本质就是迭代器底层对应指针所指向的空间被销毁了，而使用一块被释放的空间会造成程序崩溃。任何底层空间改变的操作，都有可能导致迭代器失效，比如 resize、reserve、insert、erase、assign、push_back 等。换句话说，这些操作都有可能导致容器空间的重新分配，因此原来的迭代器就会失效。解决的方式是在执行以上操作后，需要对迭代器进行重新赋值。

知识点：T822—T825

索引	要　　点	正链	反链
T822	迭代器是容器访问的主要方式，其本质就是通过类封装进行功能限定的指针	T791	T831
T823	能够清晰掌握不同类型迭代器和不同类型容器直接的对应关系，并理解造成这些异同的原因	T621,T821	
T824	双向迭代器和前向迭代器只能逐个遍历元素，终止判断只能采用 != 运算		
T825	resize、reserve、insert、erase、assign、push_back 等底层空间操作都会造成空间重新分配，进而导致迭代器的失效，因此要对迭代器进行重新赋值	T542	

8.3 向量（vector）

STL 中提供了模板数组 array，用于优化原生数组的使用。与原生数组相比，模板数组更安全、更便利，这主要是因为 array 是一个类，通过重载操作符和一些访问控制函数，满足了更多的需求。例如，在进行随机访问时，除了重载操作符 [] 通过下标访问之外，还提供了函数 at 进行下标访问，at 在进行访问时会进行越界判断，使访问操作更加安全；此外，array 还重载了赋值运算符和关系判断运算符，达成了原始数组无法达到的整体赋值和整体比较。模板数组 array 示例如图 8.1 所示。

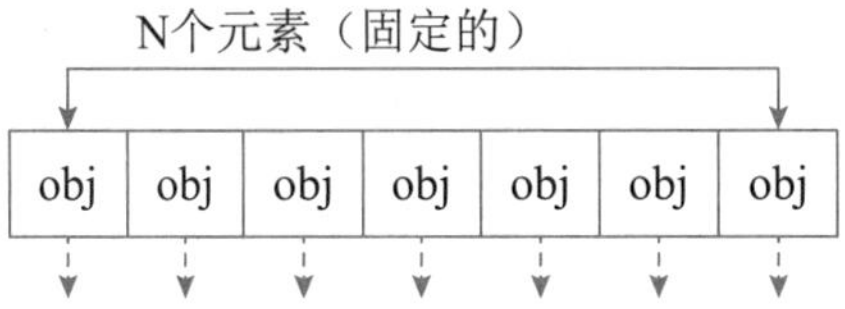

图 8.1　模板数组 array 示例

数组的空间大小是固定的，很难按需申请，会造成空间的浪费。即使采用动态数组，当数据增长超过预留空间上限时，也需要重新全部申请空间。STL 提供了向量 vector 类型，由头文件 <vector> 引入，其工作方式与数组类似，但是容量可以根据需要自动伸缩。与模板类 array 比较，vector 更加灵活，但 array 的执行效率更高。在绝大部分情况下，vector 和 array 的效率差可以被忽略，因此在需要使用 array 的场合，完全可以使用 vector 代替，array 很少被使用。向量 vector 示例如图 8.2 所示。

★　提示：

vector 在进行扩展时，并不是在原空间之后续接新空间，而是找更大的内存空间，然后将原数据拷贝至新空间，释放原空间。

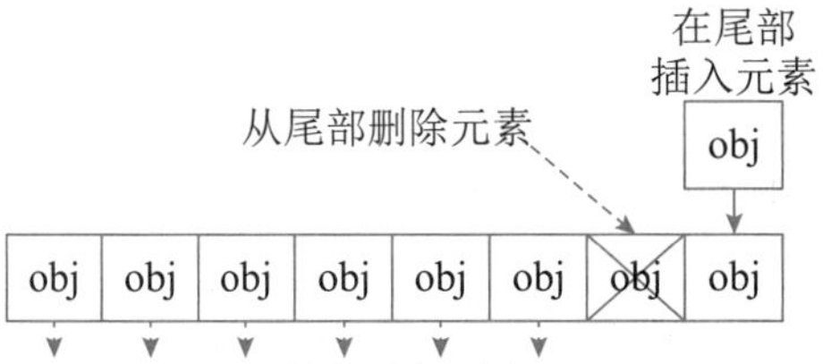

图 8.2　向量 vector 示例

8.3.1 遍历

以下的遍历方式适用于所有使用随机访问迭代器的容器，例如 vector、string 等。

代码 8.4 vector 的遍历方式

```
1. #include<iostream>
2. #include<vector>              // 需要引入 vector 头文件
3. using namespace std;
4. int main()
5. {
6.     vector<int> v1(4);        // 创建长度为 4 的 vector
7.     for(size_t i = 0; i < v1.size(); i++)// 设定内容为 {0,1,2,3}
8.         v1.at(i) = i;
9.     auto v2 = v1;
10.    v2[2] = 1;
11.    if(!v1.empty()) {          // 如果容器不为空，则输出容器中所有的元素
12.        for (auto it = v1.begin(); it < v1.end(); it++)
13.            cout << *it << " ";
14.    }
15.    cout << endl;
16.    for(auto e:v2)
17.        cout << e << " ";
18.    cout << endl;
19.    for(auto it = v1.rbegin(); it < v1.rend(); it++)
                                   // 使用反向迭代器遍历容器
20.        cout << *it << " ";
21.    cout << endl << boolalpha;
22.    cout << (v1 == v2) << ' ' << (v1 != v2)<< endl;
23.    cout << (v1 > v2) << ' ' << (v1 < v2)<< endl;
24.}
```

样例输入	样例输出
（无）	0 1 2 3 0 1 1 3 3 2 1 0 false true true false

- 第 6 行定义了一个 vector 容器，长度为 4，初始化为全 0。默认初始化为 0 的操作是原生数组不具备的。
- 第 7 行用传统的下标形式访问 vector 容器，注意这里下标数据类型为 size_t，它在 64 位系统中为 long unsigned int（占用 8 字节的内存空间），在需要通过数组下标来访问数组时，通常建议将下标定义 size_t 类型。
- 第 8 行使用 at 函数进行下标访问，与 v1[i]=i; 功能相同，但是 at() 函数进行下标越界判定，更加安全。第 10 行采用了操作符 [] 形式访问元素。

★ 提示：

虽然 at() 函数更加安全，但是毕竟有代价消耗。对于能确保访问不发生越界的情况，使用操作符 [] 效率更高。

- 第 9 行实现了数组的整体赋值，这是原生数组无法完成的。
- 第 11 行用判定容器是否为空，它与 v1.size()==0 功能相同，但 empty() 函数的效率更高，优先使用。
- 第 12、13 行用迭代器的方式遍历容器。由于每种容器的遍历方式都不相同，但是迭代器可以封装遍历过程，统一了遍历操作，进一步可以将容器和算法进行粘合。变量 it 就是一个迭代器，设定为 auto 类型，根据 begin() 函数的返回值自动设定为迭代器类型。begin() 返回第一个元素的指针，end() 返回最后一个元素的下一个位置指针，注意不是最后一个元素的指针，因此迭代器构建了一个左闭右开的区间，即包括 begin() 指向的元素，但是不包括 end() 指向的元素。因为迭代器返回的是指针，所以第 13 行用迭代器访问元素时用 * 获取对应位置的值。vector 采用随机访问迭代器，可以使用 ++ 或 -- 操作进行前向或后向遍历。
- 第 16、17 行展示了遍历容器的第三种方式。
- 第 19、20 行通过反向迭代器从尾部向头部依次遍历所有元素，注意反向迭代器中 ++ 表示向前移动。begin() 和 end() 表示正向迭代，rbegin() 和 rend() 表示反向迭代，cbegin()、cend()、crbegin() 和 crend() 表示迭代的元素是 const，不可修改，如图 8.3 所示。

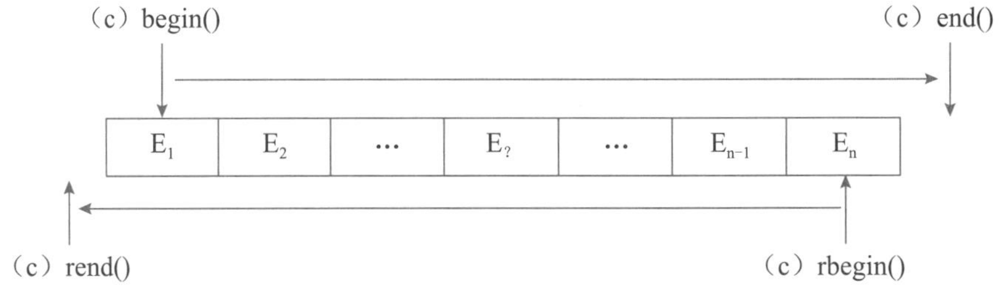

图 8.3　正向迭代器和反向迭代器

- 第 21 行的 boolalpha 是为了让下面两行的 bool 类型输出结果显示 true/false，而不是 1/0。
- 第 22、23 行验证了 vector 容器可以进行整体比较。比较采用字典序，从第 0 个元素开始比较，如果对应元素相等，进行下一个位置元素的比较，如果不相等，两个对应元素的大小关系就直接作为两个容器的大小关系。

★ 提示：

STL 的容器在很多操作上都是统一的，因此以上代码中的很多部分都可以使用到其他容器上。

string 类型原始的获取长度函数为 length()，就是为了和 STL 的其他容器兼容，因此添加了完全相同功能的 size() 函数，确保 string 类型也能采用 STL 的算法完成。

在实际使用时，array 很少被使用，常用 vector 代替，因为 vector 和 array 性能相近，而且更加灵活。

知识点：T831

索引	要　　点	正链	反链
T831	掌握容器遍历的方式，empty 是最高效的容器判定为空的方法	T822	
	力扣：217(LX822)		

8.3.2 向量的典型操作

代码 8.5 vector 基本操作

```
#include<iostream>
#include<vector>
#include<algorithm>                             //for_each 和 copy
#include<iterator>                              //ostream_iterator
using namespace std;
int main()
{
    vector<char> v;                             // 初始化一个空 vector 容量
    string s = "LTSA";
    for(auto e:string("LTSA")) v.emplace_back(e);
                                       // 或 v.assign(s.begin(), s.end());
    cout << v.size() << endl;                   // 容器中的元素个数
    v.pop_back();
    for(auto it = v.rbegin(); it < v.rend(); it++)
                                                // 使用反向迭代器遍历容器
        cout << *it << " ";
    cout << endl;
    cout << v.at(0) <<'\t'<<v.front()<<'\t'<<v.back()<< endl;
    v.emplace(v.begin()+1, 'C'); // 在距离首元素偏移为 1 的位置插入新字符，
                                            // 也可以使用 insert
    for_each(v.begin(), v.end(), [](auto &elem) { cout << elem << ' '; });
    cout << endl;
    v.erase(v.begin() + 2);                     // 删除距离首元素偏移为 2 的元素
    copy(v.begin(), v.end(), ostream_iterator<char>(cout, " "));
    return 0;
```

```
23.}
```

样例输入	样例输出
（无）	4 S T L L L S L C T S L C S

■ 第 8 行构建了一个向量 vector 容器，第 10 行依次将 4 个字符插入到容器的尾部，也可以采用 assign 的方式，直接将字符串转换为 vector。第 12 行从尾部移除一个元素。

★ 提示：

注意这里使用 string 型，如果直接使用字符串“LTSA”，是 C 风格字符串，该字符串以字符 '\0' 结尾，将会是 5 个字符。string 型不存在字符 '\0'。

■ 第 16 行通过 at(0) 或 front() 函数访问首元素，用 back() 访问尾元素。

■ 第 17 行在距离首元素偏移为 1 的位置插入新字符，第 20 行删除距离首元素偏移为 2 的元素。

■ 第 17 行的 emplace 可以替换为 insert，第 10 行的 emplace_back 可以替换为 push_back。emplace 方法是 C++11 新提出来的用法。无论是 insert 还是 push_back 都是先创建对象，再将对象移动到指定位置，而 emplace 方法直接在指定位置创建对象，因此效率较高。

■ 第 18 行调用了算法 for_each，它包含在头文件 <algorithm> 中，原型为 for_each(iter1, iter2,op)，iter1 和 iter2 指定了迭代器的开始和结束范围，op 是一个函数，其作用是将迭代器中遍历的每个元素作为参数输入并进行处理。第 18 行中的 op 是一个匿名函数，将每个元素进行输出。当需要对一个容器某个区域的所有元素做相同的函数处理时，就可以使用 for_each 函数完成。

■ 第 20 行调用 erase 函数删除指定位置上的字符，它还有一个函数原型 iterator erase (const_iterator first, const_iterator last)，用于删除指定范围内的所有字符。在头文件 <algorithm> 中，还有一个删除函数 remove，用于删除指定范围内特定字符。需要特别说明的是，erase 在删除后容器的长度会发生改变，但 remove 只是逻辑删除，容器的长度不变。

■ 第 21 行使用了输出流迭代器 ostream_iterator，它包含在头文件 <iterator> 中，第一个参数指定输出流，第二个参数指定分隔符，第 21 行指定的分隔符是空格。

■ 第 21 行调用了算法 copy，它的前两个参数指出被复制的元素的区间范围，第三个参数指出复制到的目标区间起始位置。当需要将一个容器的某个区域的元素复制到另外一个容器的指定区域时，即可以调用 copy 函数完成。第 21 行将 v 从 begin() 到 end()

的所有元素复制到标准输出流 cout 构建的迭代器中，并且以空格分隔，这样就将全部元素显示出来。

随堂练习 8.1

输入一个超大的正整数 n，$n \leqslant 10^{30}$，将 n 逐位保存到一个整型 vector 中。

知识点：T832

索引	要　　点	正链	反链
T832	掌握向量 vector 的典型操作，这是 STL 中最常用的容器	T541	

8.3.3 查找重复元素

例题 8.1

找出数组中重复的数字。在一个长度为 n 的数组 nums 里的所有数字都在 0~n-1 的范围内。数组中某些数字是重复的，但不知道有几个数字重复了，也不知道每个数字重复了几次。请找出数组中任意一个重复的数字。（剑指 offer）

样 例 输 入	样 例 输 出
6 2 5 4 5 3 4	5

【题目解析】可以 sort 排序后，遍历数组，前面的值和后面的值相等即为答案。排序的时间复杂度为 $O(n\log_2 n)$。可以采用打表法，将时间复杂度降为 $O(n)$。

代码 8.6 查找重复元素

```
#include<iostream>
#include<vector>
using namespace std;
class Solution {
public:
    int findRepeatNumber(vector<int>& nums) {
        vector<int> ret(nums.size(),0);
        for(auto e:nums)
        {
            if(ret[e]!=0)  return e;
            ret[e]++;
        }
        return 0;
    }
};

```

```
17.int main()
18.{
19.    Solution s;
20.    size_t n;
21.    cin >> n;
22.    vector<int> nums(n);
23.    for(size_t i = 0;i<n;++i){
24.        cin >> nums[i];
25.    }
26.    cout << s.findRepeatNumber(nums) << endl;
27.}
```

- 题目中保证输入的每个数字都小于 n，因此第 7 行建立了一个 vector，用来记录每个数出现的次数。初始化长度与 nums 相同，初始值全部为 0。与原始数组相比，vector 可以将初始值设定为任意值。由这个题目可以看出，vector 的使用比原始数组更方便，掌握 STL 后，完全可以用 vector 代替原始数组。
- 第 22 行初始化时，使用小括号定义长度为 n，这是在调用 vector 的构造函数。注意这里不能使用中括号，使用时要区分与原始数组的机理不同。

知识点：T833

索引	要　点	正链	反链
T833	掌握使用 vector 代替原生数组，理解 vector 比原生数组的易用性	T526	
	力扣：2351(LX801)，268(LX814)		

8.4 高级应用

向量 vector 和字符串 string 是最常见的两种容器，结合迭代器和算法，可以形成一些非常方便的应用。

8.4.1 降序排序

sort 函数默认是采用升序排序，第五章提到可以将升序排序的结果调用 reverse 函数，形成降序。结合迭代器或仿函数，可以直接进行降序排序。

代码 8.7 降序排序

```
#include<iostream>
#include<vector>
#include<algorithm>
```

```
4. using namespace std;
5.
6. int main()
7. {
8.     size_t n;
9.     cin>>n;
10.    vector<int> nums(n);
11.    for(size_t i = 0;i<n;++i){
12.        cin>>nums[i];
13.    }
14.    sort(nums.rbegin(),nums.rend());//或sort(nums.begin(),nums.end(),greater<int>());
15.    for(size_t i = 0;i<n;++i){
16.        cout<<nums[i]<<' ';
17.    }
18.}
```

样例输入	样例输出
4 3 5 1 7	7 5 3 1

- 排序时采用反向迭代器，利用 rbegin 和 rend 两个函数，其中的大小比较与前向迭代正好相反，因此可以形成逆序效果。
- 第 14 行注释的结果，是将仿函数 greater 作为比较器，大的元素在前，因此也可以达到降序的目的。

知识点：T841

索引	要　点	正链	反链
T841	掌握逆序排序的方法	T831	
	力扣：20(LX823)，682(LX818)		

8.4.2 全部删除指定元素

例题 8.2

据说 2011 年 11 月 11 日是百年光棍节。这个日期写成字符串是“20111111”，有 6 个 1 连续出现，小明把这样的字符串（有 6 个 1 连续出现，但可以在 1 之间有空格间隔）叫作光棍串，即“2011 11 11”也是光棍串。

【输入】

输入数据的第一行为一个正整数 T，表示测试数据的组数。然后是 T 组测试数据，每组测试输入 1 个字符串 S（其中只包含空格与数字字符，长度不超过 50 个字符）。

【输出】

对于每组测试，若 S 是光棍串，则输出“Yes”，否则输出“No”。

样例输入	样例输出
2 2011111 2011 11 11	No Yes

【题目解析】

简单分析题目，就是在字符串中查找是否存在 6 个 1 的子串，通过 find 就可以完成。题目的难度在于可能存在干扰的空格。将所有的空格去除掉，题目就变得简单了。

代码 8.8 删除所有空格

```
1. #include<iostream>
2. #include<bits/stdc++.h>
3.
4. using namespace std;
5. int main()
6. {
7.      int n;
8.      cin >> n;
9.      cin.ignore();
10.     string s;
11.     while(n--){
12.         getline(cin,s);
13.         auto it = remove(s.begin(),s.end(),' ');
14.         s.resize(it-s.begin());
15.         //s.erase(remove(s.begin(),s.end(),' '),s.end());
16.         size_t pos = s.find("111111");
17.         cout<<(pos==-1?"No":"Yes")<<endl;
18.     }
19.     return 0;
20.}
```

- 函数 remove 的前两个参数指定删除范围，第三个参数为希望删除的字符。特别注意它的返回值，是一个迭代器，指向所有保留元素后的下一个位置。
- 第 13 行调用 remove 后，返回第一个无效字符位置。用这个位置减去 begin，就得到了有效字符的长度。第 14 行 resize 只保留有效字符，达到了删除的目的。
- 同样道理，第 15 行将无效部分删除，也达到了目的，函数嵌套的写法请仔细观察。其中 erase 的第一个参数不是函数 remove，而是函数 remove 的返回值。
- 如果不是删除无效元素，而是将无效元素全部置为空格，可以采用如下语句：

fill(remove(s.begin( ),s.end( ),' '),s.end( ),' ');

知识点：T842

索引	要　点	正链	反链
T842	掌握全部删除指定元素的方法	T541	
	力扣：283(LX804), 27(LX6)		

8.4.3 for_each 算法 *

例题 8.3

要求编写程序，将英文字母替换加密。为了防止信息被别人轻易窃取，需要把电码明文通过加密方式变换成为密文。变换规则是：将明文中的所有英文字母替换为字母表中的后一个字母，同时将小写字母转换为大写字母，大写字母转换为小写字母。例如，字母 a → B、b → C、…、z → A、A → b、B → c、…、Z → a。输入一行字符，将其中的英文字母按照以上规则转换后输出，其他字符按原样输出。

样 例 输 入	样 例 输 出
Reold Z123?	sFPME a123?

【题目解析】

采用简单循环可以达成目标。使用 <algorithm> 库中 for_each 算法，可以对容器中的每个元素做相同的处理。

代码 8.9 英文字母加密

```
#include<iostream>
#include<algorithm>
using namespace std;

void encode(char& ch)
{
    if(ch=='Z')
        ch='a';
    else if(ch=='z')
        ch='A';
    else if(islower(ch))
        ch=char(toupper(ch)+1);
    else if(isupper(ch))
        ch=char(tolower(ch)+1);
}
int main()
{
    string s;
    getline(cin,s);
```

```
20.     for_each(s.begin(),s.end(),encode);
21.     cout<<s;
22.     return 0;
23.}
```

- 第 20 行采用 for_each 函数，将容器指定范围内的所有元素都调用 encode 函数进行处理。为了得到处理后的结果，第 5 行的形参是采用引用形式。
- 这种把函数作为另一个函数参数的形式，是一种高级调用形式。本质上传递是函数的指针。sort 的第三个参数比较函数，也是采用相同的方法。这样函数不仅能把数据进行抽象，还能把行为进行抽象。这种形式在 Python 等语言中非常常见。

知识点：T843

索引	要　　点	正链	反链
T843	掌握 for_each 算法，了解把一个函数作为另外一个函数参数的形式		

8.5　堆栈（stack）

堆栈 stack 是先进后出的数据结构，在程序设计时使用比较广泛。它只能在尾部添加或删除，其他位置的元素不能进行增删操作。栈中只有顶端的元素才可以被外界使用，因此栈不允许有遍历行为。与 queue 类似，只有简单的 push()、pop()、top()、empty()、size() 对外接口。堆栈示例如图 8.4 所示。

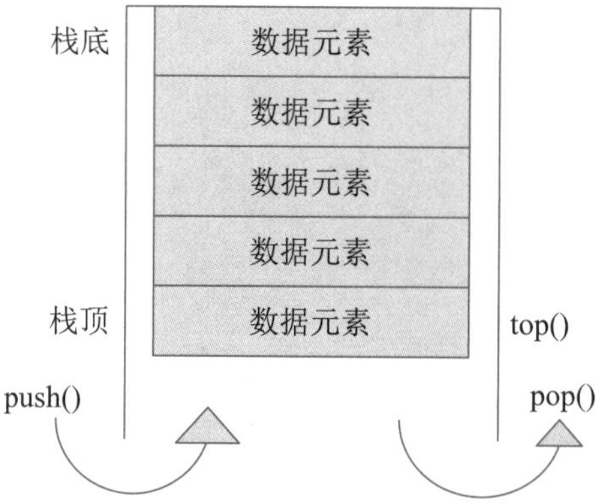

图 8.4　堆栈示例

例题 8.4

给定一个只包括 '('，')'，'{'，'}'，'['，']' 的字符串 s，判断字符串是否有效。有效字符串需满足：①左括号必须用相同类型的右括号闭合；②左括号必须以正确的顺序闭合。（力扣 20 题）

样例输入	样例输出
()[]{}	true
([)]	false

代码 8.10 判断括号是否匹配

```
#include<iostream>
#include<stack>
using namespace std;
class Solution {
public:
    bool isValid(string s) {
        stack<char> st;
        for(auto e:s){
            if(e=='('||e=='['||e=='{')
                st.push(e);
            else if(!st.empty()&&abs(e-st.top())<=2)
            //有效括号对的 ASCII 码值不超过 2
                st.pop();
            else
                return false;
        }
        return st.empty();                    //左括号有残留
    }
};
int main()
{
    Solution s;
    string str;
    cin >> str;
    cout <<boolalpha<< s.isValid(str) << endl;
}
```

- 遍历字符串，当遇到左括号时，将其压入堆栈。当遇到右括号时，堆栈的顶部应该正好与其匹配，如果不匹配或者堆栈为空，则括号序列错误。
- 当字符串遍历结束时，堆栈应该为空，否则意味着有残留的左括号未找到匹配的右括号。

知识点：T851

索引	要　点	正链	反链
T851	掌握堆栈 stack 的用法，学会堆栈增删元素的特点，主要解决匹配问题	T241,T341	

8.6 其他典型序列容器 *

8.6.1 双向队列 deque

双向队列 deque 的绝大部分操作都与 vector 相同，但是可以在两端进行增删操作。vector 对于头部的插入删除效率低，数据量越大，效率越低。deque 相对而言，对头部的插入删除速度比 vector 快。vector 访问元素时的速度会比 deque 快，这和两者内部实现有关。双向队列示例如图 8.5 所示。

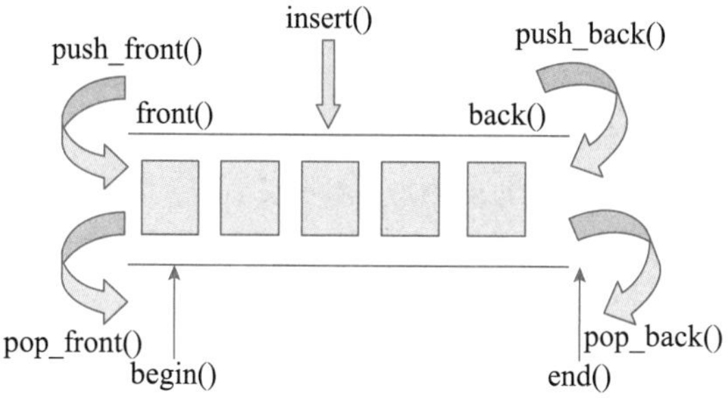

图 8.5　双向队列示例

deque 内部有个中控器，维护每段缓冲区中的内容，缓冲区中存放真实数据。中控器维护的是每个缓冲区的地址，使得使用 deque 时像一片连续的内存空间。deque 支持随机访问。deque 中控器和缓冲区如图 8.6 所示。

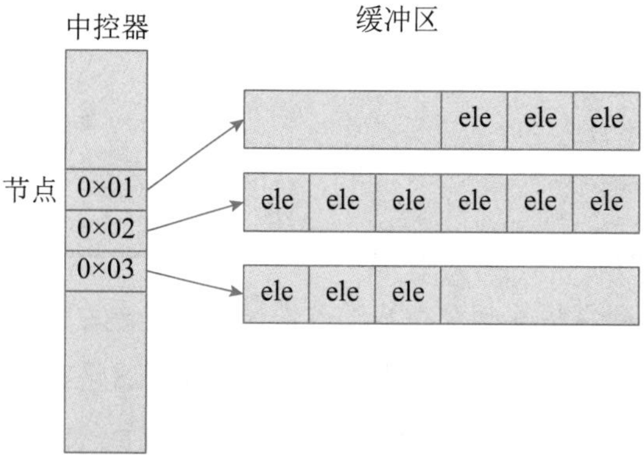

图 8.6　deque 中控器和缓冲区

例题 8.5

给定一个整数数组 nums，有一个大小为 k 的滑动窗口从数组的最左侧移动到数组的最右侧。你只可以看到在滑动窗口内的 k 个数字。滑动窗口每次只向右移动一位。返回滑动窗口中的最大值。（力扣 239 题）

样例输入	样例输出
nums = [1,3,−1,−3,5,3,6,7], k = 3	[3,3,5,5,6,7]
样例解释	
滑动窗口的位置最大值 [1 3 −1] −3 5 3 6 7 3 1 [3 −1 −3] 5 3 6 7 3 1 3 [−1 −3 5] 3 6 7 5 1 3 −1 [−3 5 3] 6 7 5 1 3 −1 −3 [5 3 6] 7 6 1 3 −1 −3 5 [3 6 7] 7	

【题目解析】

（1）建立一个滑动窗口，将窗口内最大值的下标保存在窗口最前端，并忽略数组中滑动窗口范围内左侧的所有值，因为这些值在窗口继续滑动中不可能成为最大值。每次用 O(1) 的时间获取这个最大值。

（2）窗口中要保留下标，而不是具体的值，因为值会失效。用 i 表示当前元素下标，用 sub 表示窗口首部的下标，当 i−sub>=k 时，sub 就不在当前窗口之中了，移出队列。这一步保证了窗口内的所有值都处于同一窗口。

（3）当有新元素来的时候，如果新元素大于窗尾的值，则利用循环，将所有小于这个数的值 pop 出去，因为所有值都处于同一窗口，小于当前元素的值已经失效，这一步保证了窗口的值最大。

（4）当滑动窗口装满时，才能计算最大值。当 i+1>=k 时表示正好装满，在此之后才能开始计算。

代码 8.11 滑动窗口的最大值

```
class Solution {
public:
    vector<int> maxSlidingWindow(vector<int>& nums, size_t k) {
        vector<int> ret;
        deque<int> qe;
        if(nums.empty())     return ret;
        for(size_t i=0;i<nums.size();i++) {
            // 新来的元素 > 队列之中的元素，说明最大值发生了变化
            while(!qe.empty()&&nums[i]>=nums[qe.back()])
                qe.pop_back();
            // 窗口之中保存的是下标
            //i-qe.front()>=k，说明这个元素不在窗口之中了
            while(!qe.empty()&&i-qe.front()>=k)
                qe.pop_front();
            qe.push_back(i);// 将下标存入数组中，因为要比较元素是否 " 过期 "
            if(i+1>=k)// 经过的元素可以满足一个窗口了
```

```
17.                 ret.push_back(nums[qe.front()]);
18.         }
19.         return ret;
20.     }
21.};
```

知识点：T861

索引	要　　点	正链	反链
T861	掌握双向队列 deque 的用法，主要解决在算法中需要设定滑动窗口的问题		T862

8.6.2 单向队列 queue

单向队列 queue 是在双向队列 deque 基础上完成的，如果只需要一端增加，另一端删除时，建议采用 queue。队列中只有队头和队尾才可以被外界使用，因此队列不允许有遍历行为。只有简单的 push()、pop()、back()、front()、empty()、size() 对外接口。如果没有特殊要求，也可以使用 deque 代替 queue。单向队列示例如图 8.7 所示。

★ 提示：

注意 queue 在尾部添加函数为 push()，在头部删除函数为 pop()，因为它只有一个 push 和一个 pop 操作，这与 deque 需要区分头部和尾部不同。

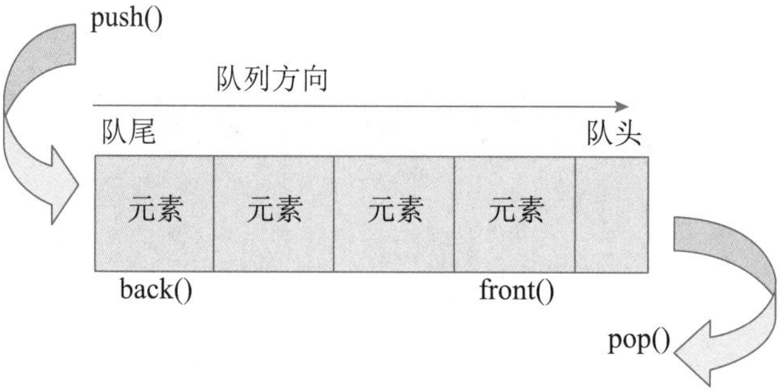

图 8.7　单向队列示例

例题 8.6

给定一个字符串 s，请你找出其中不含有重复字符的最长子串的长度。（力扣 3 题）

样 例 输 入	样 例 输 出
akgekwelkrjlkjfkasdfashdfkladfald	7

【题目解析】

给定一个滑动窗口和标记数组，利用标记数组确定字符是否在窗口中出现过。如果字符没有出现过则添加到滑动窗口之中；如果出现了，则将已出现的字符左侧的所有字符移出滑动窗口。重复这个过程，记录能找到的滑动窗口的最大长度。从样例输入中可以看到，ashdfkl 是最长不包含重复字符的子字符串。

代码 8.12 不含有重复字符的最长子串的长度

```
1. class Solution {
2. public:
3.     int lengthOfLongestSubstring(string s) {
4.         queue<char>de;                                // 滑动窗口
5.         vector<bool> arr(200,false);                  // 统计数组
6.         size_t maxsize=0;                             // 记录最长的长度
7.         for(size_t i=0;i<s.size();i++){
8.             if(arr[s[i]]){                            // 表示不是第一次出现
9.                 maxsize=max(maxsize,de.size()); // 先将最长的长度保存
                                                     // 下来
10.                while(arr[s[i]]){          // 不为 false 说明还有重复字符
11.                    arr[de.front()]=false;// 标记数组对应的字符为清除状态
12.                    de.pop();                         // 删掉
13.                }
14.            }
15.    // 此时说明删掉了开始部分重复的字符串，或新出现字符没有出现过，直接进入滑动窗口
16.            de.push(s[i]);
17.            arr[s[i]]=true;                          // 标记数组，表示出现过
18.        }
19.        maxsize=max(maxsize,de.size());
20.        return maxsize;
21.    }
22.};
```

- 第 10~13 行的循环，将滑动窗口中已存在的重复字符的左侧的所有字符移出滑动窗口。从滑动窗口构建的队列的队首开始移除，移除后第 10 行的循环重新开始判断，是否存在重复，如果存在重复则继续移除，直到全部移除，开始添加新的字符。

知识点：T862

索引	要　　点	正链	反链
T862	掌握单向队列 queue 的用法，主要解决在算法中需要设定滑动窗口的问题	T861	
	力扣：1550(LX819)，1(LX824)		

8.6.3 链表（list）

链表 list 是一种物理存储单元上非连续的存储结构，数据元素的逻辑顺序是通过链表

中的指针链接实现。由一系列节点组成。每个节点包含两个域：一个是存储数据元素的数据域，另一个是存储下一个节点地址的指针域。STL 中的链表是一个双向循环链表，正向链表容器 forward_list 是单向链表，只能从前向后访问。链表示例如图 8.8 所示。

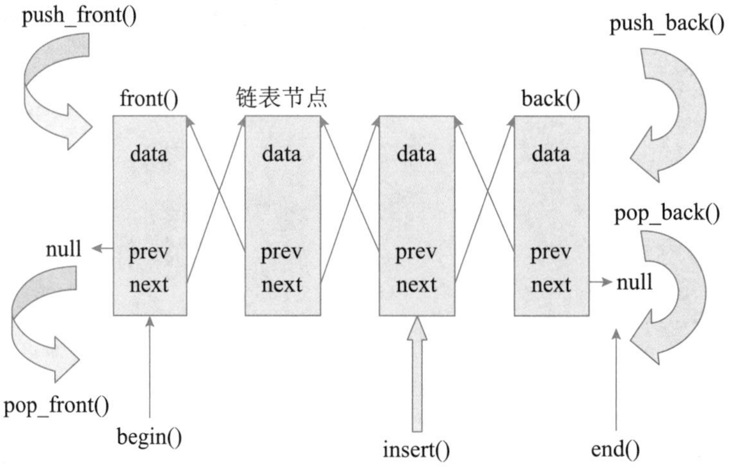

图 8.8　链表示例

由于链表的存储方式并不是连续的内存空间，因此链表 list 中的迭代器只支持前移和后移，属于双向迭代器。优点：①采用动态存储分配，不会造成内存浪费和溢出；②链表执行插入和删除操作十分方便，修改指针即可，不需要移动大量元素。缺点：①链表灵活，但是空间（指针域）和时间（遍历）额外耗费较大；② list 有一个重要的性质，插入操作和删除操作都不会造成原有 list 迭代器的失效，这在 vector 是不成立的。

例题 8.7

n 个人围成一圈，从第一个人开始报数，数到 m 的人出圈，再由下一个人重新从 1 开始报数，数到 m 的人再出圈，依次类推，直到所有的人都出圈，请输出依次出圈人的编号。(洛谷 P1996)

【输入】

输入两个整数 n,m。

【输出】

输出一行 n 个整数，按顺序输出每个出圈人的编号。

样 例 输 入	样 例 输 出
10 3	3 6 9 2 7 1 8 5 10 4

【题目解析】

最重要的是形成一个环，然后能在任意位置形成高效的删除操作。list 正好符合这样的要求。

代码 8.13 约瑟夫环问题

```
1. #include<iostream>
2. #include<list>
3. using namespace std;
4. int main(){
5.     int m,n;
6.     cin>>m>>n;
7.     list<int> ls;
8.     for(int i=0;i<m;i++)
9.         ls.push_back(i+1);              //构建初始的 list
10.    auto it=ls.begin();
11.    int i=0;
12.    while(!ls.empty()){
13.        i = (i+1)%n;
14.        auto next=++it;                 //备份下一个节点的迭代器
15.        if(!i) {
16.            cout<<*(--it)<<' ';         //返回要删除的节点并输出
17.            ls.erase(it);               //删除节点，迭代器 it 失效
18.        }
19.        it = next;                      //返回到下一个节点
20.        if(it==ls.end())                //形成循环访问
21.            it=ls.begin();
22.    }
23.    return 0;
24.}
```

- 第 13 行以 n 为循环进行叠加，第 15 行判断找到符合要求的数据，则进行删除。
- 特别注意在第 14 行对 it 进行了备份，因为一旦在第 17 行执行了删除操作，将会造成迭代器 it 的失效，it 不再具有遍历能力。
- 第 14 行不能写成 next=it+1，因为 list 不支持随机访问迭代器，即不支持偏移功能，只支持 ++ 操作。因此第 14 行进行 ++，找到下一个节点，然后在第 16 行执行 -- 操作，回到要删除节点。
- 第 14 行与第 19 行配合，相当于执行了 ++ 操作，然后在第 20、21 行，判定如果执行到了尾部，重新回到头部，形成循环访问。
- 这是一个典型的 list 访问案例，展示了 list 的遍历和删除节点操作，同时要特别注意迭代器失效问题。

例题 8.8

写一个程序完成以下命令：

new id ——新建一个指定编号为 id 的序列（id<10000）

add id num——向编号为 id 的序列加入整数 num

merge id1 id2——合并序列 id1 和 id2 中的数，并将 id2 清空

unique id——去掉序列 id 中重复的元素

out id ——从小到大输出编号为 id 的序列中的元素，以空格隔开

【输入】

第一行一个数 n，表示有多少个命令（n ≤ 200000）。以后 n 行每行一个命令。

【输出】

按题目要求输出。

（北大程序设计与算法（三）测验题汇总（2020 春季））

样例输入	样例输出
16 new 1 new 2 add 1 4 add 1 2 add 1 3 add 2 3 add 2 2 add 2 5 add 2 4 out 1 out 2 merge 1 2 out 1 out 2 unique 1 out 1	2 3 4 2 3 4 5 2 2 3 3 4 4 5 2 3 4 5

代码 8.14 链表执行命令

```
#include<iostream>
#include<list>
#include<algorithm>      //find_if
#include<iterator>       //ostream_iterator
using namespace std;

int main()
{
    list<int> ls[10005];
    int n,id1,id2, num;
    cin >> n;
    char str[100];
```

```
13.    while(n--){
14.        cin >> str;
15.        if(str[0]=='a'){
16.            cin >> id1 >> num;
17.            auto it=find_if(ls[id1].begin(),ls[id1].end(),[&num]
               (int v) {return v>num;});
18.            ls[id1].insert(it,num);
19.        }else if(str[0]=='n'){
20.            cin >> id1;
21.        }else if(str[0]=='m'){
22.            cin >> id1 >> id2;
23.            ls[id1].merge(ls[id2]);        // 合并的两个序列必须有序
24.        }else if(str[0]=='u'){
25.            cin >>id1;
26.            ls[id1].unique ();            // 唯一化处理前，list 必须有序
27.        }else if(str[0]=='o'){
28.            cin >> id1;
29.            copy(ls[id1].begin(), ls[id1].end(), ostream_
               iterator<int>(cout," "));
30.            cout << endl;
31.        }
32.    }
33.    return 0;
34.}
```

- 第 17、18 行先找到插入位置，然后进行插入，实际上实现了插入法排序。find_if 是 STL 的 <algorithm> 头文件中提供的一个算法，它在指定容器的范围内（前两个参数决定），查找满足第三个参数规定条件的元素迭代器位置。第 18 行在该位置插入元素。匿名函数从指定范围内找到第一个大于输入值的元素，保证了指定序列的递增性。
- 注意第 17 行的匿名函数中，使用了 [&num]，表示引用局部变量 num。也可使用 [&] 表示引用当前范围内的任何变量，[num] 通过传值方式使用 num，[=] 通过传值方式使用当前范围内的任意变量。
- list 的合并函数 merge() 和去重函数 unique() 都要求 list 是有序的，因为在添加新元素时保证了有序性，因此在这两步操作之前都不需要排序。
- 在进行命令判断时，因为每个命令的第一个字符正好不同，字符判断的效率要高于字符串，因此只取了首字符进行判断。
- 第 9 行创建了 list 的数组，数组中的每个元素都是一个 list。
- insert()、merge() 和 unique() 都需要对中间元素进行插入和删除操作，list 用其特有的数据结构保证了算法的有效性。

在 STL 中，算法大量使用了仿函数，仿函数（functor）又称为函数对象（function

object)，是一个能行使函数功能的类。仿函数本质上就是通过重载运算符 ()，将一个类对象按照函数形式进行访问，其使用方法与普通函数相同。以下定义了一个仿函数 comp。

代码 8.15 仿函数示例

```
1. class comp
2. {
3. public:
4.     comp(int t):num(t){}// 显式构造函数
5.     //const 放前面表示这个函数的返回值是不可修改的，放后面表示这个函数不修改
       // 当前对象成员
6.     bool operator()(int v) const{
7.         return v>num;
8.     }
9. private:
10.    const int num;
11.};
```

- 第 4 行的 num(t) 表示用形参 t 对成员属性 num 进行初始化。
- 第 6~8 行重载了操作符 ()，使 comp 的对象能够像函数一样被调用。
- 有了这个仿函数之后，代码 8.14 的第 17 行就可以修改为：

```
17.auto it=find_if(ls[id1].begin(),ls[id1].end(),comp(num));
```

- find_if() 的第三个参数应该是一个函数，对前两个参数指定范围内的每个元素进行判定。这里传入了一个仿函数对象，并将成员属性进行初始化。find_if() 函数对其进行使用时，实际上是调用了仿函数重载的操作符 ()，从而达到了调用函数的效果。

从这个例子中也可以看到仿函数的作用，如果不使用匿名函数，而是使用普遍函数，由于 find_if() 的要求，该函数只能有一个参数，约束变量 num 无法传入，可以将 num 设定为全局变量，这样会导致数据的组织混乱。而仿函数通过构造函数将额外使用的数据通过构造函数传递给成员属性，操作符 () 的函数体中就可以更加灵活地设置，而成员属性被约束在类的使用范围内，不会导致数据的组织混乱。

知识点：T863

索引	要　点	正链	反链
T863	掌握链表 list 的用法，这是一个典型的节点空间不连续容器，迭代器终止判断不能用 > 或 <，只能用 !=	T791	

8.7 字　典

8.7.1 关联容器字典 map

字典 map 是关联容器的典型代表，所有元素都是键值对，在 C++ 中用 pair 实现。pair 中第一个元素是 first，作为 key（键值），起到索引作用，第二个元素为 second，作为 value（实值），所有元素都会根据元素的键值自动排序，可以根据 key 值快速找到 value 值。

map 属于关联式容器，底层结构由红黑树实现，查找复杂度为 $O(\log_2 n)$，其中 n 表示元素的数量。

★ 提示：

在数组一章获知，打表法是一种高效方法，用空间换时间，快速定位，减少搜索。打表法相当于用下标作为键进行快速定位，但是如果使用的有效下标是稀疏的（即在一个较大范围里，只有少量下标被使用），或者所需要的键不是整型时，可以采用 map 实现打表法。只有有效的键才会出现在 map 中，减少了空间的浪费。并且 map 是按照键自动排序的，对有顺序要求的题目非常有用。

例题 8.9

有 n 根可以忽视粗细的棒子。第 i 棒的长度是 a_i。有人想从这些棒子中选出 4 个棒子，用这些棒子做 1 个矩形（包括正方形）。求最大可以制作的矩形面积。（2022 年青岛市程序设计竞赛试题小学组真题）

【输入】

第一行数量 n；第二行 n 个棒子的长度，其中 $4 \leqslant n \leqslant 10^5$，$1 \leqslant a_i \leqslant 10^9$。

【输出】

最大矩形面积，如果无法组成矩形，输出 0。

样例输入	样例输出
6 3 1 2 4 2 1	2
10 3 3 3 3 4 4 4 5 5 5	20
4 1 2 3 4	0

【题目解析】

从题目描述看，最佳方案应该是打表法，列出每种长度的棒子的数量，然后从大到小，找到最佳符合要求的棒子组成矩形。但是题目给定的棒子长度的数值访问过大，容易造成内存不足，而且遍历所有长度的耗时也非常巨大。进一步查看题目，因为棒子的总数量相对比较小，可以采用 map 记录存在的棒子，这样键的总量就会大幅减少，map 是按照键值从小到大排序的，因此从尾部寻找符合要求的棒子组成矩形即可。

代码 8.16 求最大可以制作的矩形面积

```
1. #include<iostream>
2. #include<map>
3. using namespace std;
4. int main()
5. {
6.     map<int,int> a;
7.     int n;
8.     cin>>n;
9.     for(int i=0;i<n;++i){
10.        int val;
11.        cin>>val;
12.        if(a.count(val))
13.        {    if(a[val]<4)    a[val]++; }
14.        else
15.            a[val]=1;       // 或写为 a.insert(pair<int,int>(val,1));
16.    }
17.    int l1=0;
18.    for(auto rit=a.rbegin();rit!=a.rend();rit++){
19.        if(rit->second>=2 && l1>0){// 当前棒子数量大于 2，并且找到过一对棒子
20.            cout<<l1*rit->first<<endl;
21.            return 0;
22.        }else if(rit->second>=4) // 当前棒子数量大于 4，直接构建方形
23.        {
24.            cout<<rit->first*rit->first<<endl;
25.            return 0;
26.        }else if(rit->second>=2 && l1==0){
           // 找到一对棒子，记录并寻找下一对棒子
27.            l1 = rit->first;
28.        }
29.    }
30.    cout<<0<<endl;                    // 没有找到合适的棒子构成矩形
31.    return 0;
32.}
```

- 第 12 行首先通过 count() 函数判断键是否存在，返回 1 或 0。如果存在则加 1，否则设置为初值 1。根据题目描述，棒子数量超过 4 即可满足要求，因此当大于 4 时没有必须继续累加。

- 第 18 行的循环逆序遍历 map，因为迭代器书写比较复杂，所以 auto 自动构建数据类型书写更方便，而且可以减少语法关键词的记忆。

知识点：T871

索引	要　　点	正链	反链
T871	掌握关联容器字典 map 的用法。可以认为这是打表法的高级用法，当数据量比较大但是比较稀疏时，可以用字典代替打表法 注意 map 的键是从小到大天然排序的	T526	
	力扣：2351(LX801)		

8.7.2 无序容器字典 unordered_map

无序容器与关联容器的最大区别在于：关联容器底层采用红黑树，其所有元素按照键进行排序，当需要进行有序遍历时，非常有用；无序容器底层采用的是哈希表，当需要进行随机访问某个键时，访问速度为常量级，即 O(1)，当需要频繁进行快速定位时，无序容器就显示出了它的效率优势。

例题 8.10

给定一个整数数组 nums 和一个整数目标值 target，请你在该数组中找出和为目标值 target 的那两个整数，并返回它们的数组下标。假设每种输入只会对应一个答案。但是，数组中同一个元素在答案里不能重复出现。可以按任意顺序返回答案。（力扣 1 题）

【接口声明】

vector<int> twoSum(vector<int>& nums, int target)

【数据范围】

$2 \leqslant$ nums.length $\leqslant 10^4$，$-10^9 \leqslant$ nums[i] $\leqslant 10^9$，$-10^9 \leqslant$ target $\leqslant 10^9$

只会存在一个有效答案。

样 例 输 入	样 例 输 出
nums = [2,7,11,15], target = 9	[0,1]
nums = [3,2,4], target = 6	[1,2]
nums = [3,3], target = 6	[0,1]

【题目解析】

这是力扣的第 1 题，看似非常简单。用嵌套循环遍历所有组合的可能性，找到符合要求的答案进行输出即可，时间复杂度为 $O(n^2)$。实际上对于任意给定的值 v，需要快速确定 target-v 是否存在，即 v 对于 target 的互补数是否存在。打表法可以完成这个任务需求。但 2×10^9 的数值范围否决了开辟如此大空间的数组可行性。基于哈希表的 unordered_map 就发挥了它的作用。nums.length 的数值范围决定了键的数量不会太多，哈希表既可以类似打表法中数组的快速定位，也可以避免无效空间的浪费。

代码 8.17 找出和为目标的整数

```
1. class Solution {
2. public:
3.     vector<int> twoSum(vector<int>& nums, int target) {
4.         unordered_map<int,size_t> m;
5.         for(size_t i = 0; i < nums.size();++i)
6.             m[nums[i]] = i;      // 反向记录第 i 个数值对应的下标
7.         for(auto it1 = nums.begin(); it1 < nums.end() - 1; it1++)
8.         {
9.             if(m.count(target - *it1))          // 若存在互补数
10.            {
11.                int first = it1 - nums.begin(); // 当前数的序号
12.                int second = m[target - *it1];  // 互补数的序号
13.                if(first!=second){              // 如果不是同一个元素
14.                    return {first,second};// 用两个元素初始化构建一个列表
15.                }
16.            }
17.        }
18.        return vector<int>();// 返回一个空的 vector，保证语法正确，本题
                                // 保证不会执行到这里
19.    }
20.};
```

- 从力扣的解题记录中可以看到，基于暴力穷举的方法耗时为 92ms，而基于 unordered_map 的方法耗时为 8ms，十几倍的速度差显示了 unordered_map 在快速定位上的效率优势。利用哈希表的特点，第 9 行的快速定位的时间复杂度为 O(1)，这样就将暴力穷举的时间复杂度 $O(n^2)$ 降为 O(n)O(1)=O(n)。
- 第 5、6 行以 vector 的值为键，以下标为值反向构建 unordered_map，第 9 行判定目标值是否存在，利用了 unordered_map 的快速定位功能。如果找到目标值且不是同一个元素（第 13 行），则返回答案。
- 第 11 行是将迭代器指针转换为序号的常用方法。
- 第 14 行的大括号是对 vector 进行初始化的方式，借助这种方式，与返回类型搭配使用，构建一个新的 vector 返回。
- 因为题目保证了一定有解，因此第 18 行是不会被执行的。但是从程序设计的角度，所有路径都必须有返回值，因此第 18 行必须存在。这一行也可以简写为 return {};。

★ 提示：

很多文献上使用哈希表时使用头文件 <hash_map> 中的 hash_map，这是一个非标准库，正确方式应该使用头文件 <unordered_map> 中的 unordered_map。

知识点：T872

索引	要　　点	正链	反链
T872	掌握无序容器的用法，重点掌握利用 unordered_map 构建大且稀疏数据的打表法	T526	
	力扣：2351(LX801)		

8.7.3 无序容器字典 unordered_set

可以认为字典是一种下标为任意类型的特殊数组，因为字典可以遍历，因此可以和循环联动，简化书写。

例题 8.11

给你一个整数数组 nums 和一个整数 k，判断数组中是否存在两个不同的索引 i 和 j，满足 nums[i]==nums[j] 且 abs(i-j)<=k。如果存在，返回 true；否则，返回 false。（力扣 219 题）

【接口声明】

bool containsNearbyDuplicate(vector<int>& nums, int k)

【数据范围】

$1 \leqslant$ nums.length $\leqslant 10^5$

$-10^9 \leqslant$ nums[i] $\leqslant 10^9$

$0 \leqslant k \leqslant 10^5$

样 例 输 入	样 例 输 出
nums = [1,2,3,1], k = 3	true
nums = [1,0,1,1], k = 1	true
nums = [1,2,3,1,2,3], k = 2	false

【题目解析】

这是力扣的第 219 题，可以通过暴力解决，但效率比较低。以下引入滑动窗口的概念，只在长度为 k 的范围内进行查找，并且利用哈希表查找复杂度为 O(1) 的特点，加快查找的效率。

代码 8.18 多重判断解决方案

```
class Solution {
public:
    bool containsNearbyDuplicate(vector<int>& nums, int k) {
        unordered_set<int> s;
        for(int i = 0; i < nums.size(); i++) {
            if(i > k) {
                s.erase(nums[i - k - 1]);    // 删除超过距离 k 的元素
            }
```

```
9.             if(s.count(nums[i]))  {         //哈希查找
10.                return true;
11.            }
12.            s.emplace(nums[i]);              //添加新元素
13.        }
14.        return false;
15.    }
16.};
```

■ 这是一个非常奇妙并且高效的解法。建立了一个 unordered_set 对象，其中只保留 k 个元素，相当于一个滑动窗口。当距离超过 k 时，将元素从窗口中删除，第 12 行将新元素添加到窗口中。第 9 行利用哈希表 O(1) 的复杂度进行判断是否存在。如果存在则返回 true。整个算法的时间复杂度为 O(n)。

知识点：T873

索引	要　点	正链	反链
T873	重点掌握利用 unordered_set 构建滑动窗口，理解哈希表查找复杂度为 O(1) 的特性，利用这一特性，可以代替数组的打表法，尤其对稀疏或非数值数据具有良好的效果	T526	
	力扣：219(LX821), 2351(LX801), 268(LX814)		

8.7.4 字典与循环的联动

可以认为字典是一种下标为任意类型的特殊数组，因为字典可以遍历，因此可以和循环联动，简化书写。

例题 8.12

罗马数字包含以下 7 种字符：I，V，X，L，C，D 和 M。

字符	I	V	X	L	C	D	M
数值	1	5	10	50	100	500	1000

例如，罗马数字 2 写作 II，即为两个并列的 1；12 写作 XII，即为 X+II；27 写作 XXVII，即为 XX+V+II。

通常情况下，罗马数字中小的数字在大的数字的右边。但也存在特例，例如 4 不写作 IIII，而是 IV。数字 1 在数字 5 的左边，所表示的数等于大数 5 减小数 1 得到的数值 4。同样地，数字 9 表示为 IX。这个特殊的规则只适用于以下 6 种情况：

I 可以放在 V（5）和 X（10）的左边，来表示 4 和 9；

X 可以放在 L（50）和 C（100）的左边，来表示 40 和 90；

C 可以放在 D（500）和 M（1000）的左边，来表示 400 和 900。

给定一个罗马数字，将其转换成整数。（力扣 13 题）

【接口声明】

int romanToInt(string s)。

【数据范围】

1 ≤ s.length ≤ 15。

s 仅含字符（'I','V','X','L','C','D','M'）。

题目数据保证 s 是一个有效的罗马数字，且表示整数在范围 [1,3999] 内。

题目所给测试用例皆符合罗马数字书写规则，不会出现跨位等情况。

样 例 输 入	样 例 输 出
s = "III"	3
s = "LVIII"	58
s = "MCMXCIV"	1994

【题目解析】

这是力扣的第 13 题，可以通过多重判断解决。但是书写比较复杂。

代码 8.19 多重判断解决方案

```
class Solution {
public:
    int romanToInt(string s) {
        int sum=0;
        for(int i=0;i<s.size();++i){
            if(s[i]=='I'){
                if(s[i+1]=='V'){++i;sum+=4;}
                else if(s[i+1]=='X'){++i;sum+=9;}
                else sum++;
            }
            else if(s[i]=='X'){
                if(s[i+1]=='L'){++i;sum+=40;}
                else if(s[i+1]=='C'){++i;sum+=90;}
                else sum+=10;
            }
            else if(s[i]=='C'){
                if(s[i+1]=='D'){++i;sum+=400;}
                else if(s[i+1]=='M'){++i;sum+=900;}
                else sum+=100;
            }
            else if(s[i]=='V'){sum+=5;}
            else if(s[i]=='L'){sum+=50;}
            else if(s[i]=='D'){sum+=500;}
            else if(s[i]=='M'){sum+=1000;}
```

```
        }
        return sum;
    }
};
```

造成以上代码多重判断的复杂性根源在于键是一系列不规律的字符，可以将这些特殊键构造成字典，从而简化循环书写逻辑。

代码 8.20 字典解决方案

```
1. class Solution {
2. public:
3.     int romanToInt(string s) {
4.         int sum=0;
5.         unordered_map<char,int> m1={{'I',1},{'V',5},{'X',10},{'L',50},
6.                                     {'C',100},{'D',500},{'M',1000}};
7.         unordered_map<string,int> m2={{"IV",4},{"IX",9},{"XL",40},
8.                                     {"XC",90},{"CD",400},{"CM",900}};
9.         for(int i=0;i<s.size();++i){
10.            if(m2.count(s.substr(i,2))) sum+=m2[s.substr(i++,2)];
11.            else sum+=m1[s[i]];
12.        }
13.        return sum;
14.    }
15.};
```

- 可以看到，代码得到了极大的简化，核心就是构造了两个字典，形成了键值的映射。
- 第 10 行判断双字符键是否存在，如果存在则增加对应的值。特别注意 i++，因为是双字符键，需要跨越两个字符，因此 sum 累加后，要将 i 增加 1。
- 第 11 行对单字符键进行累加操作。

随堂练习 8.2

仿照 C++ 的定义对可能含有转义序列的字符串进行转换，输出转换后的结果。只需实现：\n, \t, \?, \', \", \\ 即可。注意根据知识点 T274，当输入中有转义字符时，不会认为是转义字符，而会逐个字符处理。

样例输入	样例输出
new\nline	new line
T\tAB	T　AB
\?\'\"\\	?'"\

知识点：T874

索引	要　　点	正　　链	反　　链
T874	掌握字典与循环联动的方法，理解字典在书写上类似特殊下标的数组	T522	
	力扣：13(LX815)		

/ 题 单 /

本章所有练习题来源于力扣 : https://leetcode.cn。

序号	力扣	题目名称	知识点	序号	力扣	题目名称	知识点
LX801	2351	第一个出现两次的字母	T526,T242	LX802	66	加一	T549
LX803	628	三个数的最大乘积	T527	LX804	283	移动零	T842,T524
LX805	136	只出现一次的数字	T26C	LX806	27	移除元素	T842,T524
LX807	88	合并两个有序数组	T527,T528	LX808	35	搜索插入位置	T251
LX809	2395	和相等的子数组	T872	LX810	414	第三大的数	T515
LX811	1984	学生分数的最小差值	T527,T515	LX812	1929	数组串联	T542
LX813	1619	删除某些元素后的数组均值	T527	LX814	268	丢失的数字	T526,T873
LX815	13	罗马数字转整数	T874	LX816	面试题	主要元素	T872
LX817	1502	判断能否形成等差数列	T527	LX818	682	棒球比赛	T841
LX819	1550	存在连续三个奇数的数组	T862	LX820	1470	重新排列数组	T251
LX821	219	存在重复元素 II	T873	LX822	217	存在重复元素	T872
LX823	20	有效的括号	T841	LX824	1	两数之和	T862

附录 A 知识点汇总

A.1 第 2 章知识点

索引	要　点	正　链	反　链
T211	区分字符和字符串，单引号中有且仅有一个字符，字符串用双引号		T241,T243
	洛谷：U269720(LX201)		
T212	区分变量和常量，掌握标准输入和标准输出。如果要求的输出比较长，或含有特殊字符，请用复制粘贴的方式放到程序输出中，尽量不要手工输入，防止潜在错误的发生		T271
	洛谷：U269763(LX202)		
T213	赋值号为一个 =，其左侧只能有一个变量，称为左值		T261
T214	理解字符串的转移字符，\ 在字符串中的特殊含义，打印一个 \ 要写 \\		T216
	洛谷：U269723(LX203)		
T215	正确使用占位符，控制宽度、精度等		T231
	洛谷：U269724(LX204)		
T216	因为 % 表示占位符，所以输出时用 %% 表示一个 %	T214	
	洛谷：U269725(LX205)		
T217	变量在使用前必须先赋值		T443
T221	理解整型的二进制存储形式；数值范围与存储空间的关系；溢出和截断产生的原因；掌握有符号整型和无符号整型（unsigned）的区别		T253,T2A2
T222	理解字面量 0b 和 0x 的表示方法，掌握二进制与十六进制的关系		T271
T223	掌握 N 进制转换为十进制的算法		
	洛谷：U269727(LX206)		
T224	能够根据题目给定的数值范围，通过估算法确定整型的数据类型		T216
	洛谷：U269729(LX207), U269742(LX210), U269748(LX213)		
T225	掌握十进制转换为 N 进制的算法		T471
	洛谷：U269732(LX208)		
T231	整型与浮点型的存储格式不同，因此解析方式也不同	T215	
T232	浮点数存储的精度有限		T234
T233	掌握十进制纯小数转换为二进制的算法，即乘 2 取整法		
	洛谷：U269740(LX209)		

续表

索引	要　　点	正　链	反　　链
T234	绝大部分十进制浮点数无法精确存储，因此无法精确比较。必须掌握浮点数的误差比较法	T232	T291
	洛谷：U269744(LX211)		
T241	掌握字符类型就是 1 字节的整型，可以直接作为整型进行数值运算，一个字符通过偏移（加减一个整数）可以得到另外一个字符	T211	T851
	洛谷：U269746(LX212)		
T242	掌握大小写转换，数字和数字字符直接转换的正确方式建议使用库中的字符判断和转换函数		T549
	洛谷：U269748(LX213), U270340(LX308)		
T243	掌握字符串的初始化、赋值、获取长度和获取第 i 个字符的语法形式	T211	T541
	洛谷：U269748(LX213)		
T244	数值→布尔：非 0 值映射为 true，0 映射为 false; 布尔→数值：true 和 1 等价，false 和 0 等价		T267,T316,T412
	洛谷：U269749(LX214), U270323(LX304)		
T245	输入输出 true/false 要用 boolalpha		T475
	洛谷：U269744(LX211), U269749(LX214)		
T251	当进行混合运算时，低精度类型会自动转换为高精度类型		T291
	洛谷：U269751(LX215), U269761(LX223)		
T252	显式类型转换的方法，特别注意浮点数转换整数时会舍弃小数取整		T256,T622
	洛谷：U269740(LX209)		
T253	溢出和截断会保存在中间临时变量里，溢出发生后的类型转换不起作用	T221	
T254	printf 的精度控制会进行四舍五入		
	洛谷：U269724(LX204)		
T255	cout 对浮点数的输出会进行趋零舍入		
T256	round 函数的正确使用，尤其对于浮点运算结果	T252	T322
	洛谷：U269753(LX216)		
T261	等于判断是 ==，初学者经常容易写成 =，这是初学者的经典错误	T213	T317
T262	掌握复合运算符的语法书写方式		
T263	C/C++ 中没有幂次运算符；幂运算函数为 pow，但是其返回值是浮点型，不建议使用，一定要使用时要注意浮点舍入的潜在问题		T291
T264	/ 既可以进行浮点除法（被除数和除数其中之一为浮点数），也可以进行整除（被除数和除数都为整数），一定要能区分二者的不同，混合运算时要特别注意计算顺序	T251	
	洛谷：U269751(LX215), U269701(LX224)		

续表

索引	要　　点	正　链	反　　链
T265	对于周期性运算，首先要考虑取余运算 %，经典使用场景为奇偶判断、倍数判断和整数的数位分解		T26A,T471,T477
	洛谷：U269727(LX206), U269732(LX208), U269746(LX212)		
T266	C/C++ 中没有连续关系判断，多条件时必须采用 && 和 ||; 运算符		
	洛谷：U270346(LX311)		
T267	注意取反运算！在数值类型和逻辑类型中的映射方式变化	T244	
T268	在复合语句中，要注意自增和自减运算的发生时刻。建议初学者把自增和自减运算形成独立语句，仅利用其书写上的便捷性，不要因为运算顺序的错误而产生潜在问题		T412
T269	通过 sizeof 运算符，了解变量和常量的空间占用状况		
T26A	理解位运算的基本含义，增强对计算机底层结构的理解。位运算的效率高，移位运算可以进行 2^n 的乘法或除法，n&1 可以代替奇偶判断，初学者可以忽略位运算	T265	T26C,T2A2, T478,T479
T26B	变量交换的基本形式是必须掌握的内容，在 C++ 中可以简易的使用 swap		T312,T811
	洛谷：U269757(LX217)		
T26C	异或运算是计算机中的最基本操作之一，要掌握使用方法。特别注意位运算是在二进制级别进行对位操作，不会产生溢出	T26A	
T271	必须掌握输入的基本原理，输入和缓冲区的关系	T212	T273,T275,T277, T546,T484
T272	掌握八进制和十六进制的输入和输出方法	T222	
	洛谷：U269748(LX213)		
T273	区分字符串输入时 cin（空白符分隔）和 getline（回车符分隔）的区别	T271	T276,T277
	洛谷：U269755(LX218)		
T274	特别注意输入时的转义字符会被逐个字符读取，不会作为转义字符	T214	
T275	特别注意在输入时空白符也是一个字符	T271	T276
T276	在输入完数值再使用 getline 时，要特别注意残留回车的影响，一定要使用 cin.ignore 去除残留回车的影响，否则不能得到正确的输入	T273,T275	
	洛谷：U269756(LX219)		
T277	当输入数值用非空白符分隔，或有额外字符时，可以采用 ignore 或字符填充法输入，scanf 此时更具有优势，但要特别注意 scanf 的语法	T271,T273	T612
	洛谷：U269744(LX211)		

续表

索引	要　点	正　链	反　链
T281	当涉及时间相关运算时，推荐先将时间转换为整数，处理后再转换回来。可以极大程度避免时间单位进位不统一而产生的问题		
	洛谷：U269758(LX220), U270342(LX309)		
T291	将数学表达式改写成程序代码，是程序设计的基本要求，注意其中发生的数据类型隐式转换	T234,T251,T263	T321
	洛谷：U269742(LX210), U269759(LX221), U269760(LX222)		
T2A1	了解负整数在计算机中的表示方式与正整数不同即可，这种方式叫补码		
T2A2	int 和 long long 以及对应的无符号整数的极值表示	T221,T26A	

A.2　第 3 章知识点

索引	要　点	正　链	反　链
T311	掌握单分支条件语句的基本写法，千万注意不要添加额外的分号		
	洛谷：U270320(LX301)		
T312	掌握少量数据的排序方法	T26B	T527
	洛谷：U270321(LX302)		
T313	良好的代码缩进是编程基本素养，遇到左大括号缩进，遇到右大括号缩进完成		
T314	掌握双分支条件语句的基本写法，else 部分没有显式条件，但有隐含条件		T315,T317
	洛谷：U270322(LX303), U270323(LX304)		
T315	掌握问号表达式的用法	T314	
	洛谷：U270324(LX305)		
T316	在进行 0 或非 0 判断时，不需要写关系表达式，见代码 3.4	T244	
	洛谷：U270324(LX305)		
T317	掌握多分支条件语句的基本写法，特别注意 else 的隐含条件，不要重复书写。见代码 3.6 中的第 10 行	T261,T314	
	洛谷：U270335(LX306), U270337(LX307), U270340(LX308), U270342(LX309), U270346(LX311)		
T318	在进行多分支判断时，要遵循先特殊后一般的顺序		
	洛谷：U270345(LX310)		
T319	掌握嵌套结构的写法，尽量全部使用复合语句		
	洛谷：U270345(LX310)		

续表

索引	要　　点	正　　链	反　　链
T321	优化是程序员不断追求的目标，既可以锻炼逻辑思维，又可以减小出错概率。简单的书写优化可以通过语法、数学方法或库函数进行	T291	
T322	掌握对数值进行向上取整的方法	T256	
T331	掌握函数定义的基本写法		T548
	洛谷：U270039(LX312), U270379(LX313)		
T332	掌握函数的执行顺序		T462
T333	掌握函数声明的基本写法，通过查阅官方文档掌握一个库函数的使用		
T334	掌握函数类型和函数返回值，return 可以有多个，但是只有一个被执行。当返回值与函数类型不一致时，会发生隐式类型转换		T462
	洛谷：U270477(LX314), U270478(LX315)		
T335	掌握变量的作用域		T341,T781
T336	掌握实参与形参的关系，实参与形参必须在数量、顺序、类型上完全匹配 掌握参数传递的传值方式和引用方式		T338,T613
	洛谷：U270479(LX316)		
T337	掌握函数重载		
	洛谷：U270349(LX317), U270480(LX318), U270484(LX319)		
T338	掌握参数默认值的语法规则	T336	
T341	掌握局部变量和函数调用的内存模型，这是掌握指针的基础	T335	T513,T611,T851
T351	掌握变量在编译后的表示方法		

A.3　第 4 章知识点

索引	要　　点	正　　链	反　　链
T411	循环三要素的作用和基本使用方法		T421,T431,T432
	洛谷：U270844(LX401), U270846(LX402), U270847(LX403), U270859(LX404), U270864(LX407), U270866(LX408), U270868(LX409)		
T412	熟练掌握 while(变量 --) 的循环次数控制方法	T244,T268	
	洛谷：U270863(LX406)		
T421	掌握 do-while 的使用方法，至少执行一次，结束处的分号不能缺失	T411	
T431	for 循环的使用方法，用两个分号确定循环三要素，掌握每个要素的执行时间和执行次数	T411	T441,T474
	洛谷：U270844(LX401), U270846(LX402), U270847(LX403), U270859(LX404)		

续表

索引	要　点	正　链	反　链
T432	当循环次数确定时，建议使用 for；当循环次数不确定时，建议使用 while	T411	
	洛谷：U270864(LX407), U270866(LX408), U270875(LX413)		
T433	掌握 for (auto 变量 : 容器) 的循环形式		
T441	掌握嵌套循环的基本使用方法，内循环先循环	T431	T443,T474
	洛谷：U270862(LX405)		
T442	掌握代码 4.9 所示的特殊字符图像输出模板		
	洛谷：U270878(LX415), U270879(LX416)		
T443	内循环控制变量的初始化要写在外循环的里面，内循环的外面	T217,T441	
T451	break 可以退出当前循环，但是只退出一层循环，掌握用特殊值终止输入的方法		T472
	洛谷：U270862(LX405)		
T452	continue 只是退出本次循环，不执行循环体中的后续语句，直接转到下一次循环，并非完全跳出循环		
T461	在一个函数内重新调用自身，则实现了递归调用		
T462	掌握递归函数的使用，理解终止条件，理解返回路径的执行。掌握递归书写模板	T332,T334	T463
	洛谷：U270849(LX410)		
T463	分类递归就是先分类，在不同类别上执行递归，如何划分类别需要仔细思考	T462	
T471	通过循环达成整数分解和倒序重组，实质上就是除 10 取余法	T225,T265	T477
	洛谷：U270864(LX407), U270866(LX408)		
T472	了解素数判断原理，重点掌握解题模板：一种结果在循环中，一种结果在循环后	T451	
	洛谷：U270862(LX405), U270874(LX412)		
T473	循环次数的优化是循环控制的重中之重		T475,T478
	洛谷：U270849(LX410)		
T474	穷举法遍历所有可能解，是计算思维的主要特征之一	T431,T441	
	洛谷：U270862(LX405)		
T475	掌握对称判断的方法	T245,T473	T524
T476	掌握多变量循环的方法		T524
T477	掌握利用字符串达成整数自然分解的方法	T265,T471	
T478	掌握循环与位运算的结合，理解二进制的处理方法	T26A,T473	T479
	洛谷：U270849(LX4010)		

续表

索引	要　　点	正　　链	反　　链
T479	以加法实现乘法，以乘法实现幂运算，发挥位运算的计算效率优势	T26A,T478	
T481	掌握输入重定向的方法，了解如何用输入重定向解决大数据量输入的问题，特别注意当输入数据量比较大时，需要用 cin.sync_with_stdio(false); 解除同步，防超时		
T482	掌握数量不确定输入问题的解决方法，了解文件结束符发挥的作用		T483
	洛谷：U270870(LX411)		
T483	掌握多级数量不确定输入的方法	T482	
	洛谷：U270876(LX414)		
T484	掌握用流的方式分解字符串	T271	T543,T546
	洛谷：U270876(LX414)		

A.4　第 5 章知识点

索引	要　　点	正　　链	反　　链
T511	掌握数组的基本定义，索引从 0 开始，中括号在定义语句和非定义语句中的含义		T531,T541
	洛谷：U270927(LX501)		
T512	掌握数组的初始化方法，尤其是部分初始化的作用；理解动态数组		
	洛谷：U271197(LX503)		
T513	数组的连续内存分配模型，通过偏移快速定位元素是数组的突出优势。理解数组的物理空间和有效元素个数是不同的	T341	T521,T525,T528,T542,T621
T514	只有多个数据反复利用时，才需要数组；单次使用多个数据尽量不用数组。 数组不能整体赋值、整体比较、整体输入输出，必须与循环结合		
	洛谷：U270929(LX502), U271201(LX504), U271200(LX505)		
T515	数组作为函数的参数，只是传递首元素地址，与实参共享存储空间		T625
	洛谷：U271215(LX512)		
T516	掌握求数组极值及极值对应下标的方法		
	洛谷：U271202(LX506)		

续表

索引	要　　点	正　　链	反　　链
T521	数组只能对单个元素做逻辑插入和删除，注意循环移位时的元素覆盖问题	T513	
T522	单循环与数组搭配使用，嵌套循环与二维数组搭配使用		T874
	洛谷：U271204(LX507), U271209(LX508)		
T523	掌握匿名函数的基本使用方法，理解这种形式，不做重点掌握		
T524	掌握尺取法多指针反向或同向扫描法，掌握多变量方式对序列的遍历，能够把对称判断、原地删除和合并等方法作为解题模板	T475,T476	T547
T525	以空间消耗换取时间效率是算法优化的基本方法。 利用全局变量或静态变量构建数组，实现递归的快速计算，注意静态变量的使用	T513	T526,T528
T526	打表法是数组应用的最重要方法之一，需要重点掌握。空间消耗不能过大，一般在 10^6 以内，如果题目中没有缩减范围则不能用打表法，尽量减少数组遍历的范围	T525	T833,T871, T872,T873
	洛谷：U271211(LX509), U271212(LX510)		
T527	排序是基本算法，理解冒泡法、选择法、插入法和快速排序的基本思想和时间效率；能使用 algorithm 库中的 sort 函数对数组进行快速排序，能自定义比较规则	T312	
	洛谷：U271214(LX511)		
T528	在递归程序中使用数组存储已经计算的值，减少重复计算，实现快速递归	T513,T525	
T531	掌握二维数组的基本使用方法，掌握主对角线、上三角、下三角的概念	T511	T623
T541	掌握 string 字符串增删改查的基本操作和对应的函数	T243,T511	T832,T842
	洛谷：U271216(LX513), U271219(LX514)		
T542	明确区分字符串的物理空间和逻辑上的有效空间，新建立的字符串一定要重新 resize，否则逻辑空间长度不正确	T513	T825
T543	掌握字符串转数值的常用方法。istringstream 虽然使用上比较烦琐，但是好用	T484	
T544	了解 string 与 C 风格字符串不同，以及通过 c_str 完成转换		
T545	掌握数值转字符串的基本方法，最重要的方法是 to_string。 ostringstream 是 C++ 中拼接字符串的重要方法		T546

续表

索引	要　点	正　链	反　链
T546	掌握用数据流对字符串进行分割的方法	T271,T484,T545	T547
	洛谷：U271219(LX514), U271222(LX515)		
T547	掌握使用尺取法进行子串分隔，特别注意最后一个子串的处理，掌握边界填充法	T524,T546	
	洛谷：U271223(LX516)		
T548	将相对独立的功能抽取为函数，将极大减轻程序书写逻辑	T331	
T549	掌握大数计算的基本方法	T242	
	洛谷：U271006(LX517)		
T551	掌握 C 风格字符串的定义和初始化，理解物理长度和逻辑长度		
T552	掌握 C 风格字符串的基本操作以及实现方式，通过代码示例掌握 C 风格字符串的基本操作，掌握字典序		

A.5　第 6 章知识点

索引	要　点	正　链	反　链
T611	掌握指针基本概念，它是一个存储地址的变量，关键是要理解地址的概念	T341	
T612	掌握指针变量的定义方式，区分取地址运算符 & 和取内容运算符 *，理解 * 在定义语句和非定义语句含义的不同	T277	
T613	指针与所指向变量共享存储空间，如果把指针作为函数参数，则形参与实参共享存储空间。因此很多时候把指针作为形参是为了获取函数中的计算结果，也就是达到了多返回值的目的	T336	
	洛谷：U271096(LX601), U271106(LX603), U271101(LX602), U271110(LX604), U271128(LX606)		
T614	注意区分指针包含的两个“值”：存储的地址以及访问地址所指向空间的值		
T615	理解指针的优势和弊端，使用指针的时候要保证指针指向正确的内存区		
T621	理解数组名和指针的异同，理解表 6.1 中各种方式的对应关系，对于一个数组空间，即使给出的是指针形式，也可以按照数组形式进行访问，更便于理解	T513	T626,T823

续表

索引	要　　点	正　　链	反　　链
T622	通过显示转换指针的类型，就可以对空间采用不同的访问形式	T252	
	洛谷：U271144(LX609), U271101(LX602)		
T623	掌握二维数组的存储原理，理解多级地址形成指针的区别	T531	T624
	洛谷：U271106(LX603)		
T624	所有数组的物理存储都是一维的，掌握高维数组和一维数组的逻辑对应关系	T623	
	洛谷：U271110(LX604)		
T625	掌握数组作为函数参数的基本用法，注意数组作为函数参数时实际上就是指针；单个变量也可以被认为是长度为 1 的数组	T515	
	洛谷：U271096(LX601), U271116(LX605), U271129(LX607), U271133(LX608)		
T626	掌握 C 风格字符串与字符指针的对应关系	T621	
T631	理解静态分配和动态分配的区别，掌握动态内存分配和释放的基本写法		T721,T731

A.6　第 7 章知识点

索引	要　　点	正　　链	反　　链
T711	掌握类、对象、构造函数、成员变量、成员函数		T791
	洛谷：U271231(LX701), U271233(LX702), U271234(LX703), U271235(LX704)		
T721	掌握动态对象和 this 指针的使用方法	T631	T791
T731	掌握动态属性和析构函数使用方法	T631	
T741	掌握对象的封装和属性的访问控制		T791
	洛谷：U271237(LX705), U271238(LX706), U271239(LX707)		
T751	掌握对象的继承的使用方法		T771
	洛谷：U271240(LX708)		
T761	掌握 virtual 关键字的使用		
T762	掌握函数重载的实现		

索引	要　　点	正　　链	反　　链
T771	掌握操作符重载的使用	T751	T791
	洛谷：U271242(LX709), U271244（LX710）		
T781	掌握静态属性的定义和使用	T335	
	洛谷：U271231(LX701)		
T791	掌握空间不连续序列的使用，了解迭代器的作用	T711,T721, T741,T771	T822,T863

A.7　第 8 章知识点

索引	要　　点	正　　链	反　　链
T811	掌握模板函数，能够自定义简单的模板函数	T26B	T812
T812	理解模板类，会用模板类执行基本操作	T811	
T821	了解 STL 容器的分类		T823
T822	迭代器是容器访问的主要方式，其本质就是通过类封装进行功能限定的指针	T791	T831
T823	能够清晰掌握不同类型迭代器和不同类型容器直接的对应关系，并理解造成这些异同的原因	T621,T821	
T824	双向迭代器和前向迭代器只能逐个遍历元素，终止判断只能采用 != 运算		
T825	resize、reserve、insert、erase、assign、push_back 等底层空间操作都会造成空间重新分配，进而导致迭代器的失效，因此要对迭代器进行重新赋值	T542	
T831	掌握容器遍历的方式，empty 是最高效的容器判定为空的方法	T822	
	力扣：217(LX822)		
T832	掌握向量 vector 的典型操作，这是 STL 中最常用的容器	T541	
T833	掌握使用 vector 代替原生数组，理解 vector 比原生数组的易用性	T526	
	力扣：2351(LX801), 268(LX814)		
T841	掌握逆序排序的方法	T831	
	力扣：20(LX823), 682(LX818)		
T842	掌握全部删除指定元素的方法	T541	
	力扣：283(LX804), 27(LX6)		
T843	掌握 for_each 算法，了解把一个函数作为另外一个函数参数的形式		

续表

索引	要　　点	正　　链	反　　链
T851	掌握堆栈 stack 的用法，学会堆栈增删元素的特点，主要解决匹配问题	T241,T341	
T861	掌握双向队列 deque 的用法，主要解决在算法中需要设定滑动窗口的问题		T862
T862	掌握单向队列 queue 的用法，主要解决在算法中需要设定滑动窗口的问题	T861	
	力扣：1550(LX819), 1(LX824)		
T863	掌握链表 list 的用法，这是一个典型的节点空间不连续容器，迭代器终止判断不能用 > 或 <，只能用 !=	T791	
T871	掌握关联容器字典 map 的用法。可以认为这是打表法的高级用法，当数据量比较大但是比较稀疏时，可以用字典代替打表法。注意 map 的键是从小到大天然排序的	T526	
	力扣：2351(LX801)		
T872	掌握无序容器的用法，重点掌握利用 unordered_map 构建大且稀疏数据的打表法	T526	
	力扣：2351(LX801)		
T873	重点掌握利用 unordered_set 构建滑动窗口，理解哈希表查找复杂度为 O(1) 的特性，利用这一特性，可以代替数组的打表法，尤其对稀疏或非数值数据具有良好的效果	T526	
	力扣：219(LX821), 2351(LX801), 268(LX814)		
T874	掌握字典与循环联动的方法，理解字典在书写上类似特殊下标的数组	T522	
	力扣：13(LX815)		

附录 B　C++ 运算符

优先级	运算符名称	符　　号	结 合 性	功　　能
1	作用域	::	自左向右	访问全局变量；在类外定义函数；访问类的静态变量；访问命名空间中的变量或函数；访问内部类
2	成员访问	.	自左向右	结构体变量访问其成员；类的对象访问其成员或函数
	指向成员	->		结构体指针变量访问成员
	下标	[ ]		数组中访问指定下标的成员
3	自增	++	自右向左	整型变量自增 1
	自减	--		整型变量自减 1
	位反	~		将整型变量二进制数值按位取反
	逻辑非	!		逻 辑 取 反， 即 1 变 0，0 变 1； 或 true 变 false，false 变 true
	取正	+		取正数，通常省略
	取负	-		取负数
	取址	&		取变量的内存地址
	间接寻址	*		根据变量的内存地址取出其中保存的数值
	强制类型转换	(TypeName)		将常量或变量值强制转换为指定类型
	内存大小计算	sizeof()		计算某数据类型、变量、数值占用内存空间大小（单位 B）
	内存分配	new		为某个对象分配内存
	取消内存分配	delete		回收某个对象占用内存
4	成员指针	.*	自左向右	某对象访问指向其成员的指针变量
	指向成员指针	->*		指向某对象的指针变量访问指向其成员的指针变量
5	乘法	*	自左向右	求积
	除法	/		求商
	取模	%		整数求余
6	加法	+	自左向右	求和
	减法	-		求差
7	位左移	<<	自左向右	将整型变量二进制数值向左移动若干位
	位右移	>>		将整型变量二进制数值向右移动若干位
8	小于	<	自左向右	关系比较，判断小于
	小于或等于	<=		关系比较，判断小于或等于
	大于	>		关系比较，判断大于
	大于或等于	>=		关系比较，判断大于或等于

续表

<table>
<tr><th>优先级</th><th>运算符名称</th><th>符　号</th><th>结 合 性</th><th>功　能</th></tr>
<tr><td rowspan="2">9</td><td>等于</td><td>==</td><td rowspan="2">自左向右</td><td>关系比较，判断相等</td></tr>
<tr><td>不等于</td><td>!=</td><td>关系比较，判断不相等</td></tr>
<tr><td>10</td><td>位与</td><td>&</td><td>自左向右</td><td>将两个整型变量二进制数值按位进行与运算（两1得1）</td></tr>
<tr><td>11</td><td>位异或</td><td>^</td><td>自左向右</td><td>将两个整型变量二进制数值按位进行异或运算（不同得1）</td></tr>
<tr><td>12</td><td>位或</td><td>|</td><td>自左向右</td><td>将两个整型变量二进制数值按位进行或运算（有1得1）</td></tr>
<tr><td>13</td><td>逻辑与</td><td>&&</td><td>自左向右</td><td>逻辑运算，求与</td></tr>
<tr><td>14</td><td>逻辑或</td><td>||</td><td>自左向右</td><td>逻辑运算，求或</td></tr>
<tr><td>15</td><td>条件</td><td>? :</td><td>自右向左</td><td>条件表达式若为真，取冒号左边的数值，否则取右边数值</td></tr>
<tr><td rowspan="12">16</td><td>赋值</td><td>=</td><td rowspan="12">自右向左</td><td>将右边常量或表达式的值赋给左边变量</td></tr>
<tr><td rowspan="11">复合赋值</td><td>+=</td><td>将变量值与右边常量或表达式的值求和，结果赋回给变量</td></tr>
<tr><td>-=</td><td>将变量值与右边常量或表达式的值求差，结果赋回给变量</td></tr>
<tr><td>*=</td><td>将变量值与右边常量或表达式的值求积，结果赋回给变量</td></tr>
<tr><td>/=</td><td>将变量值与右边常量或表达式的值求商，结果赋回给变量</td></tr>
<tr><td>%=</td><td>将变量值与右边常量或表达式的值求余，结果赋回给变量</td></tr>
<tr><td><<=</td><td>将整型变量二进制数值左移若干位，结果赋回给变量</td></tr>
<tr><td>>>=</td><td>将整型变量二进制数值右移若干位，结果赋回给变量</td></tr>
<tr><td>&=</td><td>进行位与运算后，结果赋回给变量</td></tr>
<tr><td>|=</td><td>进行位或运算后，结果赋回给变量</td></tr>
<tr><td>^=</td><td>进行位异或运算后，结果赋回给变量</td></tr>
<tr><td>17</td><td>逗号</td><td>,</td><td>自左向右</td><td>计算多个子表达式，取最后一个子表达式的值作为返回值</td></tr>
</table>

参考文献

[1] Stephen Prata. C++ Primer Plus 中文版 [M]. 张海龙，袁国忠，译 . 6 版 . 北京：人民邮电出版社，2012.

[2] 郑莉，董渊 . C++ 语言程序设计 [M]. 5 版 . 北京：清华大学出版社，2020.

[3] Meyers S. Effective C++: 55 Specific Ways to Improve Your Programs and Designs[M]. [S.L.]：Addison-Wesley Professional，2005.

[4] Lippman S B，Lajoie J，Moo B E.C++ Primer[M]. [S.L.]：Addison-Wesley Professional，2012.

[5] Josuttis N M. The C++ Standard Library: A Tutorial and Reference[M]. [S.L.]：Addison-Wesley Professional，2012.

[6] Drozdek A. Data Structures and Algorithms in C++[M]. [S.L.]：Cengage Learning，2012.

[7] Deitel P J，Deitel H M.C++ Arrays and Strings[M]. [S.L.]：Pearson，2013.

[8] 陈维兴，林小茶 . C++ 面向对象程序设计教程 [M]. 北京：清华大学出版社，2009.

[9] 罗建军，朱丹军，顾刚，等 . C++ 程序设计教程 [M]. 北京：高等教育出版社，2004.

[10] 钱能 . C++ 程序设计教程 [M]. 2 版 . 北京：清华大学出版社，2005.

[11] 谭浩强 . C++ 程序设计 [M]. 3 版 . 北京：清华大学出版社，2015.

[12] 辛运帏，陈朔鹰 . C++ 程序设计 [M]. 北京：机械工业出版社，2019.